Cincuenta innovaciones que han cambiado el mundo

Cincuenta innovaciones que han cambiado el mundo

TIM HARFORD

Traducción de Alfonso Barguñó Viana

conecta

Los libros de Conecta están disponibles para promociones y compras
por parte de empresas, en condiciones especiales para grandes cantidades.
Existe también la posibilidad de crear ediciones especiales, incluidas ediciones con
cubierta personalizada y logotipos corporativos para determinadas ocasiones.

Para más información, póngase en contacto con:
edicionesespeciales@penguinrandomhouse.com

Papel certificado por el Forest Stewardship Council®

Título original: *Fifty Things That Made The Modern Economy*
Primera edición: febrero de 2018

© 2017, Tim Harford
Publicado por acuerdo con la BBC
© 2018, Penguin Random House Grupo Editorial, S. A. U.
Travessera de Gràcia, 47-49. 08021 Barcelona
© 2018, Alfonso Barguñó Viana, por la traducción

Printed in Spain – Impreso en España

ISBN: 978-84-16883-19-6
Depósito legal: B- 26.437-2017

Compuesto en M. I. Maquetación, S. L.

Impreso en Black Print CPI Ibérica
Sant Andreu de la Barca (Barcelona)

CN 8 3 1 9 6

Penguin
Random House
Grupo Editorial

Para Andrew Wright

Índice

I
GANADORES Y PERDEDORES

II
REINVENTAR CÓMO VIVIMOS

III
INVENTANDO NUEVOS SISTEMAS

IV
IDEAS SOBRE IDEAS

V
¿DE DÓNDE VIENEN LOS INVENTOS?

VI
LA MANO VISIBLE

VII
INVENTAR LA RUEDA

1
El arado

Imaginemos una catástrofe.

El fin de la civilización. Nuestro moderno, complejo e intrincado mundo se acaba. No importa por qué. Quizá es debido a la gripe porcina o a una guerra nuclear, a robots asesinos o a un apocalipsis zombi. Y ahora imaginemos que nosotros —seres afortunados— somos algunos de los pocos supervivientes. No tenemos teléfono. Aunque, de todas formas, ¿a quién llamaríamos? No hay internet. No hay electricidad. No hay combustible.[1]

Hace cuatro décadas, el historiador de la ciencia James Burke planteó este escenario en su serie de televisión *Connections*, donde hizo una sencilla pregunta: rodeados por las ruinas de la modernidad, sin acceso a la potencia de la tecnología moderna, ¿por dónde empezar? ¿Qué necesitamos para mantenernos a nosotros —y los rescoldos de la civilización— con vida?

Su respuesta fue una máquina simple pero con gran poder transformador.[2] El arado. Y tiene sentido, porque el arado fue el principio de la civilización. En última instancia, el arado hizo posible la economía moderna. Y, como consecuencia, también hizo posible la vida moderna, con todos sus beneficios y frustraciones: la satisfacción que supone la abundancia y la calidad de los alimentos, la comodidad de una rápida búsqueda en internet, la bendición del agua limpia y potable, la diversión de un videojuego. Pero también la contaminación del aire y el agua, la confabulación de los estafadores y la pesada rutina de un trabajo tedioso, o de no tener trabajo.

Hace doce mil años, casi todos los humanos eran nómadas que recorrían el mundo cazando y alimentándose de lo que tenían a mano. Pero, en aquel tiempo, el planeta estaba dejando atrás un período glacial: el entorno era cada vez más cálido y seco. Los que habían estado cazando y recorriendo las montañas y los altiplanos vieron cómo las plantas y los animales a su alrededor se iban muriendo. Los animales migraban a los valles de los ríos en busca de agua, y los seres humanos los seguían.[3] Este cambio ocurrió en muchos lugares en momentos diferentes: hace más de once mil años en Eurasia occidental, hace casi diez mil en India y China, y más de ocho mil en Mesoamérica y los Andes. Al final, acabó extendiéndose a casi todas partes.[4]

Estos valles, fértiles pero limitados geográficamente, cambiaron la forma en que los humanos conseguían la comida que necesitaban: vagando en su busca se obtenía una menor recompensa que cultivando las plantas del lugar. Esto significaba revolver la superficie del suelo para extraer los nutrientes y que la humedad penetrara la tierra, lejos de la luz del sol abrasador. Al principio, lo hicieron con palos afilados que hundían con sus manos, pero pronto adoptaron un sencillo arado que arrastraban un par de bueyes. Funcionaba extraordinariamente bien.

La agricultura comenzó en serio. Ya no era la alternativa desesperada a una vida nómada en vías de extinción, sino una fuente de prosperidad real. Cuando la agricultura arraigó —hace dos mil años en la Roma imperial, novecientos años en la China de la dinastía Song—, los agricultores fueron cinco o seis veces más productivos que los cazadores-recolectores que los habían precedido.[5]

Reflexionemos sobre lo siguiente: es posible que una quinta parte de la población produzca suficiente comida para alimentar al resto. ¿Qué hacen los cuatro quintos restantes? Pues bien, tienen la libertad de especializarse en otras tareas: hornear pan, cocer ladrillos, talar árboles, construir viviendas, extraer minerales, fundir metal, hacer carreteras. En otras palabras, construir ciudades, crear una civilización.[6]

No obstante, existe una paradoja: más abundancia puede conllevar más competencia. Si las personas normales y corrientes solo logran subsistir, los poderosos no pueden quitarles demasiado, no al menos si pretenden volver y desvalijarlas de nuevo en la siguiente cosecha. Pero, cuanto más puedan producir las personas normales y corrientes, más les podrán confiscar los poderosos. La abundancia de la agricultura crea gobernantes y gobernados, amos y sirvientes: una desigualdad en la riqueza que era desconocida para las sociedades de cazadores-recolectores. Permite que aparezcan reyes y soldados, burócratas y sacerdotes, ya sea para organizar la sociedad con inteligencia o para vivir de forma ociosa del trabajo de los demás. Las primeras sociedades de agricultores podían ser increíblemente desiguales. El Imperio romano, por ejemplo, parece que llegó al borde de los límites biológicos de la desigualdad: si los ricos se hubieran apropiado de un poco más de recursos del imperio, la mayoría de los demás ciudadanos habrían muerto de hambre.[7]

Sin embargo, el arado hizo algo más que apuntalar la creación de la civilización, con todos sus beneficios y desigualdades: los diferentes tipos de arado llevaron al surgimiento de diferentes tipos de civilización.

Los primeros y simples arados que se usaron en Oriente Medio cumplieron muy bien su función durante unos miles de años. Luego, llegaron al Mediterráneo occidental, donde se convirtieron en herramientas ideales para cultivar una tierra seca y llena de grava. Pero, después, se desarrolló una herramienta muy diferente el arado de vertedera, primero en China, hace más de dos mil años, y mucho más tarde en Europa. El arado de vertedera surca el suelo formando un rizo largo y grueso y volteando la tierra.[8] En tierra seca, es una acción contraproducente porque expone al sol la preciada humedad. Pero, en las tierras húmedas y fértiles del norte de Europa, el arado de vertedera era claramente superior, pues mejoraba el drenaje y cortaba las raíces profundas de las malas hierbas, de manera que ya no eran competencia para sus cosechas, sino abono.

El desarrollo del arado de vertedera cambió por completo la distribución de las tierras fértiles en Europa. Las poblaciones del norte, que padecían unas condiciones muy duras para la agricultura, vieron cómo las tierras mejores y más productivas ya no estaban en el sur. Hace unos mil años, gracias a esta prosperidad que trajo el nuevo arado, comenzaron a aparecer y crecer nuevas ciudades, donde se desarrolló una estructura social diferente de las ciudades mediterráneas. El arado de tierra seca solo necesitaba un par de animales para tirar de él, y funcionaba a la perfección entrecruzando los surcos en campos cuadrados y simples. Todo esto generó que la agricultura fuera una práctica individual: un agricultor podía vivir por sí mismo con su arado, su buey y su parcela de tierra. Pero el arado de vertedera para el suelo húmedo y arcilloso requería un conjunto de ocho bueyes —o, mejor, caballos—, y... ¿quién poseía tal riqueza? Era especialmente eficiente en franjas de tierra largas y estrechas, a menudo a pocos metros de la franja de tierra de otro agricultor. A consecuencia de esto, la agricultura se convirtió en una práctica comunitaria: los individuos debían compartir el arado y los animales de tiro y resolver sus desacuerdos. Se congregaron en pueblos. El arado de vertedera dio pie a que se estableciera el sistema feudal en el norte de Europa.[9]

El arado también reconfiguró la vida familiar. Era un instrumento pesado, por lo que se consideró que arar era cosa de hombres. Pero el trigo y el arroz exigían más preparación que los frutos secos o las bayas, de modo que las mujeres se quedaban cada vez más tiempo en el hogar para preparar la comida. Un estudio sobre esqueletos sirios de hace nueve mil años reveló que las mujeres padecían de artritis en las rodillas y los pies, al parecer porque debían revolver y moler el grano arrodilladas.[10] Y, dado que las mujeres ya no debían llevar a sus bebés de un lugar para otro cuando iban en busca de comida, los embarazos fueron más frecuentes.[11]

Es posible que este cambio que generó el arado, de las sociedades de cazadores-recolectores a las de agricultores, también modificara la política sexual. La tierra que poseemos es un activo que podemos legar a nuestros hijos. Y, si hemos nacido hombre, empezaremos a preocuparnos cada vez más de que realmente sean nuestros hijos: a fin de cuentas, nuestra mujer se pasa todo el día en casa mientras nosotros estamos en el campo. ¿Es verdad que solo está moliendo grano? Así que una teoría —especulativa pero interesante— es que el arado incrementó el control de los hombres sobre la actividad sexual de las mujeres. Si de veras fue este un efecto del arado, ha tardado mucho en desaparecer.[12]

El arado, por lo tanto, hizo mucho más que aumentar el rendimiento de las cosechas. Lo cambió todo, e incluso llevó a que algunos se hayan preguntado si, al fin y al cabo, su invención fue una buena idea. No es que no funcione —fue una idea brillante—, sino que, además de ser una pieza fundamental de la civilización, parece que preparó el terreno para la aparición de la misoginia y la tiranía. Las pruebas arqueológicas también sugieren que la salud de los primeros agricultores fue bastante peor que la de los cazadores-recolectores, sus ancestros inmediatos. Con una dieta basada en arroz y trigo, nuestros antepasados sufrieron carencia de vitaminas, hierro y proteínas. Cuando, hace diez mil años, la sociedad de cazadores-recolectores se convirtió en agrícola, la altura media de hombres y mujeres menguó cerca de quince centímetros, y se conservan muchas pruebas de parásitos, enfermedades y malnutrición infantil. Jared Diamond, autor de *Armas, gérmenes y acero*, considera que la adopción de la agricultura fue «el peor error de la historia de la raza humana».

Nos podemos preguntar, entonces, por qué la agricultura se propagó tan deprisa. Ya hemos visto la respuesta: el excedente de comida permitió que las poblaciones crecieran y se crearan sociedades con especialistas: constructores, sacerdotes y artesanos, pero también soldados. Los ejércitos —aunque estuvieran compuestos por tropas raquíticas— fueron lo bastante poderosos como para expulsar a todas las tribus de cazadores-recolectores, excepto a aquellas que se encontraban en las tierras más marginales. Incluso allí, las pocas tribus nómadas que aún hoy subsisten siguen una dieta relativamente saludable, con una gran variedad de frutos secos, bayas y animales. A un bosquimano del Kalahari le preguntaron por qué su tribu no había imitado a sus vecinos y había adoptado el arado a lo que contestó: «¿Por qué deberíamos hacerlo, si hay tantos frutos de mongongo en el mundo?».[13]

Así que eso dice unos de los pocos supervivientes del fin de la civilización. ¿Reinventaríamos el arado y comenzaríamos todo de nuevo? ¿O deberíamos contentarnos con los frutos de mongongo?

Introducción

Tal vez los bosquimanos de Kalahari no quieran adoptar el arado, pero la civilización moderna les ofrece otras oportunidades potencialmente lucrativas: 100 mililitros de aceite de mongongo prensado en frío se venden actualmente por 27,66 euros en evitamins.com, cortesía de la empresa Shea Terra Organics.[1] Al parecer, es muy bueno para el cabello.

El aceite del fruto del mongongo es uno más de los aproximadamente diez mil millones de productos y servicios que, a día de hoy, se ofrecen en los centros económicos más importantes del mundo.[2] El sistema económico global que brinda estos productos es vasto y de una complejidad imposible. Conecta a casi cada persona de una población de 7.500 millones en todo el planeta. Proporciona un lujo extraordinario a cientos de millones de ellas, pero también deja de lado a otros cientos de millones, lleva al límite el ecosistema de la Tierra y —como nos recordó el crac de 2008— tiene la alarmante costumbre de caer en crisis de vez en cuando. Nadie está al cargo de este sistema. De hecho, ningún individuo podría esperar nunca hacerse una idea de poco más que de una fracción de lo que ocurre.

¿Cómo podemos entender este desconcertante sistema del que dependen nuestras vidas?

Uno de estos diez mil millones de productos, este libro, intenta responder a esta pregunta. Prestémosle atención. (Si estamos escuchando el audiolibro o leyendo en una tableta, deberemos retrotraernos al recuerdo de cómo se siente un libro en nuestras manos.) Recorramos con los dedos la superficie del papel. ¿No es increíble? Es flexible, para que se pueda coser en forma de libro y podamos pasar las páginas sin necesidad de una bisagra elaborada. Es fuerte, para que se pueda convertir en finas hojas. Y, no menos importante, es lo bastante barato como para que pueda servir en muchos otros usos que serán más efímeros que este objeto: para empaquetar, para hacer diarios que caducarán en pocas horas, para limpiar…; bueno, para limpiar lo que queramos.

El papel es un material increíble, a pesar de ser un producto de usar y tirar; de hecho, es un material increíble, en parte, *porque* es de usar y tirar. Pero en una copia física de este libro hay algo más que papel.

Si observamos la contraportada, veremos un código de barras, quizá más de uno. Este es un sistema para escribir un número que pueda leer con facilidad un ordenador, y el código de este libro es diferente al de cualquier otro que se haya escrito. Otros códigos de barras diferencian una Coca-Cola de una lejía industrial, de un paraguas y de un disco duro portátil. Estos códigos son algo más que una ventaja cuando hay que cobrar un producto. Su desarrollo ha reconfigurado la economía mundial, ha cambiado el lugar donde se fabrican los productos y dónde podemos comprarlos. Y, aun así, suele pasar desapercibido.

En este libro también encontramos un aviso de *copyright* que nos informa de los derechos de autor. Nos dice que, aunque este libro te pertenece a ti, las palabras me pertenecen a mí. Pero ¿qué significa esto? Es el resultado de una metainvención, de una invención sobre invenciones: un concepto llamado «propiedad intelectual». Un concepto que ha determinado profundamente quién gana dinero en el mundo moderno.

No obstante, en este juego hay todavía una invención aún más fundamental: la escritura misma. La capacidad para plasmar nuestras ideas, recuerdos e historias es una piedra angular de nuestra civilización, aunque ahora estamos descubriendo que la escritura se inventó con un objetivo económico, para ayudarnos a coordinar y planificar las idas y venidas de una economía cada vez más sofisticada.

Todas estas invenciones nos cuentan una historia no solo del ingenio humano, sino también de los sistemas invisibles que nos rodean: de las cadenas de suministro global, de la información omnipresente, del dinero y de las ideas y, sí, incluso de la tubería del váter en la que desaparece el papel que tiramos.

Este libro arroja luz sobre los fascinantes detalles de cómo funciona la economía al seleccionar cincuenta inventos determinados, entre ellos el papel, el código de barras, la propiedad intelectual y la escritura. En cada caso descubriremos qué ocurre cuando analizamos de cerca un invento, o cuando tomamos distancia y nos percatamos de conexiones inesperadas. Por el camino, obtendremos las respuestas a algunas preguntas sorprendentes. Por ejemplo:

- ¿Qué tienen que ver Elton John y la promesa de una oficina libre de papeles?
- ¿Qué descubrimiento estadounidense fue prohibido en Japón durante cuatro décadas, y cómo perjudicó las carreras de las mujeres japonesas?
- ¿Por qué los agentes de policía creyeron que debían ejecutar dos veces a un asesino londinense en 1803, y cómo se relaciona esto con los dispositivos electrónicos portátiles?
- ¿Cómo una innovación monetaria destruyó el palacio de Westminster?
- ¿Qué producto se lanzó al mercado en 1976, fracasó de inmediato, pero fue aupado por el premio Nobel de economía Paul Samuelson a la misma altura que el vino, el alfabeto y la rueda?
- ¿Qué tienen en común la presidenta de la Reserva Federal, Janet Yellen, y el gran emperador chino-mongol Kublai Kan?

Algunos de estos cincuenta inventos, como el arado, son absurdamente simples. Otros, como el reloj, se han convertido en objetos sofisticados hasta el asombro. Algunos son palpables, como el cemento. Otros, como la responsabilidad limitada de una empresa, son invenciones abstractas que no podemos tocar de ninguna manera. Otros, como el motor diésel, fueron al principio desastres comerciales. Pero todos tienen una historia que contar y que nos ayudará a comprender los milagros diarios que nos rodean, milagros que a veces encarnan los objetos en apariencia más corrientes. Algunas de estas historias se centran en fuerzas económicas vastas e impersonales; otras son relatos del genio o la tragedia de los seres humanos.

Este libro no trata de identificar los cincuenta inventos más significativos económicamente. No es una lista en forma de libro con una enumeración de las invenciones más importantes. De hecho, algunas que serían perfectas candidatas no aparecen aquí: la imprenta, la hiladora Jenny, el motor de vapor, el avión o el ordenador.

¿Qué justifica estas omisiones? Tan solo que hay otras historias que contar: por ejemplo, el intento de desarrollar un «rayo mortífero» que, en cambio, llevó a descubrir el radar, un dispositivo esencial para que los viajes aéreos sean seguros. O la invención que llegó a Alemania poco antes de que Gutenberg inventara la imprenta, y sin la que la impresión sería factible en lo técnico pero desastrosa en lo económico. (Lo has adivinado: el papel.)

No pretendo dejar de lado a los ordenadores, sino que los comprendamos mejor. Pero esto significa fijarse en un conjunto de inventos que lograron que sean las herramientas para todo tipo de tareas que son hoy en día: el compilador de Grace Hopper, que hizo que la comunicación entre ordenadores y humanos fuera mucho más fácil; la criptografía asimétrica, que garantiza la seguridad en el comercio electrónico; y el algoritmo de búsqueda de Google, que logra que la World Wide Web sea inteligible.

A medida que investigaba estas historias, algunas cuestiones resurgían una y otra vez. El arado ilustra muchas de ellas: por ejemplo, la manera en que las nuevas ideas modifican el equilibrio del poder económico, creando a la vez ganadores y perdedores; cómo los cambios en la economía pueden tener efectos inesperados en nuestra forma de vida, como transformar las relaciones entre hombres y mujeres; y cómo un invento como el arado abre la puerta a nuevas invenciones, como la escritura, los derechos de propiedad, los fertilizantes químicos y muchas otras.

Así que he intercalado entre las diversas historias unos interludios para reflexionar sobre estas cuestiones comunes. Y, cuando hayamos terminado el libro, podremos aunar todas estas lecciones para preguntarnos cómo deberíamos pensar en la innovación hoy en día. ¿Cuál es la mejor manera de alentar nuevas ideas? ¿Cómo podemos pensar con claridad sobre qué efectos pueden tener estas ideas, y actuar con previsión para maximizar los beneficios y mitigar los perjuicios?

Es demasiado fácil quedarnos con una visión superficial de los inventos: la de verlos tan solo como la solución a un problema. Los inventos curan el cáncer. Nos llevan a nuestro destino en vacaciones mucho más rápido. Son divertidos. Generan dinero. Y, por descontado, es verdad que los inventos tienen éxito porque resuelven un problema que alguien, en algún lugar, quiere resolver. El arado tuvo éxito porque ayudó a los agricultores a producir más comida con menos esfuerzo.

Sin embargo, no deberíamos caer en la trampa de pensar que los inventos no son más que soluciones. Son mucho más que eso. Configuran nuestra vida de manera impredecible y, a pesar de que resuelven un problema para alguien, a menudo crean un problema para otra persona.

Que estos cincuenta inventos configuraran nuestra economía no se debió solo a que nos ayudaran a producir más y producir más barato. Cada uno de ellos afectó a una compleja red de conexiones económicas. A veces nos complicaron la vida; otras, rompieron viejos límites; y, en ocasiones, crearon patrones completamente nuevos.

I
GANADORES Y PERDEDORES

Existe una palabra para aquellos cabezotas que no comprenden los beneficios de las nuevas tecnologías: «luditas». Los economistas —siempre dispuestos a adoptar cualquier jerga novedosa— incluso hablan de la «falacia ludita», la creencia discutible en que el progreso tecnológico produce un desempleo masivo. Los primeros luditas fueron tejedores y obreros textiles que destruyeron telares mecánicos en Inglaterra hace doscientos años.

«Por aquel entonces, hubo algunos que creyeron que la tecnología generaría desempleo. Estaban equivocados —comenta Walter Isaacson, biógrafo de Albert Einstein, Ben Franklin y Steve Jobs—. La revolución industrial aumentó tanto la riqueza de Inglaterra como la del total de personas que trabajaban, incluso en la industria textil.»[1]

Es cierto. Pero desdeñar a los luditas como necios retrógrados sería injusto. Estos no destruyeron telares mecánicos porque temieran de forma equivocada que las máquinas empobrecerían a Inglaterra, sino porque temían, con razón, que las máquinas los empobrecerían a ellos. Eran trabajadores capacitados que sabían que los telares devaluarían sus habilidades. Comprendieron a la perfección las implicaciones de la tecnología que se avecinaba y tuvieron razón en temerla.[2]

El dilema ludita no es inusual. Las nuevas tecnologías casi siempre crean nuevos ganadores y nuevos perdedores. Incluso una nueva trampa para ratones es una mala noticia para los fabricantes de trampas tradicionales. Y, en efecto, tampoco es una buena noticia para los ratones.

El proceso por el que cambia la configuración del terreno de juego no siempre es claro. A los luditas no les preocupaba que los sustituyeran las máquinas, sino que los sustituyeran trabajadores más baratos y menos capacitados que utilizarían esas máquinas.[3]

Por esta razón, siempre que aparece una nueva tecnología vale la pena preguntarse quién va a ganar y quién va a perder como resultado de su advenimiento. A menudo, la respuesta nos puede sorprender.

2

El gramófono

¿Quién es el cantante solista mejor pagado del mundo? En 2015, según la revista *Forbes*, fue Elton John. Los datos disponibles indican que ganó cien millones de dólares. U2, al parecer, ganó el doble, pero son cuatro integrantes. Y solo hay un Elton John.[1]

Hace doscientos años la respuesta a la misma pregunta habría sido diferente: la cantante mejor pagada del mundo era miss Billington. Elizabeth Billington fue, según dicen, la mejor soprano inglesa que haya existido jamás. Sir Joshua Reynolds, el primer presidente de la Royal Academy of Arts, la pintó una vez de pie, sosteniendo un libro de música en las manos, con algunos de sus rizos sujetos con alfileres y otros sueltos, mientras escuchaba cantar a un coro de ángeles. El compositor Joseph Haydn consideró que el retrato no le hacía justicia: los ángeles, a su entender, deberían haber estado escuchando a miss Elizabeth Billington.[2]

La soprano también causaba sensación fuera de los escenarios. La tirada completa de una injuriosa biografía sobre ella se vendió en menos de un día. El libro incluía las copias de unas supuestas cartas íntimas que intercambiaba con sus famosos amantes, entre ellos, según dicen, el príncipe de Gales, el futuro rey Jorge IV. Una muestra más digna de su fama tuvo lugar cuando recuperó la salud después de pasar seis semanas enferma durante una gira por Italia: la ópera de Venecia se iluminó durante tres días.[3]

Era tan desbordante su reputación —algunos dirían que mala fama— que provocó una guerra de precios por sus actuaciones. Los directores de las que eran las dos principales óperas de Londres, el Covent Garden y el Drury Lane, se pelearon con tanta desesperación para hacerse con sus servicios que acabó firmando con ambos y cantó en los dos recintos. En la temporada de 1801, ganó al menos diez mil libras. Incluso para ella era una suma considerable, y dio mucho que hablar en su época. Pero, en valores actuales, serían unas 687.000 libras, o casi un millón de dólares: tan solo un 1 por ciento de lo que gana Elton John.

¿Cómo se explica esta diferencia? ¿Por qué Elton John vale cien Elizabeth Billington?

Casi sesenta años después de la muerte de la cantante, el gran economista Alfred Marshall analizó el impacto del telégrafo eléctrico. En aquella época interconectaba América, el Reino Unido, India e incluso Australia. Gracias a este medio de comunicación tan moderno, escribió, «hombres que, en un momento dado, han llegado a una posición de mando son capaces de emplear su genio constructivo o especulativo en empresas más grandes y que cubren un área más extensa que nunca».[4] Los grandes industriales del mundo cada vez eran más ricos y se enriquecían más deprisa. La distancia entre ellos y los emprendedores menos exitosos se estaba ampliando.

Pero, decía Marshall, no en todas las profesiones ocurría lo mismo. Para comparar, se fijó en las artes escénicas. «El número de personas a las que puede alcanzar la voz humana —observó— es estrictamente limitado», y, por lo tanto, también lo era su capacidad para ganar dinero.

Dos años después de que Marshall escribiera estas palabras —la Nochebuena de 1877—, Thomas Edison registró la patente del fonógrafo. Fue la primera máquina capaz de grabar y reproducir el sonido de la voz humana.

Al principio, nadie sabía muy bien qué hacer con esta tecnología. Un editor francés llamado Édouard-Léon Scott de Martinville ya había desarrollado algo que llamó el fonoautógrafo, un aparato que generaba un registro visual del sonido de la voz humana de forma parecida a como un sismógrafo registra un terremoto. Pero parece que a monsieur Martinville no se le ocurrió que alguien quisiera convertir ese registro de nuevo en sonido.[5]

Pronto quedó clara la aplicación de esa nueva tecnología: se podía grabar a los mejores cantantes del mundo y vender las grabaciones. Al principio era como hacer calcos en papel carbón con una máquina de escribir: una canción solo se podía replicar en tres o cuatro fonógrafos a la vez. En la década de 1890 hubo una gran demanda para escuchar las canciones del cantante afroamericano George W. Johnson. Se dice que para satisfacer esta demanda Johnson cantó día tras día la misma canción hasta que se quedó sin voz; pero cantarla cincuenta veces al día generaba tan solo doscientas grabaciones.[6] Cuando Emile Berliner fue capaz de grabar en un disco en lugar de en el cilindro de Edison, se abrió el camino para la producción en masa. Luego llegaron la radio y la televisión. Actores como Charlie Chaplin podían acceder a un mercado mundial con tanta facilidad como los industriales de los que hablaba Alfred Marshall.[7]

Para los Charlie Chaplin y Elton John del mundo, las nuevas tecnologías significaron más fama y más dinero. Pero para los artistas del montón fue un desastre. En los tiempos de Elizabeth Billington, muchos cantantes más o menos decentes podían ganarse la vida actuando en directo en los teatros, pues miss Billington, a fin de cuentas, no podía estar en todas partes. Pero cuando podemos escuchar en casa a los mejores cantantes del mundo, ¿por qué pagar para ver en directo una actuación modesta?

El fonógrafo de Thomas Edison preparó el terreno para una dinámica en la industria de las actuaciones por lo cual el mejor se llevaba todo. Los mejores cantantes pasaron de ganar lo que obtenía miss Billington a enriquecerse como Elton John. Mientras tanto, aquellos cantantes tan solo un poco peores pasaron de ganarse medianamente la vida a tener problemas para pagar las facturas a fin de mes. Una pequeña diferencia cualitativa suponía una gran diferencia económica. En 1981, un economista llamado Sherwin Rosen denominó este fenómeno «economía de las superestrellas». Imaginémonos, dijo, la fortuna que habría ganado miss Billington si hubieran existido los fonógrafos en 1801.[8]

Las innovaciones tecnológicas también han creado economías de superestrella en otros sectores. La televisión por satélite, por ejemplo, ha supuesto para los jugadores de fútbol lo que el gramófono para los músicos o el telégrafo para los industriales del siglo XIX.

Si hace unas pocas décadas hubiéramos sido el mejor futbolista del mundo, solo nos habría visto jugar un estadio lleno de aficionados. Ahora, cada movimiento será observado por cientos de millones de personas en todos los continentes. Parte de este cambio se debe a que el fútbol se puede retransmitir. Pero igualmente importante ha sido el aumento en el número de canales de televisión. Cuando las ligas de fútbol que merecían la pena fueron más escasas que los canales, la guerra competitiva entre ellos se volvió frenética.

A medida que se expandía el mercado del fútbol, también aumentaba la distancia en los salarios entre los mejores y los solo muy buenos. No hace mucho, en la década de 1980, los futbolistas ingleses mejor pagados ganaban el doble que los que jugaban en —digamos— el quincuagésimo mejor equipo del país. Ahora, los salarios medios de la Premier League son veinticinco veces más altos que los de los jugadores de dos divisiones por debajo.[9]

Los cambios tecnológicos pueden modificar de forma espectacular lo que gana cada uno, aunque también pueden ser devastadores porque son repentinos y porque las personas a las que afecta, a pesar de que tengan las mismas capacidades, pierden de golpe mucho más poder adquisitivo. Tampoco es fácil saber cómo reaccionar: cuando la desigualdad la genera un cambio en el epígrafe tributario, una confabulación corporativa o un gobierno que favorece unos intereses determinados, al menos tenemos un enemigo. Pero no podemos prohibir Google y Facebook para proteger el sustento de los periodistas de los diarios.

A lo largo del siglo XX, otras innovaciones —el casete, el CD, el DVD— mantuvieron el modelo económico que había creado el gramófono. Pero al acabar el siglo aparecieron el formato MP3 y las conexiones rápidas a internet. De repente, ya no teníamos que gastarnos veinte dólares en un disco de plástico para escuchar nuestra música favorita, sino que podíamos encontrarla gratis en la red. En 2002, David Bowie advirtió al resto de músicos de que se iban a enfrentar a un futuro muy diferente: «La música se va a convertir en algo parecido al agua o la electricidad —afirmó—. Más nos vale estar preparados para hacer muchas giras porque la realidad es que será lo único que nos quede».[10]

Parece que Bowie tenía razón. Los músicos han dejado de pensar en las entradas a los conciertos como una vía para vender discos y han empezado a utilizar los discos como una vía para vender entradas a los conciertos. Sin embargo, no hemos vuelto a los días de miss Billington: la amplificación del sonido, el rock en los estadios, las giras mundiales y los contratos de publicidad implican que los músicos más admirados aún pueden disfrutar de una audiencia enorme. La desigualdad sigue viva y coleando: el 1 por ciento superior de los artistas gana más de cinco veces en los conciertos que el 95 por ciento inferior.[11] El gramófono habrá quedado en el olvido, pero la capacidad de los cambios tecnológicos para determinar quién gana y quién pierde sigue con nosotros.

3
El alambre de púas

Según cuenta la historia, a finales de 1876 un joven llamado John Warne Gates levantó una valla de alambre en la plaza militar de San Antonio (Texas). Encerró allí a algunos de los bueyes más salvajes e indómitos del estado, o así los describió. Otros aseguran que aquel ganado era de lo más dócil, e incluso hay quienes dudan de la veracidad de la historia. Pero esto no es lo importante.[1]

Gates —un hombre que más tarde recibió el apodo *Me-apuesto-un-millón* Gates— empezó a apostar con los allí presentes si aquellos bueyes malcarados y asilvestrados se atreverían a cruzar una cerca de alambre que parecía tan frágil. No se atrevieron.

Incluso cuando el compinche de Gates, un vaquero mexicano, cargó contra el ganado aullando maldiciones en español y blandiendo una tea ardiente en cada mano, la alambrada resistió. A *Me-apuesto-un-millón* Gates no le preocupaba demasiado ganar la apuesta. Tenía en mente un proyecto mucho mayor: iba a vender un nuevo tipo de valla, y pronto le llovieron los pedidos.

Los publicistas de la época pregonaron esta valla como «El mayor descubrimiento de la época», patentada por J. F. Glidden, procedente de DeKalb (Illinois). John Warne Gates la describió de manera más poética: «Más ligera que el aire, más fuerte que el whisky, más barata que el polvo».[2] Nosotros la llamamos, simplemente, alambre de púas.

Afirmar que el alambre de púas es el mayor descubrimiento de la época tal vez parezca una hipérbole, incluso pasando por alto el hecho de que los publicistas no sabían que Alexander Graham Bell estaba a punto de obtener la patente por el teléfono. Pero, aunque las mentes modernas piensen que, en efecto, el teléfono fue transformador, el alambre de púas provocó enormes cambios en el oeste estadounidense, y mucho más rápido.

El diseño del alambre de púas de Joseph Glidden no fue el primero, pero sí el mejor. Es familiarmente moderno: se trata del mismo que podemos encontrar hoy en día en cualquier campo. Las púas se enroscan alrededor de un hilo de alambre, y luego otro hilo se enrosca al primero para evitar que las púas se desplacen.[3] Los ganaderos se lanzaron sobre ellas.

Había una razón para que los ganaderos estadounidenses tuvieran tanta necesidad del alambre de púas. Pocos años antes, en 1862, el presidente Abraham Lincoln había aprobado la Ley de Asentamientos Rurales, que especificaba que cualquier ciudadano honrado —incluso las mujeres y los esclavos liberados— podía reclamar como suyos hasta 160 acres de tierra en los territorios del oeste. Todo lo que tenían que hacer era construir una casa y trabajar la tierra durante cinco años. La idea era que esa ley mejoraría tanto la tierra como a los ciudadanos estadounidenses, pues crearía propietarios de tierra libres, virtuosos y trabajadores que estarían muy implicados en el futuro de la nación.[4]

Parece sencillo. Pero las llanuras eran grandes extensiones de tierra desconocida llenas de matojos altos y frondosos: una tierra más adecuada para los nómadas que para los colonos. Durante mucho tiempo había sido el territorio de los nativos americanos. Después de que llegaran los europeos y migraran al oeste, los vaqueros vagaban con libertad guiando al ganado por las llanuras ilimitadas.

Pero los colonos necesitaban vallas, entre otras cosas para evitar que ese ganado en libertad pisoteara sus cosechas. Y no había mucha madera, sin duda no la suficiente para vallar kilómetros y kilómetros de lo que a menudo se llamaba «el desierto americano».[5] Los ganaderos intentaron cultivar setos de zarzas, pero crecían muy despacio y eran inamovibles. Las vallas de alambre sin púas tampoco funcionaban: el ganado las atravesaba sin problemas.

La falta de vallas era un problema general. El Departamento de Agricultura de Estados Unidos dirigió un estudio en 1870 y concluyó que, hasta que alguna de aquellas alternativas no resolviera el problema, sería imposible colonizar el oeste.[6] A su vez, en el oeste estadounidense aparecían, una tras otra, soluciones potenciales: en aquella época se idearon más vallas diferentes que en el resto del mundo.[7] ¿Y qué idea triunfó en este fermento intelectual? El alambre de púas.

Este invento cambió lo que no pudo cambiar la Ley de Asentamientos Rurales. Hasta que no vio la luz, las llanuras eran un espacio sin límites, más parecidas a un océano que a un pedazo de tierra cultivable. La propiedad privada de la tierra no era habitual porque no era factible.

El alambre de púas se difundió porque resolvía uno de los principales problemas que tenían los colonos. Pero también suscitó enfrentamientos feroces, y no es difícil adivinar por qué. Los ganaderos estaban intentando delimitar sus propiedades, unas parcelas que antaño habían sido el territorio de varias tribus de nativos americanos. Y, veinticinco años después de la Ley de Asentamientos Rurales, se decretó la Ley Dawes, que asignaba cierta tierra a las familias de nativos y dejaba el resto para los ganaderos. Olivier Razac, autor de un libro sobre el alambre de púas, afirma que, además de liberar tierra para los cultivos de los colonos, la Ley Dawes «ayudó a destruir los fundamentos de la sociedad india». No nos debe sorprender, por lo tanto, que estas tribus llamaran al alambre de púas «la soga del diablo».

Los vaqueros más mayores también creían en el principio de que el ganado debía pacer libremente por las llanuras: la ley del campo abierto. Odiaban el alambre, ya que provocaba heridas y graves infecciones a los animales. Cuando llegaban las tormentas, el ganado intentaba dirigirse al sur, pero a veces se quedaba encallado en las púas y morían miles de reses.

Otros vaqueros adoptaron ese alambre para vallar sus ranchos privados. Y, aunque una de las ventajas era que podían representar un límite legal, muchas de estas vallas eran ilegales, intentos de apropiarse tierra común con propósitos personales.

Cuando el alambre de púas empezó a propagarse por el oeste, también comenzaron los conflictos.[8] En las «guerras de las alambradas», bandas enmascaradas con nombres como Blue Devils o Javelinas cortaban las vallas y dejaban amenazas de muerte advirtiendo a los propietarios de que no las restituyeran. Hubo tiroteos e incluso algunas muertes. Al final, las autoridades tomaron medidas. Las guerras de las alambradas acabaron, el alambre de púas permaneció. Hubo ganadores y perdedores.

«Me pone enfermo —dijo un ganadero trashumante en 1883— pensar que las cebollas y las patatas irlandesas están creciendo donde deberían estar pastando los potros mustangos y donde los novillos de cuatro años deberían estar engordando para venderse en el mercado.»[9] Y si los vaqueros estaban indignados, a los nativos americanos les fue todavía peor.

Estos feroces conflictos en la frontera reflejaban un viejo debate filosófico. El filósofo inglés del siglo XVII John Locke —que influyó de forma profunda en los padres fundadores de Estados Unidos— abordó el problema de cómo alguien podía llegar a poseer su propia tierra de forma legal. Al principio de los tiempos nadie era dueño de nada: la tierra era un don de la naturaleza o de Dios. Pero el mundo de Locke estaba lleno de propiedades privadas, ya pertenecieran al rey o a un simple propietario rural. ¿Cómo habían llegado a hacerse con los bienes de la naturaleza? ¿Era el resultado inevitable de que un tipo con una banda de matones se adueñara de todo lo que pudiera? Si era así, entonces la civilización estaba fundada en el robo violento. Y esta no era una conclusión cómoda para Locke ni para sus ricos mecenas.

Locke argumentó que todos somos dueños de nuestro trabajo. Y, si mezclamos este trabajo con la tierra que nos da la naturaleza —por ejemplo, arándola—, entonces habremos aunado algo que sin duda nos pertenece con algo que no le pertenece a nadie. Al trabajar la tierra, dijo, llegamos a poseerla.

No era un argumento puramente teórico. Locke estaba implicado de forma activa en el debate sobre la colonización europea de América. La politóloga Barbara Arneil, experta en Locke, escribe que «la pregunta "¿Cómo crearon los primeros hombres la propiedad privada?" es para Locke la misma pregunta que "¿Quién tiene el derecho de apropiarse de las tierras de América en este momento?"».[10] Y, para sostener este argumento, también debía afirmar que la tierra era abundante y que nadie la reclamaba: es decir, dado que las tribus indígenas no habían «mejorado» la tierra, no tenían derechos sobre ella.

Pero no todos los filósofos europeos aceptaron este argumento. Jean-Jacques Rousseau, el filósofo francés del siglo XVIII, se opuso a los males de las tierras cercadas. En su *Discurso sobre el origen y los fundamentos de la desigualdad entre los hombres*, se lamentó del «primer hombre que, al haber vallado una parcela de tierra, consideró adecuado decir "Esto es mío" y encontró hombres simples para que lo creyeran». Este hombre, dijo Rousseau, «fue el verdadero fundador de la sociedad civil».

Para Rousseau, eso no era un cumplido. Pero lo fuera o no, es cierto que las economías modernas se fundamentan en la propiedad privada, en el hecho legal de que la mayoría de las cosas tienen un dueño, en general una persona o una corporación. Estas economías también se basan en la idea de que la propiedad privada es algo bueno, pues da a las personas un incentivo para mejorar e invertir en lo que es suyo, ya sea una parcela de tierra en el Medio Oeste de Estados Unidos, un apartamento en Kolkata o incluso la propiedad intelectual, como pueden ser los derechos de Mickey Mouse. Es un argumento sólido, y fue aplicado sin miramientos por todos aquellos que defendían que los nativos americanos no tenían el derecho de poseer sus propios territorios, puesto que no los estaban explotando de forma activa.

No obstante, la legalidad es abstracta. Para obtener los beneficios de ser propietarios de alguna cosa, también debemos ser capaces de imponer nuestro control sobre ella.* Hoy en día se sigue utilizando alambre de púas por todo el mundo para vallar las parcelas de tierra. Y en muchos otros sectores de la economía sigue librándose la batalla para ser propietario en la realidad de lo que nos pertenece en la teoría.

---

* Hasta que se inventó el alambre de púas, los colonos del oeste de Estados Unidos tenían derechos legales sobre la tierra, pero no podían ejercer un control práctico sobre ella. En las próximas páginas analizaremos una situación inversa: países en los que las personas tienen un control práctico sobre sus hogares y tierra pero no derechos legales sobre ellas.

Los músicos tienen los derechos sobre su música, pero —como nos ha explicado amablemente David Bowie— los derechos de autor son una débil defensa frente al software que nos permite compartir archivos.

Nadie ha inventado un alambre de púas virtual que pueda proteger las canciones de forma tan efectiva como la tierra, aunque muchos siguen intentándolo. Las «guerras de las alambradas» de la economía digital no son menos enconadas hoy que en los tiempos del salvaje oeste: los defensores de los derechos digitales se enfrentan a Disney, Netflix y Google, mientras que los piratas informáticos desbaratan cualquier tipo de alambre de púas digital.[11] Cuando se trata de proteger la propiedad en un sistema económico, hay mucho en juego.

No es de extrañar, por lo tanto, que los barones del alambre de púas —*Me-apuesto-un-millón* Gates, Joseph Glidden y muchos otros— se hicieran ricos. El año en que Glidden registró su patente se produjeron 45 kilómetros de alambre. Seis años después, en 1880, la fábrica DeKalb fabricaría trescientos mil kilómetros, lo suficiente para dar la vuelta al mundo diez veces.[12]

4

La información del vendedor

En Shangai, un conductor se registra en un foro en línea y busca a alguien que simula necesitar que lo lleven al aeropuerto. Encuentra a una persona dispuesta. Simula recoger a su nuevo cliente y dejarlo en el lugar acordado. Pero, en la realidad, nunca se encuentran. Luego, el conductor se conecta al foro y le ingresan el dinero. El precio que han acordado es de unos 1,4 euros.

O quizá el conductor da un paso más allá y no solo se inventa el trayecto, sino que también se inventa a la otra persona. Entra en mercado en línea Taobao y se compra un móvil pirateado. Esto le permite crear múltiples identidades falsas. Utiliza una de ellas para solicitarse a sí mismo un trayecto.[1]

¿Por qué lo hace? Porque está dispuesto a asumir el riesgo de que lo atrapen y porque alguien está dispuesto a pagarle para que lleve a otros en coche. Los inversores han sufrido pérdidas de millones de dólares —en China y en todas partes— pagando a la gente para que comparta coche. Por descontado, quieren acabar con los trayectos imaginarios, pero ¿subvencionar trayectos reales? Están convencidos de que es una gran idea.

Todo esto parece raro, incluso perverso. Pero todos los implicados buscan racionalmente incentivos económicos. Para comprender qué ocurre tenemos que analizar un fenómeno que ha engendrado muchas palabras de moda: «capitalismo participativo», «consumo colaborativo», «economía compartida» y «economía de la confianza».

La idea básica es la siguiente: supongamos que vamos a ir del centro de Shangai al aeropuerto en coche. Solo ocupamos un asiento. Ahora imaginemos que otra persona que solo vive a una calle de distancia también tiene que coger un avión. ¿Por qué no llevarla? Esta nos paga una suma modesta, menos de lo que le cuesta otro medio de transporte. Es una buena opción. Y también para quien conduce, pues va al aeropuerto de todas formas.

Hay dos grandes razones que podrían impedir que esto sucediera. La primera y más obvia es que no conocemos la existencia de la otra persona. Hasta hace poco, la única forma en que podíamos solicitar un trayecto era irnos a la carretera con un cartel en el que hubiera escrito AEROPUERTO. No es muy práctico, sobre todo porque los aviones no esperan.

Otras transacciones son incluso más específicas. Digamos que estamos en casa trabajando y tenemos al perro arrimado a nuestra pierna, con la correa en la boca, desesperado por que lo saquemos a pasear. Pero cerca de donde vivimos hay otra persona a la que le gustan los perros y le gusta pasear, y además tiene una hora libre. Está dispuesta a ganarse un dinero paseando al perro, y nosotros estamos dispuestos a pagarle. ¿Cómo contactamos? No podemos, a menos que utilicemos algún tipo de plataforma en línea, como Task-Rabbit o Rover.

La función de poner en contacto a personas con necesidades parecidas es una de las maneras más profundas en que internet está reconfigurando la economía. Los mercados tradicionales funcionan a la perfección para algunos bienes y servicios, pero son menos útiles cuando estos son urgentes o inusuales.

Pongamos por ejemplo el apuro en que se encontró Mark Fraser. Corría el año 1995. Mark Fraser daba muchas conferencias y quería con mucho ahínco un puntero láser: eran nuevos y estaban de moda; pero también eran prohibitivamente caros. Sin embargo, a Fraser le obsesionaba la electrónica. No le cabía ninguna duda de que si podía echarle mano a un puntero láser roto podría arreglarlo.[2] Pero ¿dónde lo iba a encontrar? Hoy en día, la respuesta es obvia: Taobao, eBay o cualquier otra página de internet. No obstante, en aquella época, eBay estaba comenzando. ¿Cuál fue la primera venta? El puntero láser roto que compró Mark Fraser.

Fraser, en este caso, asumió un riesgo pequeño. No conocía al vendedor. Solo podía confiar en que no se quedaría con sus 14,83 dólares y desaparecería. Pero en otras transacciones hay mucho más en juego. Esta es la segunda razón por la que no nos llevarían al aeropuerto de Shangai. Nos verían en carretera con el cartel..., pero no tendrían ni idea de quién somos. Tal vez podríamos atacarlos y robarles el coche; o tal vez seamos nosotros quienes desconfiemos: el conductor podría ser un asesino en serie.

No es una preocupación del todo ridícula: el autostop era algo bastante popular hace unas décadas, pero después de algunos asesinatos difundidos en la prensa amarilla pasó de moda.[3]

La confianza es un componente esencial en los mercados, tan esencial que a veces ni siquiera nos damos cuenta de ella, como un pez que no es consciente del agua. En las economías desarrolladas se pueden apreciar por todas partes elementos que suscitan la confianza: marcas, garantías de que nos devolverán el dinero y, por supuesto, las transacciones que repetimos con un vendedor que es fácilmente localizable.

Pero la nueva economía compartida carece de estos elementos de confianza. ¿Por qué deberíamos montarnos en el coche de un extraño o comprar el puntero láser de una persona que no conocemos? En 1997, eBay introdujo una característica que nos ayudaría a resolver este problema: la información del vendedor. Jim Griffith fue el primer director de atención al cliente de eBay; en aquel momento, afirma, «nadie había visto nada parecido». La idea de que ambas partes se califiquen después de una transacción es ahora omnipresente. Compramos algo en internet, puntuamos al vendedor y el vendedor nos puntúa a nosotros. Si utilizamos un servicio para compartir coche, como Uber, puntuamos al conductor y el conductor nos puntúa a nosotros. Si dormimos en un piso Airbnb, puntuamos al anfitrión y el anfitrión nos puntúa a nosotros. Los analistas como Rachel Botsman consideran que el «capital de la reputación» que creamos en estas páginas acabará siendo más importante que nuestra capacidad crediticia. Es posible, pero estos sistemas no son del todo seguros. No obstante, logran algo crucial: nos ayudan a superar nuestra prudencia natural.

Unos pocos comentarios positivos nos tranquilizan sobre una persona a la que no conocemos. Jim Griffith afirma sobre la información del vendedor: «No estoy seguro de que [eBay] hubiera crecido tanto sin ella».[4] Las plataformas en línea para contactar con otras personas seguirían existiendo, por supuesto —eBay ya existía antes—, pero quizá hoy en día las consideraríamos como el autostop: una demanda muy específica de los inusualmente aventureros, no una actividad de masas que está transformando sectores completos de la economía.

Plataformas como Uber, Airbnb, eBay y TaskRabbit crean verdadero valor. Permiten acceder a un servicio que, de otra forma, se habría perdido: una habitación libre, una hora libre, un asiento libre. Facilitan que las ciudades sean flexibles cuando hay picos de demanda: es posible que solo permitamos el uso de una habitación solo en ocasiones, cuando, por ejemplo, algún gran acontecimiento provoque un aumento en los precios.

Pero también hay perdedores. A pesar de todos los emotivos adjetivos —«colaborativos», «compartidos», «de confianza»—, estos modelos no están formados solo por conmovedoras historias de vecinos uniéndose para compartir un taladro. Con mucha facilidad pueden conllevar un capitalismo despiadado. Los hoteles y las empresas de taxis tradicionales están horrorizados por la competencia de Airbnb y Uber. ¿Se trata de un conveniente intento de acabar con la competencia, o tienen razón cuando se quejan de que las nuevas plataformas pasan por alto regulaciones importantes?

Muchos países tienen leyes para proteger a los trabajadores, como un límite de horas, condiciones laborales o un salario mínimo. Muchas de las personas que prestan servicio en plataformas como Uber no están solo monetizando un espacio libre, sino que están tratando de ganarse la vida, pero sin las protecciones de un empleo formal: quizá, precisamente, porque estas mismas plataformas, con sus condiciones, los han dejado sin trabajo.

Algunas regulaciones también protegen a los clientes. Por ejemplo, de la discriminación. Los hoteles no nos pueden denegar una habitación si somos una pareja del mismo sexo, pero los anfitriones de Airbnb pueden rechazar huéspedes después de mirar su información como clientes o sus fotos. Airbnb crea confianza al profundizar en la conexión personal, y esto significa mostrar imágenes de gran tamaño de las personas con quienes hacemos la transacción. También nos permite actuar según nuestros prejuicios personales, ya sea de forma consciente o no. Se ha demostrado que las personas de minorías étnicas han sufrido las consecuencias.[5] Cómo deben regularse estas plataformas es un dilema que trae de cabeza a todos los legisladores del mundo.

Las regulaciones son importantes, pues este es un gran negocio, sobre todo para los mercados emergentes en los que todavía no hay una cultura de tener un coche en propiedad. Y es un negocio con efecto dominó: cuantas más personas utilizan la plataforma, más atractiva se vuelve. Por esta razón, Uber y sus rivales —Didi Chuxing en China, Grab en el sudeste asiático, Ola en India— han invertido mucho dinero en subvencionar trayectos y han dado créditos a los nuevos clientes: quieren ser los primeros en hacerse grandes.

Y, por supuesto, algunos conductores han tenido la tentación de defraudarlos. ¿Recordamos cómo lo hicieron? Utilizando un foro digital para encontrar a alguien dispuesto a fingir ser un cliente o, en un mercado por internet, para comprar un móvil pirateado. Poner en contacto a personas con necesidades particulares es verdaderamente útil.

5

La búsqueda en Google

—Papá, ¿qué pasa cuando morimos?

—No lo sé, hijo. De hecho, nadie lo sabe.

—¿Por qué no lo buscas en Google?

En efecto, es posible que los niños crezcan creyendo que Google lo sabe todo. Quizá es lo que cabría esperar. «Papá, ¿a qué distancia está la Luna de la Tierra?»; «¿Cuál es el pez más grande del mundo?»; «¿De verdad existen las mochilas propulsoras?». Todas estas preguntas se pueden responder fácilmente pulsando unas teclas. No es necesario ir a la biblioteca para consultar la Enciclopedia Británica, el *Libro Guinness de los récords* o... En fin, quién sabe cómo un padre pre-Google habría descubierto las últimas innovaciones en las mochilas propulsoras. No habría sido sencillo, sin duda.

Tal vez Google no sea lo bastante inteligente como para saber si hay vida después de la muerte, pero la palabra «Google» surge en las conversaciones más a menudo que «inteligente» o «muerte», según los investigadores de la Universidad Lancaster, en el Reino Unido.[1] Google solo ha necesitado dos décadas para ser omnipresente en la cultura desde que comenzó como un humilde proyecto universitario en Stanford.

Es difícil recordar lo deficientes que eran las tecnologías de búsqueda antes de Google. En 1998, por ejemplo, si tecleábamos «coches» en Lycos —que por entonces era el motor de búsqueda líder—, la página de resultados estaba repleta de webs porno.[2] ¿Por qué? Los propietarios de estas páginas habían introducido muchas menciones de palabras populares, como «coches», quizá en un tamaño de fuente muy pequeño o en color blanco sobre fondo blanco. El algoritmo de Lycos detectaba muchas menciones de «coches» y llegaba a la conclusión de que la página podía ser de interés para alguien que buscara esa palabra. Es un sistema que hoy en día casi nos hace reír, y es fácil de burlar.

Al principio, a Larry Page y Serguéi Brin no les interesaba diseñar una manera mejor de hacer búsquedas. Su proyecto en Stanford tenía una motivación más bien académica. En el ámbito universitario, la frecuencia con la que se cita un ensayo publicado es un indicador de su credibilidad, y, si lo citan otros ensayos que a su vez son ampliamente citados, gana todavía más credibilidad. Page y Brin se dieron cuenta de que cuando buscabas una página en la incipiente World Wide Web no había forma de saber qué otras páginas estaban relacionadas con ella. Los vínculos de internet son lo mismo que las citas académicas. Si podían encontrar la forma de analizar todos esos vínculos, podrían clasificar la credibilidad de cualquier página sobre cualquier asunto.

Para ello, en primer lugar, Page y Brin tenían que descargarse todo internet. Esto causó cierta consternación. Se tragó casi la mitad de la banda ancha de Stanford. Administradores de webs enfurecidos se quejaron en masa a la universidad de que Google estaba sobrecargando sus servidores. Un museo de arte en línea creyó que Stanford quería robarles todos sus contenidos, y amenazaron con una demanda. Pero, a medida que Page y Brin refinaban su algoritmo, pronto se dieron cuenta de que habían encontrado por casualidad una nueva y potente manera de buscar en internet.[3] Sencillamente, las páginas porno con una gran cantidad de diminutos «coches coches coches» no tenían muchos vínculos con otras páginas que hablaran de coches. Si buscábamos «coches» en Google, era muy probable que su análisis de los vínculos de las diversas páginas diera resultados sobre… coches.

Con un producto tan obviamente útil, Page y Brin atrajeron inversores y Google pasó de ser un proyecto de dos universitarios a convertirse en una empresa privada. Ahora es una de las más importantes del mundo, con beneficios de decenas de miles de millones de euros.[4] Pero, durante los primeros años, Page y Brin gastaron dinero a espuertas sin tener mucha idea de cómo iban a recuperarlo. No eran los únicos. Fue la época de la burbuja y el declive de las puntocom: las acciones de las empresas de internet con pérdidas alcanzaban precios absurdos, basados tan solo en la esperanza de que, al final, se les ocurriría un modelo viable de negocio.[5]

En 2001 Google encontró el suyo, y en retrospectiva parece evidente: la publicidad de pago por clic. Las empresas le dicen a Google cuánto están dispuestas a pagar si alguien clica en su página después de buscar unas palabras específicas. Google muestra anuncios de los mejores postores junto con los demás resultados de la búsqueda. Desde la perspectiva de las empresas, el atractivo es claro: solo pagan cuando alguien que ha mostrado interés en lo que ofrecen clica en su página. (Escribe en Google «qué ocurre cuando mueres»: hay un anunciante interesado en pagar a Google para que cliquen en su página: los mormones.) Es mucho más eficiente que pagar la publicidad en los periódicos: incluso si los lectores se ajustan a nuestro público objetivo, inevitablemente la mayoría de las personas que vean el anuncio no estarán interesadas en lo que vendemos. No es de extrañar que los ingresos por los anuncios en los periódicos se hayan desplomado.[6]

La lucha de los medios para encontrar nuevos modelos económicos es solo uno de los impactos económicos más evidentes de la búsqueda en Google. Pero la invención de la tecnología de búsqueda funcional ha creado valor de muchas maneras. Hace unos pocos años, los consultores de McKinsey trataron de hacer una lista de las más importantes.[7]

Primero, nos ahorra tiempo. Los estudios sugieren que buscar en Google es tres veces más rápido que en la biblioteca, y esto sin contar el tiempo que empleamos en ir hasta ella. De la misma forma, encontrar una empresa en línea es tres veces más rápido que usar las tradicionales Páginas Amarillas impresas. McKinsey considera que las ganancias en productividad alcanzan los cientos de miles de millones de euros.

Otro beneficio es la transparencia de precios, que en la jerga económica significa que podemos estar en una tienda, sacar el móvil, buscar en Google si el producto que queremos es más barato en otro lugar y utilizar este dato para regatear. Molesto para la tienda, pero muy útil para el cliente.

También hay efectos «de larga estela». En las tiendas físicas, el espacio es un lujo. Las tiendas en línea pueden ofrecer más variedad, pero solo cuando los motores de búsqueda son lo bastante potentes como para encontrar lo que busca el cliente. La compra en línea con una búsqueda efectiva implica que los clientes con un deseo específico tendrán más probabilidades de encontrar lo que quieren, en lugar de conformarse con el producto más parecido que puedan hallar cerca de donde viven. Y también significa que los empresarios pueden lanzar productos de nicho con más posibilidades de que encuentren un mercado.

Todo esto son buenas noticias para los clientes y las empresas. Pero también hay algunos problemas.

Uno de ellos son los anuncios. En general, funcionan como cabría esperar: si buscamos en Google «cerveza artesanal», aparecerán anuncios de cerveza artesanal. Pero algunos tipos de búsqueda atraen a empresas fraudulentas que quieren de cualquier manera que algún despistado pinche en su enlace. Si buscamos en Google «cerrajero cerca de mí», por ejemplo, los primeros resultados incluyen empresas creíbles que ofrecen un precio bajo por abrirnos la puerta de casa, un precio que sube de repente cuando llega el cerrajero y asegura que hay una complicación imprevista.[8] También existen anuncios parecidos para aquellos que se han dejado la cartera en el asiento trasero de un taxi de Nueva York, o que necesitan comprar un billete de avión con poca antelación. Si somos presa del pánico, no nos daremos cuenta de que no hemos conseguido lo que esperábamos con nuestra búsqueda. Algunas de estas empresas son directamente fraudulentas; otras saben llegar hasta el límite sin cruzarlo. Tampoco está muy claro en qué medida se esfuerza Google para evitar estos casos.[9]

Tal vez la cuestión de fondo es que parece que es tan solo responsabilidad de Google, dado que es quien controla el mercado de las búsquedas. Gestiona alrededor del 90 por ciento de todas las búsquedas mundiales, y muchas empresas dependen de su aparición en una de las primeras posiciones en las búsquedas orgánicas.[10] Además, Google modifica sin cesar el algoritmo que las determina. Nos da algunos consejos generales sobre cómo obtener una buena posición, pero no es transparente respecto a cómo clasifica los resultados.

De hecho, no puede serlo: cuanto más revele, más fácil será para los tramposos. Volveríamos a buscar «coches» y saldrían páginas porno.

No hay que buscar mucho en internet —comenzando por Google, por supuesto— para encontrar a empresarios y consultores de búsquedas estratégicas que se dan de bruces con el poder de la empresa para fomentar su creación o destruirlas. Si Google cree que estamos utilizando tácticas inaceptables, degradará nuestra clasificación. Un bloguero se quejaba de que Google es «juez, jurado y ejecutor (…). Te penaliza si sospecha que has roto las reglas [y] en realidad no sabes cuáles son las reglas, solo puedes suponerlas».[11] Intentar averiguar cómo complacer al algoritmo de Google es como tratar de apaciguar a una deidad que, en última instancia, es desconocida, omnipotente y caprichosa.

Quizá pensemos que esto no representa un problema. Mientras los primeros resultados sean útiles para quien hace la búsqueda, se puede decir que los que han quedado relegados han tenido mala suerte. Y si los primeros resultados no son útiles, entonces otro par de estudiantes de Stanford verán su oportunidad e ingeniarán una nueva forma de buscar. ¿Verdad? Tal vez sí, tal vez no. Las búsquedas fueron un sector competitivo a finales de la década de 1990. Pero ahora es posible que se trate de un monopolio natural, es decir, una industria muy cerrada en la que es muy difícil que nuevos agentes puedan tener éxito.

¿La razón? Una de las mejores formas de mejorar las búsquedas consiste en analizar qué vínculos han pinchado los usuarios que antes han hecho la misma búsqueda, así como el resto de las búsquedas del usuario en cuestión.[12] Y Google tiene, de lejos, muchos más datos que los demás. Esto podría indicar que seguirá determinando nuestro acceso al conocimiento en las próximas generaciones.

6

El pasaporte

«¿Qué diríamos los ingleses si no pudiéramos ir de Londres a Crystal Palace o de Manchester a Sotckport sin un pasaporte o un policía que nos pisara los talones? No cabe duda de que no estamos ni la mitad de agradecidos de lo que deberíamos con Dios por nuestros privilegios nacionales.»[1]

Este comentario proviene del editor inglés John Gadsby, que recorrió toda Europa durante el siglo XIX. Y lo escribió antes de la aparición del sistema de pasaportes, de sobras conocido para cualquiera que haya cruzado una frontera alguna vez: hacemos cola y entregamos la libreta estandarizada a un agente uniformado que nos observa el rostro para ver si se parece a la imagen de un yo nuestro más joven, más delgado. (¿Y ese corte de pelo? ¿En qué estábamos pensando?) Quizá el agente nos haga algunas preguntas sobre las razones de nuestro viaje mientras el ordenador comprueba que nuestro nombre no aparece en ninguna lista de terroristas.

Durante gran parte de la historia, los pasaportes no habrían sido tan omnipresentes ni se utilizaban de forma tan habitual. En esencia, eran una amenaza: la carta de alguna persona poderosa pidiendo a cualquiera que se encontrara con el viajero que la llevaba que le dejara el camino libre. El concepto del pasaporte como protección se remonta a los tiempos bíblicos.[2] Y la protección era un privilegio, no un derecho: los caballeros ingleses como Gadsby, que querían un pasaporte antes de cruzar el canal, debían desenterrar alguna relación social y personal que los conectara con algún ministro relevante del gobierno.[3]

Como descubrió Gadsby, en la nación más celosamente burocrática del continente se había percibido el potencial de los pasaportes como instrumento de control económico y social. Incluso un siglo antes, los ciudadanos de Francia debían mostrar un documento no solo para salir del país, sino también para ir de una ciudad a otra. Mientras que los países ricos de la actualidad protegen sus fronteras para que no las crucen trabajadores sin formación, históricamente las autoridades municipales utilizaban las fronteras para evitar que se marcharan sus mejores trabajadores.[4]

A medida que fue pasando el siglo xix, las vías de tren y los barcos de vapor permitieron que los viajes fueran más rápidos. Los pasaportes no gozaban de buena prensa. El emperador francés Napoléon III compartía la admiración de Gadsby por el sistema mucho más laxo de los británicos: describió los pasaportes como «... una invención opresiva (...), una vergüenza y un incordio para los ciudadanos pacíficos». Los abolió en 1860,[5] y Francia no fue el único país. Cada vez más países abandonaron formalmente estos documentos o dejaron de requerirlos, al menos en tiempos de paz.[6] En la década de 1890, se podía visitar Estados Unidos sin pasaporte, aunque era de gran ayuda ser blanco.[7] En algunos países sudamericanos, viajar sin necesidad de pasaporte estaba amparado por la constitución.[8] En China y Japón, los extranjeros solo necesitaban pasaporte si querían adentrarse en el interior del país.[9]

A principios del siglo xx, solo un puñado de Estados seguían insistiendo en la necesidad de tener pasaporte para entrar o salir de ellos. Parecía que iban a desaparecer por completo.[10]

¿Cómo sería el mundo de hoy si hubiéramos prescindido de ellos?

A primera hora de una mañana de septiembre de 2015, Abdulah Kurdi, su mujer y sus dos hijos se montaron en una lancha inflable en la playa de Bodrum, en Turquía.[11] Esperaban recorrer los cuatro kilómetros de mar Egeo que los separaba de la isla griega de Cos. Pero el mar se embraveció y la lancha volcó. Abdulah logró agarrarse a ella, pero su mujer y sus dos hijos se ahogaron.

El cuerpo del más pequeño, Alan, de tres años, fue arrastrado hasta una orilla de Turquía, donde lo fotografió un periodista turco.

La imagen de Alan Kurdi se convirtió en un icono de la crisis migratoria que convulsionó Europa durante todo el verano.

La intención de los Kurdi no era quedarse en Grecia. Esperaban poder empezar una nueva vida en Vancouver, donde la hermana de Abdulah, Tima, trabajaba como peluquera. Hay formas más fáciles de viajar de Turquía a Canadá que empezar con una lancha inflable de camino a Cos, y Abdulah tenía el dinero: los cuatro mil euros que le pagó a un traficante de personas podrían haber servido para comprar billetes de avión para todos.[12] O, al menos, podrían haber servido... si no hubieran necesitado un pasaporte válido.

Dado que el gobierno sirio denegó la ciudadanía a la etnia kurda, sus integrantes no tenían pasaporte.[13] Pero, aunque hubieran poseído pasaportes sirios, no podrían haber embarcado en un vuelo a Canadá. Si sus documentos hubieran pertenecido a Suecia, Eslovaquia, Singapur o Samoa, no habrían tenido ningún problema.[14]

Podría parecer natural que el nombre del país que figura en nuestros pasaportes determine adónde podemos viajar y dónde podemos trabajar (de forma legalmente, al menos). Pero es una situación relativamente moderna y, desde cierto punto, inaudita. El pasaporte que poseamos, en gran medida, depende del país en el que hayamos nacido y de la identidad de nuestros progenitores (aunque si disponemos de 215.000 euros, por ejemplo, podemos comprar un pasaporte de las islas de San Cristóbal y Nieves).[15]

En casi todos los aspectos de la vida, queremos que los gobiernos y las sociedades nos ayuden a superar estos accidentes. Muchos países se enorgullecen de prohibir que los empleadores discriminen a los trabajadores por características que no podemos cambiar, como ser hombre o mujer, joven o viejo, gay o hetero, blanco o negro. Pero, cuando se trata de la ciudadanía, es una casualidad del nacimiento que esperamos que el gobierno conserve, no que la suprima. Y el pasaporte es el instrumento esencial para garantizar que personas diferentes con distintas nacionalidades tengan acceso a oportunidades muy dispares.

Sin embargo, no existe un clamor global para que no se juzgue a las personas por el color de su pasaporte sino por su carácter. Menos de tres décadas después de la caída de muro de Berlín, los controles migratorios han vuelto a estar de moda. Donald Trump ha prometido un muro para la frontera de Estados Unidos con México. La zona Schengen se resquebraja bajo la presión de la crisis migratoria. Los líderes europeos se devanan los sesos para distinguir a los refugiados de los «emigrantes económicos», asumiendo que si una persona no está escapando de una persecución —alguien que solo quiere un trabajo, una vida mejor— no debería permitírsele la entrada.[16] Políticamente, la lógica de las restricciones en la política migratoria es cada vez más difícil de contrarrestar.

No obstante, la lógica económica señala en dirección contraria. En teoría, siempre que se permite que los factores de producción acompañen a la demanda, los resultados mejoran. En la práctica, toda migración crea ganadores y perdedores, pero las investigaciones apuntan a que hay muchos más ganadores: en los países ricos, según cierta estimación, cinco de cada seis ciudadanos se verán beneficiados por la llegada de inmigrantes.[17]

Así que ¿por qué no se traduce esto en un apoyo popular para abrir las fronteras? Existen razones prácticas y culturales para que no se gestione adecuadamente la migración: por ejemplo, que los servicios públicos no se adaptan con rapidez a la llegada de nuevas personas, o que los sistemas de creencias son difíciles de reconciliar. Además, las pérdidas suelen ser más visibles que las ganancias. Supongamos que un grupo de mexicanos llega a Estados Unidos dispuestos a aceptar unos salarios más bajos que los que ganan los estadounidenses por recoger fruta. Los beneficios —el precio de la fruta un poco más barato para todos— son demasiado difusos o reducidos para que llamen la atención, mientras que los costes —que algunos estadounidenses pierdan su empleo— generan un descontento general. Debería ser posible ajustar los impuestos y el gasto público para compensar a los perdedores. El problema es que eso no suele suceder.

La lógica económica de la migración a menudo es más convincente cuando no implica cruzar fronteras. En el Reino Unido de la década de 1980, cuando la recesión afectó a algunas regiones más que a otras, el ministro del Trabajo Norman Tebbit insinuó —o muchos lo tomaron como una insinuación— que los desempleados deberían «montar en bicicleta» para buscarse un trabajo.[18] ¿En qué medida aumentarían los resultados económicos globales si todos pudiéramos ir al trabajo, estuviera donde estuviera, en bicicleta? Algunos economistas han calculado que se doblarían.[19]

Esto nos indica que hoy en día el mundo sería mucho más rico si los pasaportes hubieran desaparecido a principios del siglo xx. Pero una razón muy clara lo impidió: la Primera Guerra Mundial.

Dado que se consideró que la seguridad era más importante que la facilidad para viajar, los gobiernos impusieron nuevos y estrictos controles, y se mostraron reacios a derogar estos poderes cuando volvió la paz. En 1920, la recién formada Sociedad de Naciones convocó una «Conferencia internacional sobre pasaportes, formalidades aduaneras y billetes directos», y fue cuando efectivamente se inventaron los pasaportes tal y como los conocemos hoy. Desde 1921, estableció la Conferencia, los pasaportes deberían tener un tamaño de 15,5 centímetros por 10,5, estar compuestos por 32 páginas, encuadernados en cartón y llevar una foto de la persona.[20] Desde entonces, el formato ha cambiado asombrosamente poco.

Como John Gadsby, cualquiera que tenga un buen color de pasaporte debería agradecer su bendición.

7

Los robots

Tiene la forma y el tamaño de una fotocopiadora de oficina. Con un agradable zumbido, recorre la superficie del almacén mientras sus dos brazos se extienden o se contraen como tijeras elevadoras, listos para la siguiente tarea. Cada brazo tiene una cámara en el extremo. El brazo izquierdo mueve con cuidado una caja de cartón de la estantería y el brazo derecho extrae una botella de su interior.[1]

Como muchos robots nuevos, este también proviene de Japón. La empresa Hitachi lo presentó en 2015 con la intención de venderlo en 2020.[2] No es el único robot que puede coger una botella de una estantería, pero sí uno de los que más cerca han llegado a la hora de desempeñar tareas en apariencia simples con la velocidad y la destreza de los antiguos y obsoletos seres humanos.

Algún día, robots como estos sustituirán a todos los mozos de almacén. Por ahora, los humanos y las máquinas trabajan juntos: en los depósitos de Amazon, los robots de la compañía Kiva van de un lado a otro, aunque no cogen nada de las estanterías, sino que llevan las estanterías a las personas para que ellas cojan las cosas.[3] Al ahorrarles el tiempo de recorrer penosamente los pasillos, los robots cuadruplican la eficiencia.[4]

También en las fábricas los robots trabajan junto a los humanos. Por descontado, esto hace décadas que sucede: desde 1961, cuando General Motors instaló el primer Unimate, un robot de un solo brazo, parecido a un tanque, que se ocupaba de entre otras cosas hacer soldaduras.[5] Pero, hasta hace poco, estaban estrictamente segregados de los seres humanos, en parte para que estos no sufrieran ningún daño, y en parte para que los humanos no confundieran a los robots, cuyo entorno laboral tenía que controlarse de forma muy estricta.

Pero, con algunos robots nuevos, esto ya no es necesario. Un ejemplo encantador, de nombre Baxter, puede evitar chocarse con humanos, o caerse si un humano choca contra él. Baxter tiene unos ojos de cartón que indican hacia dónde va a dirigirse, y, si alguien le quita la herramienta que tiene en la mano, no seguirá trabajando como si aún la sostuviera. Hasta ahora, los robots industriales necesitaban una programación especializada, pero Baxter puede aprender nuevas tareas de sus compañeros humanos si estos le muestran cómo hacerlo.[6]

La población de robots en el mundo está aumentando con rapidez: las ventas de robots industriales crecen un 13 por ciento al año, lo cual significa que la «tasa de natalidad» casi se dobla cada cinco años.[7] Durante mucho tiempo ha existido la tendencia de deslocalizar su fabricación en mercados emergentes, donde los trabajadores son más baratos. Pero, ahora, la preferencia es volver a fabricarlos en los países ricos, y los robots tienen mucho que ver con ello.[8] Recogen lechugas,[9] sirven en las barras[10] de las cafeterías y transportan camillas.[11] No obstante, debemos reconocerlo: todavía no hacen todo lo que esperábamos de ellos. En 1962, un año después del Unimate, los dibujos animados estadounidenses *The Jetsons* imaginaron a Rosie, una criada robot que hacía todas las tareas de la casa. Medio siglo después… ¿dónde está Rosie? Y, de hecho, no va a aparecer pronto, a pesar de los recientes progresos.[12]

Este progreso se debe en parte al hardware de los robots; sobre todo, a unos sensores mejores y más baratos. En términos humanos es como mejorar la vista del robot, el tacto en sus dedos, o incluso el oído interno, es decir, su sentido del equilibrio.[13] Pero también es gracias al software: para nosotros significa que tienen mejores cerebros.

Y tampoco es injusto decir que la capacidad de pensar de las máquinas es otra área donde las expectativas han defraudado. Los primeros intentos de inventar una inteligencia artificial se suelen fechar en 1956, en un curso de verano del Dartmouth College para científicos con un interés pionero en «las máquinas que utilizan el lenguaje, que pueden formar abstracciones, conceptos y resolver problemas que hoy en día están reservados para los humanos, y mejorarse a sí mismas». En aquella época, se pronosticaba que las máquinas con una inteligencia pareja a la de los humanos estarían listas en veinte años. Ahora, a menudo se predice que será..., bueno, dentro de veinte años.

El filósofo futurista Nick Bostrom tiene una opinión bastante sarcástica al respecto: veinte años es «una medida perfecta para los pronosticadores de cambios radicales», escribe. Si fueran menos, esperaríamos ver ya alguna clase de prototipo; si fueran más, no nos llamaría la atención. Además, afirma Bostrom, «veinte años es una cifra cercana al tiempo que le queda de carrera al pronosticador, y limita el riesgo que puede suponer para su reputación una predicción tan osada».[14]

Solo en los últimos años se ha empezado a acelerar el progreso de la inteligencia artificial, sobre todo en lo que se conoce como «inteligencia artificial débil»: algoritmos que pueden llevar a cabo una sola tarea con gran éxito, como jugar al Go, filtrar el correo no deseado o reconocer rostros en las fotos de Facebook. Los procesadores son más rápidos, los conjuntos de datos son más extensos y los programadores escriben algoritmos más eficientes que pueden aprender a mejorar su propio funcionamiento de maneras que a menudo son desconocidas para sus creadores.

La capacidad para mejorarse a sí mismo ha llevado a algunos pensadores, como Bostrom, a preocuparse por lo que ocurrirá cuando creemos una inteligencia artificial general, un sistema que podría abordar cualquier problema, como hacen los humanos. ¿Se convertirá con rapidez en una superinteligencia? ¿Cómo podremos mantenerlo bajo control? Al menos esta no es una preocupación inminente, pues se calcula que para que la inteligencia artificial general alcance el nivel de los humanos todavía quedan, oh, veinte años.

Pero la inteligencia artificial débil ya está transformando la economía. Desde hace años los algoritmos se ocupan de tareas tediosas como la contabilidad o el servicio de atención al cliente. Y oficios de más prestigio también están en la picota. El ordenador Watson, de IBM, que generó titulares al vencer a campeones humanos en el concurso de televisión *Jeopardy*, ya es mejor que los médicos a la hora de diagnosticar el cáncer de pulmón. El software va a llegar al nivel de abogados expertos al predecir qué líneas argumentativas tendrán más posibilidades de ganar un caso. Los consejeros-robot ya dan recomendaciones sobre inversiones, y los algoritmos ya están produciendo en serie nuevos informes sobre ámbitos como los mercados financieros y los deportes, aunque, por suerte para mí, parece que aún no pueden escribir libros sobre economía.[15]

Algunos economistas consideran que los robots y la inteligencia artificial explican una curiosa tendencia económica. Erik Brynjolfsson y Andrew McAfee creen que ha habido un «gran desajuste» entre los trabajos y la productividad: es un indicativo de la eficiencia con que una economía absorbe las contribuciones, como personas o capital, y las convierte en algo útil. Como cabría esperar, a lo largo de la historia una mejor productividad ha significado más empleos y sueldos más altos. Pero Brynjolfsson y McAfee afirman que esto ya no ocurre en Estados Unidos. Desde el principio del siglo xx, la productividad en este país ha mejorado, pero ni los empleos ni los salarios han seguido el mismo ritmo.[16] A algunos economistas les preocupa que estemos experimentando un «estancamiento secular», en el que no hay suficiente demanda para estimular el crecimiento de la economía, ni siquiera con tasas de interés a cero o por debajo de cero.[17]

La idea de que la tecnología puede destruir o degradar algunos trabajos no es nueva: por esta razón los luditas despedazaron los telares hace doscientos años. Pero, como hemos visto, «ludita» se ha convertido en un término despectivo porque la tecnología, al final, siempre ha creado nuevos trabajos para sustituir a los que había eliminado. Estos nuevos trabajos suelen ser mejores, al menos de media, pero no siempre lo han sido, ni para los trabajadores ni para la sociedad en su conjunto. Un ejemplo: un dudoso beneficio de los cajeros automáticos es que los empleados de la banca iban a tener tiempo para vender productos financieros no del todo fiables. Esta es una situación que suscita debate: es fácilmente concebible que algunos de los trabajos que deberán hacer los humanos serán, de hecho, peores que los anteriores.

Esto se debe a que la tecnología está progresando más en pensar que en hacer: los cerebros de los robots están avanzando más rápido que sus cuerpos. Martin Ford, autor de *El auge de los robots*, señala que los robots pueden hacer aterrizar un avión y comerciar con acciones en Wall Street, pero aún no saben cómo limpiar unos aseos.[18]

Así que, tal vez, para vislumbrar el futuro, no deberíamos fijarnos en la robot Rosie, sino en otro dispositivo que ahora se utiliza en los almacenes: la unidad Jennifer. Se trata de unos auriculares que dicen a los trabajadores qué tienen que hacer hasta el más mínimo detalle, de modo que, si necesitamos diecinueve productos de una estantería, nos dice que cojamos cinco, luego cinco más, después otros cinco y, por último, cuatro, pues eso minimiza mucho más los errores que bajo la orden «coge diecinueve».[19] Si los robots son mejores que los humanos pensando, pero los humanos son mejores que los robots cogiendo cosas de las estanterías, ¿por qué no controlar un cuerpo humano con un cerebro robótico? Quizá no sea una elección de carrera profesional que nos vaya a hacernos sentir realizados como personas, pero no se puede negar que tendría sentido.

8

El estado del bienestar

A veces se acusa a las mujeres de que se dedican a explotar de forma consciente su feminidad para obtener ventajas en un mundo dominado por los hombres. Frances Perkins hizo precisamente esto, pero de una forma diferente: intentaba que los hombres vieran en ella a sus madres. Se ponía un sombrero triangular muy poco atractivo, y modificó su forma de actuar basándose en las observaciones de lo que parecía más efectivo para convencer a los hombres de sus ideas.[1]

Quizá no sea una coincidencia que estas ideas se puedan describir sin faltar a la verdad como maternales, o, como mínimo, familiares. Cualquier padre quiere proteger a sus hijos de daños graves, y Perkins creía que los gobiernos debían hacer lo mismo con los ciudadanos. Llegó a ser ministra de Trabajo del presidente Franklin D. Roosevelt en 1933. La Gran Depresión estaba haciendo estragos en Estados Unidos: un tercio de los trabajadores no tenían empleo, y aquellos que sí tenían vieron cómo sus salarios se desplomaban. Perkins desarrolló las reformas que más tarde recibieron el nombre de New Deal, entre ellas el salario mínimo, las prestaciones por desempleo y las pensiones para los jubilados.[2]

Los historiadores nos dirán que no fue Frances Perkins quien inventó el estado del bienestar, sino Otto von Bismarck, canciller del Imperio alemán medio siglo antes. Pero fue durante la época de Perkins cuando varios sistemas de bienestar tomaron la forma que hoy en día podemos reconocer en el mundo desarrollado. Los detalles difieren dependiendo del lugar, las medidas y la época. Para recibir alguno de estos beneficios, el ciudadano tenía que haber pagado a empresas aseguradoras dirigidas por el Estado; en otros casos, se trataba de derechos que dependían de la residencia o la ciudadanía. Algunas de estas medidas eran universales, es decir, accesibles a todo el mundo sin importar los ingresos; otras dependían de los recursos económicos, y era necesario demostrar que se cumplían los requisitos.

Pero todos los estados del bienestar comparten una misma idea: la de que, en última instancia, la responsabilidad de que la gente no se muera de hambre en la calle no es de la familia, de las organizaciones caritativas o de los seguros privados, sino del Estado.

A esta idea no le faltan enemigos. Al fin y al cabo, también es posible consentir demasiado. Instintivamente, todos los padres saben que hay un equilibrio: proteger, pero no mimar; fomentar la resiliencia, no la dependencia. Y si unos padres sobreprotectores perjudican el crecimiento personal, ¿un estado del bienestar demasiado generoso podría perjudicar el crecimiento económico?

Es una preocupación válida. Imaginemos a una madre soltera con dos hijos. Es posible que cumpla los requisitos para obtener subvenciones para la vivienda y los hijos, y que reciba una prestación por desempleo. ¿Podría ganar más gracias al sistema de bienestar que trabajando y cobrando el salario mínimo? En 2013, en al menos nueve países europeos, la respuesta a esta pregunta era afirmativa. Ahora bien, para esta mujer hipotética podría ser más atractivo trabajar además de recibir las prestaciones, pero en tres países —Austria, Croacia y Dinamarca— el tipo impositivo era de casi el cien por cien, lo cual implica que, si quería ganar un poco de dinero extra y la contrataban en un trabajo a media jornada, lo perdería de inmediato al reducirse las prestaciones. Muchos otros países tienen una tasa impositiva para las personas con ingresos bajos que está por encima del 50 por ciento, lo cual no los anima en absoluto a buscarse un trabajo.[3] Esta «trampa del bienestar» no parece muy inteligente.

No obstante, también es lógico pensar que los estados del bienestar pueden mejorar la productividad económica. Si nos quedamos parados, la prestación por desempleo nos ayudará a no aceptar cualquier trabajo, y nos dará tiempo para encontrar una nueva posición en la que podamos aprovechar al máximo nuestras capacidades. Es posible que los emprendedores asuman más riesgos si saben que la bancarrota no será catastrófica: sus hijos podrán seguir yendo al colegio y ser atendidos si se ponen enfermos. En general, los trabajadores sanos y formados suelen ser más productivos. Y además, a veces, las ayudas económicas pueden tener beneficios inesperados: en Sudáfrica, las niñas tuvieron mejor salud cuando sus abuelas empezaron a recibir pensiones.[4]

De este modo, ¿los estados del bienestar favorecen o perjudican el crecimiento económico? No es una pregunta fácil de responder: estos sistemas tienen muchos elementos susceptibles de cambiar, y cualquiera de ellos podría afectar al crecimiento de muchas formas. Pero las pruebas con las que contamos hasta ahora sugieren que hay un empate: los efectos negativos y positivos se equilibran.[5] El estado del bienestar no hace que el pastel sea más grande o más pequeño, pero sí que cambia la porción que le toca a cada uno.[6] Y esto es una protección contra la desigualdad.

O, al menos, así era antes. En las últimas dos décadas, los datos muestran que a los diversos estados del bienestar ya no les va tan bien.[7] Las desigualdades, que en muchos países se acentuaron entre 1980 y 2000, pueden acentuarse todavía más.[8] Y, además, estos sistemas se están resquebrajando por el peso de un mundo que cambia a toda velocidad.

Uno de estos elementos de cambio es la demografía: las personas viven durante más tiempo después de jubilarse. También afecta el cambio social: los derechos a subsidio se originaron en una época en la que las mujeres dependían de un hombre que ganara dinero, y la mayoría de los trabajos eran de jornada completa y duraban muchos años.[9] En el Reino Unido, por ejemplo, más de la mitad de los trabajos que se han creado desde la crisis económica de 2008 lo han hecho en el sector del autoempleo. Los asalariados de una constructora recibirán una baja por enfermedad si sufren un accidente en el trabajo, pero un albañil autónomo, no.[10]

También debemos considerar la globalización: los estados del bienestar se originaron cuando los empleadores estaban más arraigados geográficamente que las multinacionales actuales, que no tienen ninguna atadura. De hecho, antes no podían relocalizarse con demasiadas facilidades a jurisdicciones con menos cargas impositivas y regulador. Pero la movilidad laboral también genera problemas: noticias escandalosas sobre inmigrantes que se aprovecharon de las prestaciones sociales contribuyeron sin duda a que el Reino Unido tomara el camino del Brexit.[11]

Mientras reflexionamos sobre cómo —o 'si'— ajustar el estado del bienestar, no deberíamos olvidar que una de las mayores influencias que tuvo en la economía moderna consistió en hacer olvidar otras propuestas de cambio mucho más radicales.

Comparándolo con Frances Perkins, Otto von Bismarck no era un reformador social. Sus motivos fueron de defensa. Bismarck temía que la población abrazara las ideas revolucionarias de Karl Marx y Friedrich Engels,[12] y esperaba que sus prestaciones para el bienestar fueran lo bastante generosas como para colmar esas aspiraciones. Era una táctica política ya conocida: cuando el emperador romano Trajano distribuyó grano de forma gratuita, el poeta Juvenal hizo la famosa crítica de que el pueblo se compraba con «pan y circo». Se podría decir más o menos lo mismo del estado del bienestar italiano, que se creó en la década de 1930, cuando el fascista Mussolini quiso contrarrestar el interés popular por sus adversarios socialistas.[13]

En Estados Unidos, el New Deal fue atacado tanto por la derecha como por la izquierda. El gobernador populista de Luisiana, Huey Long, se quejó de que Frances Perkins no había ido lo bastante lejos: se preparó para presentarse a la presidencia con el eslogan «Compartamos la riqueza», y prometió confiscar las fortunas de los ricos. Le pegaron un tiro, así que nunca pudo poner a prueba esta política. A principios del siglo XXI, podríamos pensar que un alboroto político de este tipo nos queda muy lejos, aunque, ahora, las políticas crudamente populistas están regresando en muchos países del mundo occidental.

Tal vez no debería sorprendernos. Como hemos visto, los cambios tecnológicos siempre han creado ganadores y perdedores, y los perdedores siempre pueden echar mano de la política si nos les gusta cómo están cambiando las cosas. En muchas industrias, las tecnologías digitales son como gramófonos modernizados que aumentan la distancia entre el 0,1 por ciento más rico y el resto de la población. Gracias al poder de los sistemas de búsqueda y de información del vendedor, las nuevas plataformas están permitiendo que los trabajadores por cuenta propia accedan a nuevos mercados. Pero ¿son realmente trabajadores por cuenta propia? Uno de los debates más urgentes de nuestra época es saber hasta qué punto los conductores de Uber o quienes hacen tareas para TaskRabbit deberían ser tratados como empleados, un estatus que en muchos países permite acceder a algunas prestaciones del estado del bienestar.

La migración internacional a larga escala es una piedra en el zapato del estado del bienestar. La gente que cree de forma instintiva que la sociedad debería hacerse cargo de los ciudadanos más pobres a menudo no se siente igual si estos son inmigrantes. Pero la interrelación entre estos dos elementos del gobierno —el estado del bienestar y el control de pasaportes— es a menudo inadecuada. Deberíamos diseñar un estado del bienestar que se adaptara a las políticas fronterizas, aunque eso no suele ser lo común.

El mayor interrogante de todos es si, a largo plazo, los robots y la inteligencia artificial de veras provocarán que un gran número de personas no pueda tener ningún empleo. Que el trabajo humano sea menos necesario en el futuro en principio es una buena noticia: un paraíso de sirvientes robóticos nos espera. Pero nuestras economías siempre se han fundamentado en la idea de que las personas obtienen lo que quieren mediante la venta de su trabajo. Si los robots hacen que esto sea imposible, entonces las sociedades se resquebrajarán a menos que reinventemos el estado del bienestar.

No todos los economistas consideran que valga la pena preocuparse de ello por ahora. Pero aquellos que sí están recuperando una idea que se remonta al libro de 1516 de Thomas More *Utopía*: la renta básica universal.[14] Sin duda parece una idea utópica, en el sentido de que es fantásticamente irreal: ¿podríamos imaginar un mundo en el que todos recibiéramos una retribución regular que colmara nuestras necesidades básicas sin que nadie nos pidiera responsabilidades por ello?

Algunas pruebas sugieren que merece la pena considerarlo. En la década de 1970, se probó esta idea en una ciudad canadiense llamada Dauphin. Durante años, miles de residentes recibieron un cheque cada mes, y resultó que garantizar ese ingreso a la población tuvo efectos interesantes. Menos adolescentes abandonaron la escuela, menos personas fueron hospitalizadas por problemas mentales y casi nadie dejaba su trabajo.[15] Ahora se están llevando a cabo nuevas pruebas para ver si ocurre lo mismo en otros lugares.[16]

No cabe duda de que algo así sería tremendamente caro. Supongamos que diéramos a cada estadounidense adulto una renta de, por ejemplo, doce mil dólares al año. Representaría el 70 por ciento del presupuesto federal.[17] Parece del todo imposible. Pero, por otro lado, las cosas del todo imposibles a veces ocurren, y rápido. En la década de 1920, ni un solo estado de Estados Unidos ofrecía pensiones para los jubilados. En 1935, Frances Perkins logró que las recibieran los jubilados de toda la nación.[18]

II

REINVENTAR CÓMO VIVIMOS

El periódico dominical de mi familia no estaba completo sin el catálogo *Innovations*: un encarte de papel satinado que publicitaba productos magníficamente inútiles de venta por correo como el «Avisador de aliento», un detector de halitosis, o una corbata que se ataba con una cremallera oculta.[1] Al final, *Innovations* desapareció y fue reemplazado por los anuncios de Facebook que más o menos venden los mismos trastos inútiles. Pero, aunque el librillo fuera absurdo, la idea de fondo siempre fue tentadora: las innovaciones son cosas que se pueden comprar, incluso una versión mejor o más barata de cosas que ya llevamos tiempo comprando.

No es difícil ver por qué esta idea es más atrayente que una corbata con cremallera. Coloca las innovaciones en una categoría, quizá incluso envuelta con un lazo. Si la innovación consiste en cosas nuevas y atractivas de las que disfrutar, es difícil contemplarlas como una amenaza. Si no queremos comprar el producto en cuestión, no tenemos que hacerlo, pero siempre habrá un montón de anunciantes que tratarán de vendérnoslo.

Pero, como ya hemos visto, los efectos de las invenciones no siempre son fáciles de prever. El arado supuso una forma más eficiente de cultivar, pero no fue solo eso: provocó un cambio en las condiciones de vida, aunque muchos no lo utilizaran. Algunas innovaciones más recientes han tenido resultados semejantes. En su conjunto han cambiado nuestra forma de comer, de jugar, de cuidar a los niños, de vivir y de tener sexo. Y estos cambios sociales han estado estrechamente relacionados con cambios económicos: en particular, han determinado quién recibe un salario decente por su trabajo y quién no.

Las verdaderas innovaciones no aparecen en los encartes de papel satinado; cambian el mundo las compremos o no.

9

La leche de fórmula

Sonó como el disparo de un cañón. Pero ¿de dónde provenía? Tal vez fueran piratas. El *Benares*, un buque de la Compañía Británica de las Indias Orientales, estaba amarrado en Makassar, en la isla indonesia de Sulawesi. El capitán dio la orden de zarpar y perseguirlos.

A cientos de kilómetros de distancia, en otra isla indonesia —Java—, los soldados en Yogyakarta también oyeron el sonido de los disparos. El comandante supuso que una ciudad cercana estaba siendo atacada, así que se dirigió allí con sus hombres. Pero no encontraron ningún cañón, sino a muchas otras personas preguntándose qué había sido aquel estruendo. Tres días después, el *Benares* aún no había encontrado a ningún pirata.

Lo que todos habían oído fue la erupción de un volcán llamado Tambora. Si tenemos en cuenta que el Tambora está a algo más de mil kilómetros de Yogyakarta, es difícil imaginar lo aterradoras que debieron de ser las explosiones si uno se hubiera encontrado cerca. Un cóctel de gas tóxico y roca licuada se abalanzó por las pendientes del volcán con la velocidad de un huracán. Acabó con miles de vidas. El Tambora perdió de golpe mil doscientos metros.[1]

Corría el año 1815. Poco a poco, una enorme nube de ceniza volcánica se propagó por el hemisferio norte y tapó la luz del sol. En Europa, el año 1816 fue conocido como «el año sin verano». Las cosechas se echaron a perder y la gente, desesperada, comenzó a comer ratas, gatos y hierba.[2] En la ciudad alemana de Darmstadt, todo este sufrimiento causó una honda impresión en un chico de trece años. Al joven Justus von Liebig le encantaba ayudar a su padre en el taller elaborando pigmentos, pinturas y betunes.[3] Con el tiempo, se hizo químico, uno de los más brillantes de su época, y una de sus principales motivaciones fue descubrir alguna cosa que acabara con el hambre. Liebig fue uno de los primeros en investigar sobre fertilizantes. Fue pionero en la ciencia nutricional, el análisis de la comida basándose en sus grasas, proteínas y carbohidratos.[4] Inventó el extracto de carne.[5]

Pero también inventó algo más: la leche de fórmula. Lanzado en 1865, el alimento soluble para bebés de Liebig estaba formado por unos polvos que contenían leche de vaca, harina de trigo, harina de malta y bicarbonato de potasio. Fue el primer sustituto comercial de la leche materna que se creó a partir de un riguroso estudio científico.[6]

Además, como bien sabía Liebig, no todos los niños tenían una madre que les diera el pecho. De hecho, no todos los bebés seguían teniendo madre: antes de la medicina moderna, uno de cada cien partos acababa con la vida de la madre.[7] Hoy en día, en los países pobres esta cifra es ligeramente inferior.[8] También hay madres que no pueden producir suficiente leche: los datos están sujetos a debate, pero podrían llegar a tratarse de una de cada veinte.[9]

¿Qué les ocurría a estos niños antes de la leche de fórmula? Los padres que se lo podían permitir se costeaban amas de cría, una profesión respetable para una chica de clase baja y una de las primeras en salir perjudicadas por el invento de Liebig.[10] Otros utilizaban una cabra o una burra. Muchos daban a sus hijos gachas, una masa de harina y agua que preparaban en recipientes difíciles de limpiar, y por lo tanto llenos de bacterias.[11] No sorprende que las muertes fueran frecuentes: a principios del siglo XIX, solo dos de cada tres bebés que no se alimentaban con leche materna llegaban a su primer aniversario.[12]

La leche de fórmula de Liebig llegó al mercado en un momento propicio. Cada vez se comprendía mejor la teoría microbiana, y también se acababa de inventar el chupete. El atractivo de la leche de fórmula pronto suscitó interés más allá de las mujeres que no podían dar de mamar. La Comida Soluble para Bebés de Liebig democratizó un estilo de vida que antes solo era accesible a las clases acomodadas.

Este tipo de leche abrió una serie de opciones que ahora configuran los modernos lugares de trabajo.[13] Para muchas mujeres que acaban de ser madres y quieren —o necesitan— volver al trabajo, la leche de fórmula es un don del cielo. En efecto, hacen bien en preocuparse por que la falta de tiempo perjudique sus carreras. No hace mucho, unos economistas analizaron las carreras de hombres y mujeres del programa MBA de la Universidad de Chicago que obtuvieron cargos importantes en el sector de la consultoría y las altas finanzas. Al principio, las mujeres vivieron experiencias similares a las de los hombres, pero, con el tiempo, cada vez había más distancia entre lo que ganaban unos y otras. ¿El momento crítico? La maternidad. Las mujeres se tomaban días libres y los empleadores, por lo tanto, las pagaban menos. Paradójicamente, los hombres de este estudio tenían más posibilidades de tener hijos que las mujeres. Pero estos no tenían por qué cambiar su rutina laboral.

Existen tanto razones culturales como biológicas para que las mujeres suelan tomarse días libres cuando fundan una familia. No podemos cambiar el hecho de que solo las mujeres tienen matriz,* pero podemos intentar modificar la cultura laboral. Cada vez más gobiernos siguen la estela de los escandinavos, que reconocen a los padres el derecho legal de una baja por paternidad.[14] Cada vez más líderes, como Mark Zuckerberg, de Facebook, se erigen como ejemplos para que los demás padres los imiten.[15] Y la leche de fórmula hace que sea mucho más fácil que el padre cuide del bebé cuando la madre está trabajando. En efecto, también se puede extraer la leche materna, pero muchas madres piensan que les crea más problemas que la leche de fórmula: los estudios demuestran que las madres, cuantos menos días libres tienen, menos mantendrán la alimentación con leche materna.[16] No es sorprendente.

No obstante, hay un problema: la leche de fórmula no es apta para todos los bebés.

---

* Estrictamente hablando, la ciencia médica ahora permite que esto sea posible. Pero no parece probable que sea una opción que tenga una aceptación general.

Tampoco esto debería sorprendernos. Al fin y al cabo, la evolución ha empleado miles de generaciones para perfeccionar la receta de la leche materna, y la de fórmula no logra los mismos resultados. Los niños que se alimentan con ella caen enfermos con más frecuencia. Esto conlleva costes en tratamientos médicos y días libres que se deben tomar los padres. También provoca muertes, sobre todo en los países pobres donde el agua potable es un bien escaso. Una estimación creíble afirma que unos índices más altos de niños que se alimentaran de leche materna salvarían unas ochocientas mil vidas infantiles cada año.[17] Justus von Liebig quería que su leche de fórmula salvara vidas; los datos anteriores le habrían horrorizado.

Este tipo de leche tiene otro coste económico, aunque menos obvio: existen pruebas de que los niños que se alimentan de leche materna acaban teniendo unos coeficientes intelectuales ligeramente superiores, alrededor de tres puntos, cuando se controlan al máximo, en la medida de lo posible, otros factores. ¿Cuál sería el beneficio de lograr que una generación entera de niños fuera un poquito más lista? Según *The Lancet*, comportaría unos 260.000 millones de euros más cada año.[18] Esto supone varias veces el valor global del mercado de la leche de fórmula.[19]

Como consecuencia, muchos gobiernos promueven que los niños se alimenten de leche materna. Pero nadie obtiene un beneficio inmediato de ello; y, en cambio, vender leche maternizada es lucrativo. ¿Qué es lo que se ve más a menudo en estos últimos tiempos: anuncios del gobierno sobre las ventajas de la leche materna o anuncios sobre leche de fórmula?

Estos últimos siempre han sido controvertidos, en gran parte porque la leche de fórmula puede ser más adictiva que el tabaco o el alcohol, pues, cuando una madre deja de dar de mamar, se queda sin leche. No hay vuelta atrás. Liebig nunca afirmó que su Comida Soluble para Bebés fuera mejor que la leche materna: solo dijo que era lo más parecido nutricionalmente que había logrado. Pero pronto inspiró a imitadores que, por el contrario, no eran tan escrupulosos. En la década de 1890, los anuncios sobre la leche de fórmula la solían presentar como el no va más. Mientras tanto, los pediatras empezaron a notar un aumento del escorbuto y el raquitismo en la prole de aquellas madres que se habían dejado convencer por los anuncios.[20]

La controversia llegó a su punto álgido en 1974, cuando el grupo de presión War on Want (Guerra contra la Pobreza) publicó un panfleto titulado *The Baby Killer* (*El asesino de niños*), sobre cómo Nestlé vendía leche de fórmula en África. Los boicots duraron años. En 1981, se aprobó un «Código internacional de la comercialización de los sustitutos de la leche maternal». Pero no es una ley vinculante, y parece ser que muchos la infringen.[21] De hecho, hace poco, en 2008, hubo un nuevo escándalo en China, cuando se hallaron en la leche de fórmula químicos industriales que intoxicaron a trescientos mil niños y mataron a algunos de ellos.[22]

Pero ¿y si hubiera una manera de tenerlo todo: las mismas bajas laborales para madres y padres y leche maternal para los bebés, sin el inconveniente de tener que extraerla de los pechos de las primeras? Quizá sí que la hay, si no nos importa llevar a las fuerzas del mercado a su conclusión lógica. En Utah existe una empresa, llamada Ambrosia Labs, que paga a madres de Camboya para que extraigan leche de sus pechos, luego selecciona las de mejor calidad y por último la vende a madres estadounidenses. Ahora esta leche es bastante cara, un poco más de cien dólares el litro,[23] pero un cambio en la escala del negocio podría rebajar el precio. Los gobiernos incluso podrían estar tentados de cargar con más impuestos la leche de fórmula para subvencionar el mercado de la leche materna. Justus von Liebig anunció el fin de las amas de cría; tal vez la cadena de suministro global las esté recuperando.

10

La comida precocinada

Es un típico martes de noviembre para Mary, que vive en el noreste de Estados Unidos. Tiene cuarenta y cuatro años, educación universitaria y una familia próspera: forma parte del 25 por ciento de familias con ingresos más altos. Así que ¿a qué ha dedicado el día? ¿Es abogada? ¿Profesora? ¿Asesora?

No. Mary se ha pasado una hora cosiendo y tejiendo, dos horas poniendo la mesa y lavando los platos, y otras dos horas largas preparando y cocinando la comida. En este aspecto, no es diferente a las demás mujeres. Esto se debe a que estamos en 1965, y en 1965 muchas mujeres casadas de Estados Unidos —incluso aquellas que contaban con una educación excelente— dedicaban muchas horas del día a dar de comer a sus familias. Para estas madres, «traer comida a la mesa» no era una metáfora. Era algo que hacían literalmente, y les exigía muchas horas cada semana.[1]

Sabemos cómo vivía Mary —y muchas otras personas— gracias a los estudios sobre el uso del tiempo que se llevaron a cabo por todo el mundo. Se trata de diarios precisos con la información de a qué dedicaban sus horas personas muy diferentes. Y, en el caso de las mujeres con una buena educación, el uso que han hecho del tiempo en Estados Unidos y otros países ricos ha cambiado radicalmente durante el último medio siglo. Las mujeres estadounidenses ahora dedican un total de 45 minutos al día a cocinar y limpiar, lo que sigue siendo mucho más que los hombres, que apenas dedican quince minutos al día. Pero es un cambio espectacular si se compara con las cuatro horas que dedicaba Mary.

La razón es que se ha modificado por completo la manera en

que se prepara la comida que ponemos en la mesa. Un símbolo de este cambio fue la introducción, en 1954, del plato precocinado. Presentado en una bandeja de aluminio sacada de la era espacial, y producido de tal forma que la carne y las verduras necesitaban el mismo tiempo para calentarse, el «plato precocinado de pavo congelado» fue desarrollado por la bacterióloga Betty Cronin. Trabajaba para Swanson, una empresa de comida procesada que estaba buscando nuevos mercados después de que el ejército estadounidense dejara de comprarles raciones para sus soldados. La misma Cronin, una joven ambiciosa, formaba parte del nicho de mercado ideal: mujeres que se suponía que tenían que cocinar para sus maridos, pero cuya carrera profesional no les dejaba mucho tiempo. Ella, no obstante, se resistió a la tentación: «Nunca tuvimos un plato precocinado en casa —dijo en una entrevista en 1989—. Trabajaba con ellos todo el día. Ya era bastante».[2]

Pero las mujeres no tenían por qué disfrutar de los placeres en papel de plata de los platos precocinados para que los cambios en la comida procesada las liberaran en otros aspectos. Tenían congelador, microondas, conservantes y producciones en cadena. Tal vez la comida haya sido la última industria artesanal, algo que de manera masiva se producía en el hogar, pero su preparación cada vez se ha industrializado más: se ha externalizado a restaurantes y tiendas de comida para llevar, a bares en los que sirven bocadillos y a fábricas que preparan comida lista para comer o cocinar. Y la invención de la comida industrial —en todas sus formas— ha conllevado un cambio profundo en la economía moderna.

El síntoma más obvio es que el gasto en alimentación está cambiando. Las familias estadounidenses cada vez gastan más fuera del hogar: en comida rápida, restaurantes, bocadillos y aperitivos. En la década de 1960, solo una cuarta parte del gasto en comida se hacía fuera del hogar.[3] Con el tiempo, ha ido aumentando sin cesar, y en 2015 se llegó a un récord: por primera vez en la historia, los estadounidenses gastaron más dinero en comer fuera que en comprar en el súper.[4] Y quien piense que los estadounidenses son los raros debería saber que los británicos superaron este récord hace más de una década.[5]

Incluso en el hogar, cada vez la comida está más procesada para ahorrar al cocinero tiempo, esfuerzo y habilidad. Hay ejemplos obvios de comida lista para cocinar: una pizza congelada o una de las creaciones en bandeja de Betty Cronin. Pero también hay otros menos obvios: lechuga cortada en bolsa, albóndigas o rollos de kebab rebosantes de salsa y listos para hornear, queso rallado, salsa para pasta, bolsas individuales de té, pollo desplumado, destripado y con relleno de salvia y cebolla, etc. También existe, incluso, el pan cortado en rebanadas. Cada innovación parece extraña para la generación anterior, pero yo nunca he desplumado un pollo, y quizá mis hijos nunca corten una lechuga. Todo esto nos ahorra tiempo, montones y montones de tiempo.

Estas innovaciones, no obstante, no empezaron con los platos precocinados: llevan mucho tiempo entre nosotros. A principios del siglo xix, los hogares compraban harina premolida para no tener que llevar sus propios granos al molino o molerlos ellos mismos en casa; en 1810, el inventor francés Nicholas Appert patentó un proceso para sellar y conservar carne con un tratamiento de calor; la leche condensada se patentó en 1856; y H. J. Heinz empezó a vender macarrones precocinados en la década de 1880.[6]

Sin embargo, al principio, ninguna de estas innovaciones tuvo efecto alguno en el tiempo que las mujeres dedicaban a preparar comida. Cuando la economista Valerie Ramey comparó los diarios de uso del tiempo en Estados Unidos entre 1920 y 1960, halló una estabilidad sorprendente. Ya fueran mujeres sin educación y casadas con granjeros, o con educación superior y casadas con profesionales liberales, seguían dedicando a las tareas del hogar una cantidad de tiempo que no cambió demasiado durante cincuenta años.[7] Fue la industrialización de la comida en la década de 1960 la que tuvo un impacto palpable sobre cuánto tiempo las mujeres debían dedicar a la casa.

Pero ¿no fue la lavadora, en lugar de la pizza congelada, la responsable de la emancipación de la mujer? Es una idea bastante extendida, y es sugerente. Un plato congelado y precocinado no parece progreso real si lo comparamos con la saludable comida que se cocina en el hogar. Pero una lavadora es limpia y eficiente, y nos ahorra un trabajo que antes era un incordio. Una lavadora es una lavandera robot con forma cúbica. Funciona. ¿Acaso no es eso revolucionario?

Sí, por supuesto. Pero esta revolución no tuvo lugar en la vida de las mujeres, sino en el hecho de que todos empezáramos a oler a limones frescos. Los datos confirman que la lavadora no ahorró mucho tiempo porque antes de su aparición no se limpiaba la ropa con mucha frecuencia. Cuando se requería un día entero para lavar y secar unas camisas, la gente utilizaba cuellos y puños reemplazables, o telas más oscuras para ocultar la suciedad. Pero no podemos saltarnos la comida igual que nos saltamos la colada. En la época en que eran necesarias tres o cuatro horas para cocinar, alguien tenía que dedicárselas. La lavadora no nos ahorró demasiado tiempo; la comida preparada, sí, pues estábamos dispuestos a apestar, pero no a morirnos de hambre.[8]

La disponibilidad de la comida preparada también ha tenido algunos efectos colaterales. Entre 1970 y principios del siglo XXI la tasa de obesidad ha aumentado notablemente en los países desarrollados, más o menos al mismo tiempo en que han ido mejorando estas innovaciones culinarias. Los economistas de la salud afirman que no es una coincidencia: el coste de comer muchas calorías ha caído de forma espectacular, no solo en términos económicos sino también de tiempo.[9]

Pongamos como ejemplo las humildes patatas. Durante mucho tiempo han sido un elemento básico de la dieta estadounidense, pero, antes de la Segunda Guerra Mundial, en general se horneaban, se hervían o se hacía puré con ellas. Hay una razón: no hay que pelar, ni cortar ni sancochar las patatas si vamos a hacerlas al horno. Para hacer patatas fritas hay que cortarlas meticulosamente y luego freírlas durante un buen rato. Todo esto requiere tiempo.

No obstante, poco a poco la producción de patatas fritas —de todos los tipos— se ha centralizado. Las patatas se pueden pelar, cortar, freír y congelar en una misma fábrica. Luego se vuelven a freír en un restaurante de comida rápida o se calientan con el microondas en casa. Entre 1977 y 1995, el consumo de patatas en Estados Unidos aumentó un tercio, y este aumento se explica casi en exclusiva por el auge de las patatas fritas congeladas.

Con mayor facilidad todavía, las patatas de bolsa se pueden freír, salar, aromatizar y empaquetar para que duren muchas semanas en las estanterías. Pero este lujo supone un coste. En Estados Unidos, la ingesta calórica de los adultos aumentó un 10 por ciento entre 1970 y 1990. Pero en ningún caso se debió a un aumento en las calorías de las comidas diarias: era producto de picar entre horas, y esto en general implica comida procesada o precocinada.

La psicología —y el sentido común— nos dice que eso no debería ser una sorpresa. Los experimentos que han llevado a cabo los científicos conductuales demuestran que tomamos decisiones muy diferentes sobre lo que vamos a comer dependiendo de lo lejos que esté en el tiempo la comida en cuestión. Una comida que hayamos planificado seguramente será más nutritiva, pero cuando la decisión la tomamos de forma más impulsiva es más probable que nos decantemos por comida basura en lugar de por algo que nos alimente de verdad.

La industrialización de la comida —cuyo símbolo es el plato precocinado— cambió nuestra economía de dos maneras fundamentales. Permitió que las mujeres dedicaran menos tiempo a las tareas domésticas, de modo que las liberó de esa carga para que pudieran dedicarse a sus carreras profesionales más en serio. Pero, al permitir que las calorías vacías sean cada vez más fáciles de adquirir, también liberó los límites de nuestras cinturas. El reto consiste ahora —como con muchas otras invenciones— en disfrutar de los beneficios sin padecer los costes.

11

La píldora anticonceptiva

La leche de fórmula cambió el significado de lo que era ser madre, y la comida precocinada cambió lo que implicaba ser ama de casa. Pero la píldora anticonceptiva cambió ambos roles, y muchos otros. Tuvo profundas consecuencias sociales, y de hecho este era el objetivo (al menos según Margaret Sanger, la activista por los métodos anticonceptivos que urgió a los científicos a desarrollarla). Sanger quería liberar a las mujeres social y sexualmente para que lograran encontrarse en pie de igualdad con los hombres.

Pero la píldora no fue solo revolucionaria por sus implicaciones sociales. También suscitó una revolución económica, quizá la más fundamental de la última parte del siglo xx.

Para comprender por qué, veamos primero qué ofrecía la píldora a las mujeres. En primer lugar, funcionaba, lo cual ya era más que lo que se podía decir de otras alternativas. Durante siglos, los amantes habían probado todo tipo de trucos rocambolescos para evitar el embarazo. En el antiguo Egipto optaron por el excremento de cocodrilo, Aristóteles recomendaba el aceite de cedro, y el método de Casanova era utilizar medio limón como tapón del cérvix.[1] Pero incluso el más común de los anticonceptivos modernos, el condón, tiene un margen de riesgo. Dado que las personas no lo utilizan exactamente como deberían, a veces se desgarra o se sale, con el resultado de que por cada cien mujeres sexualmente activas que usen condones durante un año, dieciocho se quedarán embarazadas. No es una gran marca. Los resultados de la esponja anticonceptiva son similares, y los del diafragma no son mucho mejores.[2]

El margen de riesgo de la píldora es de solo el 6 por ciento, tres veces menos que el de los condones. De hecho, estos son los resultados del uso normal, pero, si se utiliza a la perfección, el margen de error se reduce veinte veces más. Y la responsabilidad de utilizar la píldora a la perfección es ahora de la mujer, no de su ansiosa pareja.

La píldora también otorgó a las mujeres el control de otros aspectos. Usar el condón implica pactarlo con la pareja, y el diafragma y la esponja son incómodos. Pero la decisión de utilizar la píldora es solo de la mujer y es privada. Además, resulta discreta y fácil de usar. No es de extrañar que las mujeres quisieran usarla. Se aprobó por primera vez en Estados Unidos en 1960, y tuvo un éxito casi inmediato: cinco años después, casi la mitad de las mujeres casadas la adoptaron como método anticonceptivo.

No obstante, la verdadera revolución llegó cuando las mujeres solteras pudieron utilizar anticonceptivos orales. Esto llevó un tiempo. Alrededor de 1970, diez años después de que se aprobara la píldora, un estado tras otro de Estados Unidos fue facilitando el acceso a ella a las mujeres solteras. A mediados de esa década, era de largo el anticonceptivo más popular entre las chicas solteras de dieciocho y diecinueve años de Estados Unidos.[3]

Fue entonces cuando comenzó la revolución económica. En Estados Unidos, durante la década de 1970, las mujeres empezaron a estudiar una serie de carreras específicas: derecho, medicina, odontología y MBA. Hasta entonces, estas especialidades habían estado copadas por los hombres. En 1970, estos coparon el 90 por ciento de las licenciaturas en medicina, el 95 por ciento en derecho y MBA, y el 99 por ciento en odontología. No obstante, a principios de 1970, con la píldora ya disponible, las mujeres se lanzaron a estudiar en masa estas carreras. La proporción del sexo femenino creció de forma ostensible y, en 1980, ya eran con frecuencia un tercio de los estudiantes. Fue un gran cambio en un breve espacio de tiempo.

Este cambio no se debió tan solo a que las mujeres asistieran de forma creciente a la universidad, sino que las que habían decidido estudiar eligieron estas carreras profesionales. La proporción de estudiantes femeninas que eligieron medicina y derecho aumentó espectacularmente y, en consecuencia, su presencia en estas profesiones se incrementó poco después.

Pero ¿qué tenía que ver esto con la píldora?

Cuando las mujeres pudieron controlar su fertilidad con la píldora, también pudieron dedicarse a sus carreras. Antes, dedicar cinco años o más para licenciarse como médica o abogada no parecía un buen empleo de tiempo y dinero si el embarazo era un riesgo constante. Para aprovechar los beneficios de estas carreras, las mujeres debían poder retrasar la maternidad al menos hasta que cumplieran treinta años: tener un hijo podía perjudicar sus estudios o su carrera profesional en un momento crítico. Para una mujer sexualmente activa, llegar a ser médica, dentista o abogada era como construir una fábrica en una zona de terremotos: con solo una pizca de mala suerte, toda la inversión se podía ir al traste.

Por descontado, las mujeres podrían haberse limitado a no mantener relaciones si querían estudiar una carrera. Pero muchas de ellas se negaron. Y esta decisión no se basaba tan solo en que quisieran pasárselo bien, sino que también estaba relacionada con encontrar un marido. Antes de la píldora, la gente se casaba joven. Una mujer que decidiera abstenerse sexualmente mientras estudiaba su carrera podía intentar encontrar marido a los treinta años y descubrir que, casi literalmente, todos los buenos partidos ya estaban fuera del mercado.

La píldora cambió ambas dinámicas. Significó que las mujeres solteras podían mantener relaciones sexuales casi sin riesgo de quedarse embarazadas. Pero también cambió el patrón del matrimonio. Los jóvenes empezaron a casarse más tarde. ¿Por qué darse prisa? Y esto significó que ni siquiera las mujeres que no usaban la píldora no tenían que apresurarse para encontrar marido. Los bebés empezaron a nacer más tarde, en el momento que escogían las mujeres. Y esto conllevó que estas tuvieran, al menos, tiempo para emprender una carrera profesional.

Por supuesto, muchas otras cosas estaban cambiando para las mujeres estadounidenses. Más o menos en la misma época se legalizó el aborto, se decretaron leyes contra la discriminación sexual, apareció el movimiento social del feminismo y muchos jóvenes debieron ir a luchar a Vietnam, de modo que los empleadores se vieron más dispuestos a contratar mujeres.

Un meticuloso estudio de los economistas de Harvard Claudia

Goldin y Lawrence Katz señala con bastante claridad que la píldora desempeñó un papel de primer orden para que las mujeres pudieran retrasar el matrimonio y la maternidad, y dedicar tiempo a sus carreras profesionales. No obstante, cuando se tienen en cuenta el resto de los factores de cambio, estos no se ajustan en el tiempo a la hora de explicar lo que ocurrió. Pero cuando Goldin y Katz analizaron la disponibilidad de la píldora para las mujeres jóvenes estado por estado, descubrieron que, a medida que adoptaban ese nuevo avance, el índice de matriculaciones femeninas en las carreras se incrementaba, así como los salarios de las mujeres.[4]

Hace unos años, una economista llamada Amalia Miller combinó de forma ingeniosa varios métodos estadísticos para demostrar que las mujeres veinteañeras que fueran capaces de retrasar la maternidad un año aumentaban sus ganancias un 10 por ciento durante toda su vida. Esto da cuenta de la gran ventaja que representa para una mujer acabar los estudios y empezar una carrera profesional antes de tener hijos.[5] Pero las jóvenes de los años setenta no necesitaban un estudio como el de Amalia Miller: ellas ya sabían que aquello era verdad. Cuando la píldora estuvo disponible, un número de mujeres nunca visto se inscribió en licenciaturas universitarias.

Las mujeres estadounidenses de hoy en día pueden fijarse en el otro lado del océano Pacífico para contemplar una realidad alternativa. En Japón, una de las sociedades tecnológicamente más avanzadas del mundo, la píldora no se legalizó hasta 1999. Las mujeres japonesas tuvieron que esperar treinta y nueve años más que las estadounidenses para tener acceso a este anticonceptivo. En comparación, cuando la Viagra, un fármaco para facilitar la erección, se aprobó en Estados Unidos, Japón no tardó más que unos meses en hacer lo mismo.[6] Se considera que la desigualdad de género en Japón es la más acentuada de todo el mundo desarrollado, y las mujeres aún tienen que luchar para que las reconozcan en los entornos laborales.[7] Es imposible desentrañar la causa y el efecto en el caso de este país, pero la experiencia de Estados Unidos indica que no es una casualidad: si retrasamos la píldora dos generaciones, el impacto económico en las mujeres será enorme. Esta diminuta pastilla sigue transformando la economía mundial.

12
Los videojuegos

A principios de 1962, un joven estudiante del Instituto Tecnológico de Massachusetts (MIT) iba de camino a su casa, en la cercana ciudad de Lowell. Era una noche fría, con un cielo despejado, y cuando Peter Samson bajó del tren y miró el cielo estrellado, un meteorito cruzó el firmamento a toda velocidad. Pero, en lugar de maravillarse con esta belleza de la creación, Samson instintivamente cogió un mando de videojuego imaginario y escrutó el cielo, preguntándose dónde se encontraba su nave espacial. El cerebro de Samson había perdido la costumbre de mirar a las estrellas de verdad. Sin duda, estaba pasando demasiado tiempo jugando a Spacewar.[1]

Esta «alucinación» de Samson fue la precursora de otros delirios digitales que estaban por venir: la experiencia de quedarse dormido y soñar con Pac-Man, o con rotar bloques de Tetris, o con capturar un raro Jigglypuff de Pokemon. O, en la misma línea, mirar el móvil sin pensar para ver si alguien nos ha escrito por Facebook. Esta capacidad de los ordenadores para incitar nuestros reflejos pavlovianos y perturbar nuestros sueños hubiera sido inimaginable en 1962, excepto para Peter Samson y algunos de sus amigos informáticos. Eran ávidos jugadores de Spacewar, el primer videojuego de relevancia: abrió la puerta a una moda social y a una industria enorme, y ha influido en nuestra economía de muchas más formas de las que imaginamos.

Antes de Spacewar, los ordenadores daban respeto: eran grandes cubos grises que se ubicaban en salas especialmente diseñadas para ellos, inaccesibles para cualquiera que no fuera un experto.[2] Enormes, caros, intimidatorios y corporativos, los ordenadores eran para los bancos, para las grandes empresas y para los militares: estaban al servicio de personas con trajes caros.[3]

A principios de la década de 1960, en el MIT se empezaron a diseñar nuevos ordenadores para un entorno más relajado. No precisaban de salas específicas, sino que formaban parte del mobiliario de los laboratorios, y estaba permitido que los estudiantes los toquetearan. Nació el término «hacker» y, en lugar de tener el significado moderno del malévolo intruso en los sistemas de seguridad, se refería a alguien que experimentaba, que tomaba atajos, que producía efectos inesperados. Y, justo cuando nació la cultura hacker, el MIT produjo un nuevo tipo de ordenador: el PDP-1. Era compacto, del tamaño de una nevera grande, y relativamente fácil de usar. También era potente. Y —¡oh, alegría!— no se comunicaba a través de una impresora, sino de tubo de rayos catódicos de alta precisión. Una pantalla.

Cuando un joven investigador llamado Slug Russell se enteró de la existencia del PDP-1, decidió junto con unos amigos pensar en la mejor forma de mostrar sus capacidades. Habían leído mucha ciencia ficción y soñaban con una obra ambientada en el espacio auténtica de Hollywood (casi dos décadas antes de *La guerra de las galaxias*). Pero, dado que no había nada parecido en el horizonte, se decantaron por la mejor alternativa posible: Spacewar, un videojuego para dos personas en el que un capitán de nave espacial se enfrentaba en un duelo a muerte contra otro disparándole torpedos impulsados por fotones.

Había dos naves —que perfilaban unos pocos píxeles— y los jugadores podían girarlas, propulsarlas o disparar torpedos. Pronto se le unieron otros entusiastas, que hicieron que el juego fuera más rápido y fácil de controlar, añadieron una estrella con una fuerza gravitacional realista y montaron unos precarios mandos especiales con madera, conmutadores eléctricos y baquelita. Después de todo, eran hackers.

Uno de ellos decidió que Spacewar necesitaba un fondo más imponente, y programó la subrutina que llamó Expensive Planetarium. Mostraba un paisaje espacial realista —con estrellas con cinco niveles de brillo diferentes— como si se viera desde el ecuador de la Tierra. El autor de ese añadido magnífico fue Peter Samson, el joven estudiante cuya imaginación estaba tan obsesionada con Spacewar que lo confundió con la noche estrellada de Lowell.[4]

En cierto modo, el legado económico de Spacewar es obvio. A medida que los ordenadores fueron lo bastante baratos para instalarlos en los salones recreativos, y más tarde en los hogares, la industria de los videojuegos floreció. Uno de los primeros éxitos, Asteroids, estaba claramente inspirado en Spacewar, y mostraba una nave espacial que rotaba, se propulsaba y respondía con gran realismo a las leyes físicas de un entorno de gravedad cero. Hoy en día, los videojuegos obtienen unos ingresos que rivalizan con la industria cinematográfica.[5] También se están convirtiendo en un valor cultural: la versión Lego de Minecraft ha alcanzado una popularidad parecida a la de *La guerra de las galaxias* y el universo Marvel.

Pero más allá del dinero que nos gastamos en ellos, los videojuegos han afectado a la economía de otras dos formas. En primer lugar, los mundos virtuales pueden crear puestos de trabajo reales. Uno de los primeros en poner esta idea sobre la mesa fue un economista llamado Edward Castronova.[6] En 2001, Castronova calculó el producto interior bruto per cápita de un mundo en línea llamado Norrath, el escenario de Everquest, un videojuego de rol. Norrath no estaba especialmente poblada: había unas sesenta mil personas registradas que llevaban a cabo tareas rutinarias para acumular dinero con el que comprar capacidades especiales para sus personajes. Pero algunos jugadores eran impacientes, y con dinero real compraron, en páginas como eBay, dinero virtual de otros jugadores, lo cual significaba que otros jugadores podían ganar dinero real haciendo tareas rutinarias en Norrath.

El salario, calculó Castronova, era de unos 3,5 dólares por hora, lo cual no es mucho para un californiano, pero es excelente para alguien que viva en Nairobi. No pasó mucho tiempo antes de que aparecieran «fábricas virtuales» en China e India, donde adolescentes superaban las partes más aburridas de ciertos juegos y aprendían atajos digitales que podían vender a los jugadores más adinerados para que estos accedieran directamente a lo más interesante. Y sigue ocurriendo: algunas personas están ganando decenas de miles de dólares al mes en páginas de subastas en Japón vendiendo personajes virtuales de videojuegos.[7]

No obstante, para la mayoría de las personas los mundos virtuales no son un lugar en el que ganar dinero, sino en el que pasar un rato agradable cooperando con otros jugadores, aprendiendo a dominar habilidades complejas o haciendo una fiesta en su propia imaginación. Cuando Castronova escribió sobre la diminuta Norrath, un millón y medio de surcoreanos estaban jugando en un mundo virtual llamado Lineage;[8] luego apareció Farmville en Facebook, con lo que se mezclaba un juego con una red social; explotaron los juegos en móviles, como Angry Birds o la saga Candy Crush; y también juegos de realidad aumentada, como Pokemon Go. En 2011, la experta en videojuegos Jane McGonigal estimó que más de quinientos millones de personas en todo el mundo pasaban una cantidad de tiempo significativa —casi dos horas al día de media— con los videojuegos. Es plausible que pronto lleguen a ser mil o dos mil millones.[9]

Y esto nos lleva al segundo impacto económico. ¿Cuántas de estas personas están optando por la diversión virtual en lugar de por un trabajo aburrido para ganar dinero real?

Hace una década vi a Edward Castronova hablar frente a un público instruido de científicos y politólogos en Washington. Vosotros ya estáis ganando en el juego de la vida real, nos dijo, pero no todo el mundo gana. Y, si la elección consiste en ser un empleado de Starbucks o un capitán de nave espacial…, ¿qué tiene de descerebrado decidir tomar el mando en un mundo imaginario?

Es posible que Castronova haya intuido algo. En 2016, seis economistas presentaron una investigación sobre un hecho desconcertante del mercado laboral estadounidense: la economía estaba creciendo con fuerza y la tasa de desempleo era baja, pero un número sorprendentemente alto de jóvenes trabajaban a tiempo parcial, o directamente no trabajaban. Lo que era aún más desconcertante era que, aunque la mayoría de los estudios demuestran que el desempleo nos deprime, entre estos jóvenes, contra toda expectativa, la felicidad era un valor en alza. Los investigadores concluyeron que la razón de esto era…, en fin, vivir en casa, aprovecharse de sus padres y jugar a videojuegos. Habían decidido que no querían ser empleados de Starbucks. Ser el capitán de una nave espacial es mucho mejor.[10]

13

El estudio de mercado

A principios del siglo xx, a los fabricantes de coches estadounidenses les iba bien. Tan pronto como producían un coche, la gente lo compraba. En 1914, todo esto cambió. Sobre todo en las gamas más caras, los compradores y los concesionarios se volvieron más exigentes. Un analista advirtió que el vendedor «ya no puede vender lo que le dicta su propio juicio. Ahora tiene que vender lo que quiere el consumidor».[1]

Este analista se llamaba Charles Coolidge Parlin. Es ampliamente reconocido como el primer investigador de mercados profesional y, de hecho, fue el hombre que inventó la idea del estudio de mercado. Un siglo después, la profesión de investigador de mercados está por todas partes: solo en Estados Unidos emplea a medio millón de personas.[2]

Parlin se dedicó a tomar el pulso al mercado automovilístico estadounidense. Recorrió decenas de miles de kilómetros y entrevistó a cientos de representantes. Después de meses de trabajo, le presentó a su jefe lo que con modestia describió como «2.500 hojas mecanografiadas, con gráficos, mapas, estadísticas, tablas, etc.».

Quizá nos preguntemos qué fabricante de coches le encargó a Parlin esta investigación. ¿Fue, tal vez, Henry Ford, que en aquella época estaba tomando la delantera a sus rivales con otra innovación, la cadena de montaje?

No, no fue él: Ford no tenía un departamento de estudios de mercado para analizar qué querían los consumidores. Quizá no sea sorprendente: a él se le atribuye la frase de que cualquier persona podía tener un Model T «en el color que quiera, siempre que sea negro».[3]

De hecho, ningún fabricante de coches tenía investigadores de mercado en nómina. A Parlin le había contratado el editor de una revista.[4] Curtis Publishing Company publicaba algunas de las revistas periódicas más leídas de la época: el *Saturday Evening Post*, *The Ladies' Home Journal* y *The Country Gentleman*. Las revistas dependían, en efecto, de los ingresos de publicidad. El fundador de la empresa editora pensó que podría vender más espacios publicitarios si los anuncios demostraban ser más efectivos, y creyó que los investigadores de mercados podrían confeccionar unos anuncios más eficaces. En 1911, formó una nueva división en su empresa para explorar esta idea en ciernes.

El primer director de esta división de investigación fue Charles Coolidge Parlin. No era una decisión profesional demasiado lógica para un director de instituto de 39 años, aunque ser el primer investigador de mercados del mundo no era una decisión profesional lógica para nadie. Parlin comenzó por enfrascarse en la maquinaria agrícola, y luego se dedicó a los grandes almacenes. Al principio no todos comprendían el sentido de sus iniciativas. Incluso en la presentación de su estudio «La mercadotecnia de los automóviles: una recomendación para los vendedores» sintió la obligación de incluir una tímida justificación por la existencia de su trabajo. Esperaba ser «un servicio constructivo para la industria en su conjunto», escribió, y explicó que los fabricantes de coches gastaban mucho dinero en publicidad y querían «asegurarse de si este sector del negocio seguiría existiendo en el futuro».[5]

La invención de los estudios de mercado fue el primer paso de una nueva estrategia empresarial que ya no estaría determinada por los fabricantes, sino por los consumidores: se pasó de producir algo y luego convencer a la gente para que lo comprara a intentar averiguar qué era lo que quería la gente y luego producirlo.

La mentalidad basada en los fabricantes la ejemplifica la frase de Henry Ford «en cualquier color, siempre que sea negro». De 1914 a 1926, de la cadena de montaje de Ford solo salieron Model T negros: era más fácil producir coches de un solo color, y la pintura negra era barata y duradera.[6] Lo único que faltaba era convencer a los consumidores de que lo que de verdad querían era un Model T negro. Y, para ser justos, a Ford se le dio muy bien.

Hoy en día, pocas empresas se limitarían a producir algo que sea práctico con la esperanza de venderlo. Un amplio abanico de técnicas de estudio de mercado —encuestas, entrevistas a grupos de personas, pruebas beta— ayudan a determinar qué es lo que se puede vender. Si la pintura metalizada y las bandas laterales decorativas ayudan a vender más coches, entonces las incluirán.

Allí donde Parlin abrió camino, otros muchos lo siguieron. A finales de la década de 1910, poco después de su informe sobre los automóviles, las empresas empezaron a crear sus propios departamentos de estudio de mercado. Durante la siguiente década, el presupuesto para publicidad en Estados Unidos casi se dobló.[7] Se abordó el estudio de mercado de manera más específica: en la década de 1930, George Gallup fue pionero en los sondeos de opinión. Las primeras entrevistas en grupo las llevó a cabo el sociólogo académico Robert K. Merton en 1941; pocos años después, afirmó que ojalá hubiera patentado la idea para cobrar derechos de autor.[8]

Pero investigar de forma sistemática las preferencias de los consumidores era solo una parte de la historia; pronto se dieron cuenta de que también era posible cambiarlas. Merton acuñó una expresión para describir el tipo de individuo exitoso, inteligente o a la última que a menudo protagoniza las campañas de marketing: el modelo a seguir.[9]

La naturaleza de la publicidad estaba cambiando: ya no se trataba solo de dar información, sino de tratar de generar deseo.[10] El sobrino de Sigmund Freud, Edward Bernays, fue pionero en los campos de las relaciones públicas y la publicidad. Entre sus hazañas más famosas se encuentra la de ayudar a la American Tobacco Company en 1929 a convencer a las mujeres de que fumar en público era un acto de liberación femenina. Los cigarrillos, dijo, son «las antorchas de la liberación».

Hoy en día, los intentos de desentrañar o dirigir las preferencias del público configuran todos los rincones de la economía. Cualquier publicista viral nos dirá que crear una moda es más un arte que una ciencia, aunque, dado que cada vez disponemos de más datos, las investigaciones sobre la psicología de los consumidores son cada vez más detalladas. Si Ford ofrecía coches en un solo tono de negro,

Google, en su famosa estrategia, puso a prueba, en número de clics, cuarenta y un azules diferentes.[11]

¿Debería preocuparnos el alcance y la sofisticación de las empresas para sondear y manipular las mentes de los consumidores? El psicólogo evolutivo Geoffrey Miller tiene una visión más optimista: «Como los amantes caballerescos —escribe—, las empresas más orientadas al marketing nos ayudan a descubrir los deseos que no sabíamos que albergábamos, y nos ofrecen formas de satisfacerlos que nunca habríamos imaginado».[12] Quizá.

Miller considera que los humanos se vanaglorian de sus compras como el pavo real trata de impresionar a las hembras con su cola. Esta idea se remonta al economista y sociólogo Thorstein Veblen, quien en 1899 inventó el concepto de «consumo ostentoso».

Parlin había leído a Veblen, y entendió el poder de las señales que eran las compras de los consumidores: «El coche de recreo —escribió en un documento dirigido a los vendedores— es el representante en la carretera del gusto o refinamiento de un hombre (...). Un coche de recreo hecho polvo, como un caballo decrépito, denota que el conductor carece de fondos o de orgullo». En otras palabras, alguien en quien quizá no deberíamos confiar como socio para un negocio. O como marido.

Hoy en día, estas señales son mucho más complejas que una simple manifestación de riqueza: es posible que escojamos un Prius si queremos expresar nuestra preocupación ecológica o un Volvo si queremos denotar que priorizamos la seguridad. Son señales que transmiten un significado, pues las marcas se han pasado décadas intentando comprender y reaccionar conscientemente a los deseos humanos en lugar de configurarlos.

En comparación con los anuncios actuales, los de 1914 eran deliciosamente primitivos. El eslogan de uno de ellos, para un Model T, era el siguiente: «Cómprelo porque es un coche mejor».[13] ¿No es este anuncio adorable y perfecto a su manera? Pero no podía durar. Charles Coolidge Parlin ya había comenzado el proceso que nos iba a llevar a un mundo diferente por completo.

14

El aire acondicionado

Si fuera posible controlar el clima con solo pulsar un botón para que hiciera más calor o más frío, para que fuera más húmedo o más seco, no tendríamos más sequías ni inundaciones, olas de calor ni carreteras heladas. Los desiertos se cubrirían de verde, siempre habría buenas cosechas y no deberíamos preocuparnos por el cambio climático. Esta amenaza ha generado algunas ideas que suenan un poco locas para reconducir las temperaturas, como rociar ácido sulfúrico en las capas altas de la atmósfera para enfriarla, o verter óxido de calcio en los océanos para absorber el exceso de dióxido de carbono y ralentizar el efecto invernadero.[1] Otros científicos están investigando para hacer realidad el sueño de los chamanes de provocar lluvia; entre las técnicas que están probando se encuentra pulverizar yoduro de plata en las nubes y enviar partículas cargadas de electricidad al cielo.[2]

No obstante, por muy inteligentes que seamos los humanos, estamos muy lejos de poder controlar el clima con precisión. Al menos, si se trata del exterior. Desde que se inventó el aire acondicionado, sí que podemos controlar la temperatura en el interior. No es que se trate de una gran hazaña, pero ha tenido algunos efectos inesperados y de largo alcance.

Desde que nuestros ancestros conocieron el fuego, los humanos se han podido calentar cuando hacía frío; pero enfriarse cuando hace calor es un reto más complicado. El excéntrico emperador adolescente Heliogábalo trató de fabricar un rudimentario aire acondicionado enviando a sus esclavos a las montañas para traer nieve y apilarla en su jardín, de modo que la brisa llevara el aire frío al interior de su mansión.[3]

No hace falta decir que esa no era una solución para la gran mayoría de la gente. Al menos, no hasta que en el siglo XIX un emprendedor de Boston llamado Frederic Tudor amasó una fortuna de forma similar. En 1806 empezó a tallar bloques de hielo de los lagos helados de Nueva Inglaterra, los aisló con serrín y los mandó a zonas donde el clima en verano era caluroso. Fue un negocio rentable durante todo el siglo, y las zonas más cálidas de Estados Unidos se volvieron adictas al hielo de Nueva Inglaterra. De hecho, unos pocos inviernos suaves en Nueva Inglaterra hicieron cundir el pánico por una posible «escasez de hielo».[4]

El aire acondicionado tal como lo conocemos se originó en 1902, pero no tenía como objetivo el bienestar humano. A los trabajadores de la empresa de impresiones y litografías Sackett & Wilhelms de Nueva York los niveles variables de humedad les desbarataban las impresiones en color. El proceso requería que se imprimiera cuatro veces sobre un mismo papel: con tintas de color cian, magenta, amarillo y negro. Si la humedad cambiaba entre impresión e impresión, el papel se expandía o se contraía. Un desajuste de un solo milímetro echaba a perder las imágenes.

Los impresores pidieron a Buffalo Forge, una empresa de calefactores, si podían diseñar un sistema para controlar la humedad. Buffalo Forge confió el problema a un joven ingeniero que apenas hacía un año que había acabado la universidad. Willis Carrier solo ganaba diez dólares a la semana (por debajo del salario mínimo en términos actuales), pero dio con una solución: hizo circular el aire por unos conductos en forma de espiral que se enfriaban con amoníaco comprimido para mantener la humedad al 55 por ciento de forma constante.

Los impresores quedaron encantados, y Buffalo Forge pronto comenzó a vender la invención de Willis Carrier allí donde la humedad suponía un problema: en fábricas textiles, en molinos de harina o en la empresa Gillette, donde el exceso de humedad oxidaba las hojas de afeitar. A estos primeros clientes industriales no les preocupaba mucho que la temperatura fuera agradable para sus trabajadores; fue un beneficio añadido al de controlar la humedad. No obstante, Carrier vislumbró ahí una posibilidad. En 1906 ya publicitaba las bondades del potencial de su invención para edificios públicos, como los teatros.[5]

Decantarse por este mercado fue una decisión audaz. Histórica-mente, los teatros solían cerrar en verano, pues en los agobiantes días de calor nadie quería ver una obra de teatro. No es difícil imaginar por qué: sin ventanas, con personas embutidas como en una lata de sardi-nas y, antes de la electricidad, soportando el calor que desprendían las llamas de la luz. El hielo de Nueva Inglaterra gozó de una fama fugaz: en el verano de 1880, el teatro de Madison Square de Nueva York utilizó cuatro toneladas de hielo al día y un ventilador de casi tres metros para que impulsara el aire por unos conductos hasta el públi-co. Por desgracia, esta no era una solución ideal. El aire, aunque frío, también era húmedo, y la contaminación estaba aumentando en los lagos de Nueva Inglaterra. A veces, a medida que se deshacía el hie-lo, el auditorio se llenaba de olores desagradables.[6]

Willis Carrier denominó a su sistema de refrigeración el «hacedor del tiempo», y era mucho más práctico. Los florecientes cines de la década de 1920 fueron la primera experiencia de aire acondicionado que vivió el público general, y pronto fue un gancho comercial tan importante como las nuevas películas sonoras. La duradera y rentable tradición de los éxitos de verano de Hollywood así como la aparición de los centros comerciales, se remonta directamente a Carrier.

No obstante, el aire acondicionado se ha convertido en algo más que una comodidad. Los ordenadores se estropean si se calientan demasiado o si hay mucha humedad, de modo que el aire acondi-cionado permite la existencia de las torres de servidores que dan vida a internet. De hecho, si las fábricas no controlaran la calidad del aire, no podríamos siquiera fabricar chips de silicio.

El aire acondicionado es una tecnología revolucionaria. Ha in-fluido profundamente en cómo y dónde vivimos. Ha transformado la arquitectura. En el pasado, un edificio fresco implicaba la cons-trucción de paredes gruesas, techos altos, balcones, patios interiores y ventanas lejos de la luz del sol. La casa *dogtrot*, muy popular en el sur de Estados Unidos, estaba dividida por un pasillo cubierto y abierto por ambos extremos para que pudiera correr la brisa. Los rascacielos de cristal no eran una opción inteligente: uno se achicharraba en los pisos superiores. Con el aire acondicionado, los viejos métodos se volvieron irrelevantes y aparecieron nuevos diseños.

El aire acondicionado también ha tenido efectos demográficos. Sin él, es difícil imaginar el auge de ciudades como Houston, Phoenix o Atlanta, de Dubái o de Singapur. Cuando las unidades de aire acondicionado se volvieron más populares, durante la segunda parte del siglo xx, la población experimentó un boom en la «franja del Sol» —la zona más cálida del sur de Estados Unidos, desde Florida a California— y pasó de alojar al 28 por ciento de la población al 40 por ciento.[7] Cuando en especial los jubilados se trasladaron del norte al sur también cambiaron el equilibrio político de la región. El autor Steven Johnson ha defendido con argumentos plausibles que el aire acondicionando dio la presidencia a Ronald Reagan.[8]

Reagan ganó las elecciones en 1980. Por aquella época, Estados Unidos, con tan solo el 5 por ciento de la población mundial, acaparaba más de la mitad de aparatos de aire acondicionado del planeta.[9] Desde entonces, las economías emergentes no han tardado en ponerse al mismo nivel: pronto, China se convertirá en el líder global.[10] La proporción de aires acondicionados en los hogares chinos ha saltado de menos de un 10 por ciento a más de dos tercios en solo diez años.[11] En países como India, Brasil e Indonesia, el mercado de los aires acondicionados se está expandiendo en porcentajes de dos dígitos.[12] Y aún hay lugar para un crecimiento mayor: de Manila a Kinsasa, once de las treinta ciudades más grandes del mundo están en los trópicos.[13]

El auge del aire acondicionado es una buena noticia por muchas razones, más allá de la más obvia, esto es, que un verano caluroso y húmedo es más agradable con aire que sin él. Además, disminuye las muertes durante las olas de calor.[14] En las prisiones, el calor provoca que los internos sean más díscolos, y el aire acondicionado se amortiza al reducir las peleas.[15] En las salas de examen, cuando las temperaturas superan los veinte grados, los estudiantes sacan peores notas en las pruebas de matemáticas.[16] En las oficinas, el aire acondicionado nos hace más productivos: según un estudio reciente, permitió que los mecanógrafos del gobierno estadounidense produjeran un 24 por ciento más en el trabajo.[17]

Desde entonces, los economistas han confirmado la relación entre la productividad y las temperaturas frescas. William Nordhaus, de la Universidad de Yale, dividió el mundo en parcelas con líneas de altitud y longitud, e indagó sobre el clima, la productividad y la población: cuanto más alta era la temperatura media, descubrió, menos productivas eran las personas.[18] Según Geoffrey Heal, de la Universidad de Columbia, y Jisung Park, de Harvard, un año más caluroso que la media es perjudicial en países cálidos, pero bueno en los países fríos: haciendo números, concluyeron que la productividad del ser humano llega a su punto álgido entre los dieciocho y los veintidós grados.[19]

Pero esto también comporta una verdad incómoda: un edificio o una habitación solo tendrá un interior más frío porque expulsa el aire caliente al exterior. Según un estudio llevado a cabo en Phoenix (Arizona), este aire caliente aumenta la temperatura nocturna de la ciudad en dos grados.[20] Por descontado, esto solo hace que los aparatos deban utilizarse más, de modo que el exterior se calienta más todavía. En las redes de metro, refrigerar los vagones provoca que haga un calor abrasador en los andenes. Además, debemos considerar la electricidad que alimenta los aires acondicionados, que proviene de quemar gas o carbón, y los líquidos refrigerantes que utilizan, muchos de los cuales se transforman en gases de efecto invernadero cuando se liberan.[21]

Podríamos esperar que la tecnología del aire acondicionado sea más limpia y verde en el futuro, y el tiempo nos daría la razón. Pero la demanda está creciendo tan deprisa que, aunque los más optimistas tengan razón al afirmar que habrá mejoras en la eficiencia, el consumo de energía se habrá multiplicado por ocho en 2050.[22] Son noticias preocupantes en lo que respecta al cambio climático.

¿Aparecerán inventos para controlar el tiempo en el exterior? Quizá. Pero incluso el aire acondicionado —una invención brillante, simple y directa— tiene efectos secundarios graves e inesperados. Controlar el clima no es simple ni fácil. ¿Y esos efectos secundarios? Aún no somos capaces de imaginarlos.

15

Los grandes almacenes

«No, solo estoy mirando»: la mayoría de nosotros hemos utilizado estas mismas palabras en algún momento, cuando entramos a curiosear en una tienda y el dependiente nos ofrece su ayuda de forma educada. De hecho, ante nuestra respuesta, pocos de nosotros habremos oído gruñir alguna vez algo como: «Entonces, ¡ahí está la puerta, amigo!».

Que le dijeran estas palabras en una tienda de Londres causó una honda impresión a Harry Gordon Selfridge. Fue el año 1888, y este extravagante estadounidense estaba visitando los grandes almacenes de Europa —en Viena y Berlín, el famoso Bon Marché de París, y luego en Manchester y Londres— para ver qué tendencias podrían interesarle a su jefe de entonces, Marshall Field, de Chicago, quien había popularizado el aforismo «el cliente siempre tiene la razón». Sin duda alguna, era algo que aún no había llegado a Inglaterra.

Dos décadas después, Selfridge se encontraba de vuelta en Londres abriendo un gran almacén con su nombre en Oxford Street. Hoy en día es una meca global de las compras, aunque entonces se encontraba en un lugar alejado y pasado de moda, si bien cerca de una estación de metro que acababa de abrir. El local de Selfridge causó sensación,[1] en parte gracias a su tamaño: el espacio abarcaba dos hectáreas y media. Hacía ya algunas décadas que se veían ventanales en las calles más importantes, pero Selfridge instaló las láminas de cristal más grandes del mundo y creó, tras ellas, los escaparates más suntuosos que se hubieran visto.[2]

Pero, más que la escala, lo que diferenció a Selfridge fue la actitud. Su propietario estaba presentando a los londinenses una experiencia de compra totalmente nueva que se había perfeccionado en los grandes almacenes estadounidenses de finales del siglo xix.

«Solo mirar» era una actitud que se alentaba. Igual que en Chicago, Selfridge prescindió de la antigua costumbre de los vendedores de colocar las mercancías en lugares a los que solo los dependientes podían acceder: en armarios, tras puertas cerradas de cristal o en altas estanterías a las que solo se podía llegar con una escalera. En lugar de esto, diseñó los amplios pasillos que ahora nos parecen imprescindibles, en los que podemos tocar el producto, cogerlo e inspeccionarlo desde todos los ángulos, sin tener a un vendedor escrutando cada uno de nuestros movimientos. En los anuncios a toda página que publicó al abrir su tienda, Selfridge comparó el «placer de comprar» con el de «contemplar paisajes».

Desde hacía tiempo, ir de compras estaba muy ligado a exhibirse en sociedad: las viejas galerías comerciales de las grandes ciudades europeas que mostraban el último grito en prendas de algodón —iluminadas magníficamente con velas y espejos— eran lugares donde las clases pudientes iban no solo para ver, sino para ser vistas.[3] A Selfridge no le interesaba el esnobismo o la exclusividad. En sus anuncios se decía con claridad que «todos los británicos» eran bienvenidos: «No se precisa tarjeta de admisión». Los asesores de gestión hablan hoy en día de la fortuna que se encuentra en «la parte baja de la pirámide». Selfridge se adelantó a ellos. En su tienda de Chicago atrajo a las clases populares al idear la «zona de gangas».[4]

Quizá Selfridge hizo más que nadie para inventar la forma de comprar que conocemos hoy. Pero las ideas estaban en el aire. Otro pionero fue un inmigrante irlandés llamado Alexander Turney Stewart. Fue él quien presentó a los neoyorquinos el innovador concepto de no acosar a los clientes en cuanto cruzaran la puerta. A esta nueva política la llamó «entrada libre».

T. A. Stewart and Co. fue una de las primeras tiendas en practicar las ahora omnipresentes «liquidaciones», disminuyendo el precio del viejo surtido de productos para dejar espacio al nuevo. Stewart devolvía el dinero si los clientes no quedaban satisfechos, pero los obligaba a pagar al contado o a abonar las facturas con rapidez.

Hasta ese momento, los vendedores solían conceder líneas de crédito de hasta un año.

Otra de las innovaciones que Stewart aplicó en sus tiendas se centró en que no a todo el mundo le gustaba regatear. Algunos agradecían la simplicidad de que hubiera un precio justo que pudieran aceptar o rechazar. Stewart logró fijar estos «precios únicos» al conformarse con márgenes inusualmente bajos. «Vendo mis productos en el mercado al precio más bajo que me puedo permitir —explicó—. Aunque soy consciente de que solo obtengo un beneficio pequeño en cada venta, el tamaño del negocio hace posible una gran acumulación de capital».

No era una idea del todo innovadora, pero sin duda se consideró radical. El primer vendedor que contrató Stewart se quedó de piedra cuando le dijeron que no se le permitía utilizar su refinada habilidad de adivinar la aparente riqueza del cliente para venderle el producto al mayor precio posible. Dimitió al momento, y le dijo al joven comerciante irlandés que se arruinaría en menos de un mes. Cuando murió Stewart, más de cinco décadas después, era uno de los hombres más ricos de Nueva York.

Los grandes almacenes se convirtieron en catedrales del comercio: en el Marble Palace de Stewart se podía leer «Podrá contemplar productos que en conjunto suman un millón de dólares, y nadie interrumpirá su meditación o su admiración».[5] Llevaron las compras a otro nivel, a veces literalmente: los almacenes Corvin, en Budapest, instalaron un ascensor que se hizo tan famoso que debieron cobrar a la gente por usarlo. Harrods, en Londres, tenía unas escaleras mecánicas por las que pasaban cuatro mil personas cada hora.[6]

En este tipo de tiendas se podía comprar de todo, desde cunas a lápidas. Harrods ofrecía un servicio funeral completo que incluía coche mortuorio, ataúd y asistentes. Había galerías de arte, salas de fumadores, salas de té, conciertos. Los escaparates de las tiendas llegaban a la calle, pues los vendedores construyeron galerías cubiertas alrededor de sus tiendas. Fue, según el historiador Frank Trentmann, el nacimiento de las «compras totales».[7]

Hoy en día ya no nos encontramos en los días gloriosos de los grandes almacenes en el centro de la ciudad. Con la aparición de los coches, los centros comerciales se han desplazado a las afueras, donde los alquileres son más baratos. En Inglaterra, los turistas siguen yendo a Harrods y Selfridge's, pero otros muchos se dirigen hacia Bicester Village, a unos pocos kilómetros al norte de Oxford, un outlet especializado en marcas de lujo.

Pero la experiencia de ir de compras ha cambiado notablemente poco desde que pioneros como Stewart y Selfridge la redefinieran. Y quizá no sea una coincidencia que esto ocurriera en un momento en el que las mujeres estaban adquiriendo más poder social y económico.

Existen, en efecto, los manidos estereotipos de las mujeres y su supuesto amor por las compras. Pero los datos apuntan a que los estereotipos no son del todo imaginarios. Estudios sobre el uso del tiempo sugieren que las mujeres pasan más horas de compras que los hombres.[8] Otras investigaciones señalan que es una cuestión de preferencias y de funcionalidad: a los hombres les suelen gustar las tiendas en las que hay facilidades de aparcamiento y colas cortas en los cajeros, para comprar lo que quieren e irse; y las mujeres tienden a priorizar otros aspectos de la experiencia, como la amabilidad de los vendedores.[9]

Nada de esto habría sorprendido a Harry Gordon Selfridge. Se dio cuenta de que las mujeres ofrecían una oportunidad muy rentable que otros vendedores estaban desaprovechando, y se propuso comprender qué era lo que querían. Una de sus acciones discretamente revolucionarias fue instalar aseos para mujeres. Por muy extraño que nos parezca ahora, se trataba de un servicio que, hasta aquel momento, los comerciantes habían pasado por alto. Selfridge se dio cuenta, cuando al parecer otros hombres no se percataron de ello, de que las mujeres podían pretender quedarse en la ciudad todo el día y no estar dispuestas a utilizar los insalubres baños públicos o entrar en un respetable hotel para tomar té siempre que quisieran aliviar sus necesidades.

Lindy Woodhead, que escribió una biografía de Selfridge, llega a pensar que «se podría afirmar de forma justificada que contribuyó a la emancipación de la mujer».[10] Es una concesión de envergadura para cualquier vendedor. Pero el progreso social a veces proviene de lugares insospechados, y Harry Gordon Selfridge sin duda se consideró a sí mismo un reformador social. En una ocasión, explicó por qué añadió un servicio de guardería: «Viví en una época en que las mujeres querían salir de compras solas —dijo—. Venían a la tienda y cumplían algunos de sus sueños».

III
INVENTANDO NUEVOS SISTEMAS

A finales de 1946, un grupo de ingenieros provenientes de más de una docena de países se reunieron en Londres. No era el lugar ni el momento más cómodo para organizar un congreso. «Los hoteles estaban muy bien, pero había carencia de muchos productos», recuerda Willy Kuert, un delegado suizo. Se mostró, no obstante, comprensivo con las dificultades. Mientras uno se fijara en la calidad de la comida en lugar de en la cantidad, no había de qué quejarse.[1]

Kuert y sus colegas tenían un plan: querían crear una nueva organización que acordara unos estándares internacionales. Incluso en medio del desastre de la guerra, había una gran tensión entre aquellos que medían en pulgadas y los que medían en centímetros. «No hablamos de ello —dijo Kuert—. Íbamos a tener que aceptarlo». A pesar de la tensión, el ambiente era amistoso: se llevaban bien y querían lograr ciertos avances. Y, a su debido tiempo, el congreso llegó a un acuerdo: establecieron la Organización Internacional de Normalización, o ISO, por sus siglas en inglés.

La ISO, haciendo honor a nombre, fijó estándares para tornillos y tuercas, para tuberías, para cojinetes, para contenedores de carga y para paneles solares. Algunos de estos estándares eran delicados (como los que debían aplicarse al desarrollo sostenible) y otros muy innovadores (como los estándares para los centros de abastecimiento de hidrógeno). Pero, en la primera época de la ISO, lo importante eran cosas muy modestas: lograr que el Reino Unido aceptara los estándares internacionales de las roscas de tornillos aún se recuerda como uno de sus grandes éxitos. Por desgracia, no ha tenido el mismo éxito para estandarizar los cuerpos reguladores: no le ha quedado más remedio que entenderse con la Comisión Electrotécnica Internacional y con la Unión Internacional de Telecomunicaciones, y sin duda muchas más.

Es fácil reírse entre dientes cuando pensamos en la idea de unos estándares internacionales para tuercas y tornillos, pero, en realidad, no sería nada divertido que las tuercas y los tornillos no estuvieran estandarizados. Desde un etiquetado comprensible en la comida hasta coches que se enciendan cuando giramos la llave, pasando por móviles que pueden llamar a otros móviles y enchufes que encajen con las tomas de corriente, la economía moderna se basa en la estandarización. Los cojinetes estandarizados no son una hazaña épica, pero una economía que funcione de forma adecuada necesita este tipo de cosas, tanto metafórica como literalmente.

Muchas invenciones clave solo tienen sentido como parte de un sistema más amplio. Puede tratarse de un sistema de estándares de ingeniería, como ocurre con los móviles, pero también puede consistir en un sistema más humano. Por ejemplo, el papel moneda no tiene un valor intrínseco: solo es útil si los demás lo aceptan como pago. Y una invención como el ascensor adquiere su máximo potencial cuando se combina con otras tecnologías: hormigón armado para construir rascacielos; aire acondicionado para mantenerlos frescos; y transporte público para llevar a la gente a los populosos centros de las ciudades.

Pero comencemos con uno de los inventos más importantes de la historia del ser humano, uno que solo alcanzó su máximo potencial cuando todo tipo de sistemas se adaptaron a su alrededor.

16

La dinamo

Para los inversores de Boo.com, WebVan y eToys, la explosión de la burbuja puntocom fue una sorpresa. Empresas como estas reunieron altas sumas de dinero con la promesa de que la World Wide Web lo cambiaría todo. Pero después, en la primavera del año 2000, la bolsa se derrumbó.

Algunos economistas llevaban tiempo siendo escépticos con la promesa de los ordenadores. En 1987 no teníamos internet, pero las hojas de cálculo y las bases de datos estaban por todas partes. Y, al parecer, no tuvieron impacto alguno. Uno de los pensadores líderes del crecimiento económico, Rober Solow, dijo: «Podemos contemplar la era de la informática en todas partes excepto en las estadísticas de productividad».[1]

No es fácil calibrar el efecto económico general de las innovaciones, pero la mejor medición de la que disponemos es algo llamado «productividad total de los factores». Cuando crece, significa que de un modo u otro la economía está sacando el mayor partido de sus activos, como la maquinaria, el trabajo humano y la educación. En la década de 1980, cuando Solow escribió esas líneas, su crecimiento era el más bajo de las últimas décadas, más bajo, incluso, que durante la Gran Depresión. La tecnología parecía en plena explosión, pero la productividad estaba casi estancada. Los economistas lo denominaron la «paradoja de la productividad».[2] ¿Qué podría explicarla?

Si queremos una pista, debemos retroceder un siglo atrás, cuando otra notable innovación tecnológica parecía no estar cumpliendo las expectativas: la electricidad. Algunas grandes empresas estaban invirtiendo en dinamos y motores eléctricos y los estaban instalando en los lugares de trabajo, pero aún no se apreciaba un aumento significativo en la productividad.

El potencial de la electricidad parecía claro. Thomas Edison y Joseph Swan, cada uno por su lado, inventaron la bombilla a finales de la década de 1870. A principios de la siguiente, Edison construyó unas centrales eléctricas en Pearl Street (Manhattan) y en Holborn (Londres). Los acontecimientos se sucedieron muy deprisa: en un año, ya estaba vendiendo la electricidad como un bien; otro año después, los primeros motores eléctricos se empezaron a emplear para potenciar la maquinaria industrial. No obstante, en 1900, menos del 5 por ciento de la fuerza mecánica de las fábricas estadounidenses provenía de motores eléctricos. La mayoría de ellas todavía vivían en la era del vapor.[3]

En aquella época, una fábrica cuya energía proviniera del vapor debía de inspirar temor. La fuerza mecánica la generaba un solo y enorme motor de vapor que hacía girar un eje central de acero que cruzaba toda la fábrica; a veces, incluso llegaba hasta otro edificio adyacente. Ejes secundarios, que se conectaban a través de correas y palancas, accionaban martillos, perforadoras, presas y telares. En ocasiones las correas transferían la energía hacia arriba por un agujero en el techo que conducía a un segundo piso, o a un tercero. Y unas costosas «torres de correas» protegían a estas para impedir que se propagaran los incendios. Miles de lubricadores por goteo lo engrasaban todo sin cesar.

Los motores de vapor rara vez se paraban. Si una sola máquina de la fábrica debía funcionar, era necesario alimentar el fuego con carbón. Rechinaban las ruedas dentadas, los ejes rotaban y el aceite y el polvo impregnaban las correas. Siempre existía el riesgo de que una manga o los cordones de un trabajador se engancharan y lo arrastraran hacia la máquina, implacable e imparable.

Algunos dueños sustituyeron el motor de vapor por el eléctrico, alimentándolo con energía limpia y moderna de una central adyacente. Después de tal inversión, solían quedar decepcionados por el poco dinero que habían ahorrado. Y no se trataba solo de que no quisieran desprenderse de sus viejos motores de vapor. Seguían instalándose continuamente. Hasta alrededor de 1910, muchos emprendedores que tenían a su disposición el viejo motor de vapor y el nuevo sistema eléctrico se decantaban por el primero. ¿Por qué?

La respuesta es que, para aprovechar las ventajas de la electricidad, los dueños de las fábricas debían pensar de manera diferente. Era evidente que podían utilizar un motor eléctrico de la misma forma que uno de vapor, pues se ajustaba a la perfección a los sistemas antiguos. Pero los motores eléctricos eran capaces de mucho más.

La electricidad permitía suministrar energía en el lugar y el momento exactos en que se necesitaba. Los pequeños motores de vapor eran terriblemente ineficientes, pero los eléctricos se adaptaban a la perfección, de manera que una fábrica podía contener varios motores que hicieran rotar pequeños ejes, o, a medida que se desarrollaba la tecnología, cada mesa de trabajo podía utilizar su propia máquina con su propio motor eléctrico. La energía no se transmitía a través de un solo y enorme eje, sino a través de cables.

Una fábrica alimentada con vapor era aparatosa: tenía que ser lo bastante firme como para sostener los formidables ejes de transmisión de acero. Pero una fábrica alimentada con electricidad podía ser muy sencilla y ventilada. Las primeras debían adaptarse al eje de transmisión; las segundas permitían organizar la fábrica según la cadena de producción. Las viejas fábricas eran oscuras, de ambiente denso, y se configuraban alrededor del eje; las nuevas podían ser más extensas, con alas laterales y ventanas que permitieran la entrada de aire y luz. En las viejas fábricas, el motor de vapor determinaba el ritmo; en las nuevas, eran los trabajadores quienes lo hacían.

En definitiva, las fábricas podían ser más limpias y seguras. También más eficientes, porque las máquinas solo tenían que funcionar cuando se utilizaban.

Pero —y este era un gran «pero»— no se podían obtener estos resultados solo con sustituir el motor de vapor por el eléctrico. Era necesario cambiarlo todo, incluso la arquitectura de la planta y el proceso de producción. Y dado que los trabajadores tenían más autonomía y flexibilidad, también se debía adaptar la manera en que se contrataban, se formaban y se pagaban.

Los dueños de las fábricas, por razones comprensibles, se mostraron dubitativos. Por supuesto, no querían perder su capital existente. Tal vez, no obstante, tan solo les costaba pensar en las implicaciones de un mundo en el que todo se debía adaptar a la nueva tecnología.

Al final, tuvo lugar el cambio. Era inevitable. En parte, por descontado, se debió a que la red eléctrica era cada vez más barata y fiable.

Pero el tejido industrial estadounidense también se vio afectado por fuerzas inesperadas. Una de ellas fue el resurgimiento, entre finales de la década de 1910 y la década de 1920, de una invención de la que ya hemos hablado: el pasaporte. Debido a una serie de nuevas leyes que limitaban la inmigración desde la Europa arrasada por la guerra, los salarios mínimos crecieron. La contratación dependió más de la calidad que de la cantidad y los trabajadores formados pudieron aprovechar la autonomía que les había dado la electricidad. El pasaporte ayudó a que despegara la dinamo.

A medida que más dueños de fábricas aprendían a sacarle el máximo partido a los motores eléctricos, se propagaron nuevas ideas sobre cómo producir. En la década de 1920, la productividad en Estados Unidos aumentó de una manera sin precedentes y que nunca más se ha repetido. Podríamos pensar que este tipo de salto se explicaba por la nueva tecnología, pero no fue así. Paul David, un historiador de la economía, lo atribuye en gran parte a que los fabricantes por fin entendieron cómo utilizar una tecnología que ya tenía casi medio siglo.[4] Debían cambiar el sistema por completo: sus edificios, su logística y sus políticas de personal se transformaron para aprovechar el motor eléctrico.[5] Y les llevó unos cincuenta años.

Todo esto arroja una nueva luz a las palabras de Solow. En el año 2000, casi medio siglo después de la aparición del primer programa informático, la productividad comenzó a crecer ligeramente. Dos economistas, Erik Brynjolfsson y Lorin Hitt, publicaron una investigación donde afirmaban que muchas empresas habían invertido en ordenadores sin obtener beneficio alguno, o muy poco, mientras que otras habían rentabilizado con creces la inversión. ¿A qué se debía esta diferencia? ¿Por qué algunas empresas sacaban provecho de los ordenadores y otras no? Era un misterio.

Brynjolfsson y Hitt hallaron la solución: lo importante era si las empresas se habían reorganizado o no a medida que instalaban los nuevos ordenadores para aprovechar su potencial. A menudo, esto significaba descentralizar, subcontratar, hacer más eficaces las cadenas de suministro y ofrecer más opciones a los clientes. De la misma manera que las viejas fábricas alimentadas con vapor no mejoraron su producción cuando simplemente incorporaron la electricidad, los ordenadores no tendrían ningún efecto si no se cambiaban también los viejos procesos. Había que hacer las cosas de forma diferente: era necesario modificar todo el sistema.

En efecto, internet es mucho más joven que los ordenadores. Apenas contaba diez años cuando estalló la burbuja de las puntocom. Cuando la dinamo eléctrica tenía la misma edad que internet ahora, los dueños de las fábricas aún seguían confiando en el vapor. Los verdaderos cambios apenas se vislumbraban en el horizonte.

La característica de una tecnología revolucionaria es que lo cambia todo: por esta razón la llamamos revolucionaria. Y cambiarlo todo requiere tiempo, imaginación y valentía. Y, a veces, mucho, mucho trabajo.

17

El contenedor de mercancías

El rasgo más evidente de la economía global es precisamente este, que es global. Juguetes de China, cobre de Chile, camisetas de Bangladesh, vino de Nueva Zelanda, café de Etiopía y tomates de España. Nos guste o no, la globalización es una característica fundamental de la economía moderna.

Las estadísticas respaldan esta afirmación. A principios de la década de 1960, el comercio de mercancías por todo el planeta apenas llegaba al 20 por ciento del PIB mundial. Hoy en día, está alrededor del 50 por ciento.[1] Pero no todo el mundo está contento con esto. Quizá no haya otra cuestión en la que los temores de la gente corriente estén tan en conflicto con la aprobación casi unánime de los economistas. La controversia está servida.

Se tiende a considerar que la globalización es una política, incluso a veces una ideología que se sustenta en acuerdos comerciales con acrónimos como TRIPS, TTIP o TFP. Pero quizá el elemento que más ha ayudado a la globalización no han sido los acuerdos de libre comercio, sino un sencillo invento: una caja de acero ondulado, de 2,35 metros de ancho, 2,62 metros de alto y 12,19 metros de largo; el contenedor de mercancías.[2]

Para comprender por qué este contenedor ha sido tan importante, pensemos en cómo era un trayecto comercial típico antes de que se inventara. En 1954, un buque mercante con nada de particular, el S. S. *Warrior*, transportaba mercancías de Brooklyn (Nueva York) hasta Bremerhaven (Alemania). En aquel trayecto, las poco más de cinco mil toneladas de cargamento —desde comida y mobiliario hasta cartas y vehículos— estaban constituidas por 194.582 objetos separados en 1.156 remesas diferentes. Solo el registro —controlar todos los artículos a medida que se distribuían por los almacenes del puerto— era una pesadilla.[3]

Pero el verdadero reto era cargar físicamente buques como el *Warrior*. Los estibadores debían apilar barriles de aceitunas y cajas de jabón sobre un palé de madera en el muelle, que a continuación alzaban con una eslinga y depositaban en la bodega del buque. Los estibadores cargaban a pulso o con carreta cada artículo a algún rincón del barco, los manejaban con un par de ganchos de acero, y los colocaban entre las curvaturas y los mamparos de la bodega para que no se movieran cuando el buque estuviera en alta mar. Disponían de grúas y montacargas, pero, en última instancia, gran parte de la mercancía, desde sacos de azúcar más pesados que un hombre hasta barras metálicas que pesaban como un coche pequeño, se tenía que cargar a mano.

Era un trabajo mucho más peligroso que el de los obreros de fábrica e incluso que los de la construcción. En un puerto grande, alguien moría cada pocas semanas. En 1950, en el puerto de Nueva York había media docena de accidentes graves al día, y este puerto era uno de los más seguros.

Los investigadores que han estudiado el viaje del S. S. *Warrior* a Bremerhaven concluyen que serían necesarios diez días para cargar y descargar el barco, el mismo tiempo que necesitaba este para cruzar el océano Atlántico. En total, los costes de la carga ascendían a 420 dólares por tonelada, al cambio actual. Si a esto se suman los retrasos habituales en la selección y distribución del cargamento por tierra, el tiempo total del transporte era de tres meses.[4]

Por lo tanto, hace sesenta años, comerciar con productos por todo el globo era costoso y azaroso, y requería muchísimo tiempo. Sin duda, tenía que haber una mejor forma de hacerlo. Y así era: colocar todo el cargamento en cajas grandes y estandarizadas, y mover las cajas.

Inventar la caja no era lo complicado: los contenedores ya llevaban en pruebas varias décadas, pero su uso no había arraigado. El verdadero reto era superar los obstáculos sociales. Para empezar, las compañías de transporte por tierra y por mar y los puertos no se ponían de acuerdo con el estándar. Unos querían grandes contenedores, mientras que otros preferían recipientes más pequeños, o más cortos o estrechos, quizá porque se habían especializado en productos pesados, como la piña en lata, o porque tenían que transportarlos en camión por angostas carreteras de montaña.[5]

Por otro lado, los poderosos sindicatos de los estibadores se resistían a la idea. Quizá pensemos que deberían haberles dado la bienvenida, puesto que mejoraban la seguridad durante la carga, pero su adopción también significaba que habría menos puestos de trabajo.

Los anquilosados reguladores estadounidenses también preferían el *statu quo*. El sector de los cargueros estaba inundado de papeleo, con distintos conjuntos de regulaciones que determinaban cuánto podían cargar las compañías de transporte marítimo y terrestre. ¿Por qué no dejar que estas cargaran con todo lo que pudiera soportar el mercado, o incluso permitir que se fusionaran y crearan un servicio integrado? Lo más probable es que a los burócratas también les interesara mantener su puesto: unas ideas tan atrevidas como estas les podían dejar sin nada que hacer.

El hombre que superó este laberinto de contingencias —a quien podemos referirnos con justicia como el inventor del sistema moderno de transporte con contenedores— fue un estadounidense, Malcom (Malcolm de nacimiento) McLean. McLean no sabía nada de transporte marítimo, pero tenía una empresa de camiones y sabía mucho de ellos, del sistema y de cómo ahorrar dinero.[6] Las anécdotas sobre la tacañería de McLean abundan. Cuando era un joven camionero, según se cuenta, era tan pobre que una vez no pudo pagar el peaje de un puente. Dejó su llave inglesa como depósito en la caseta y saldó la deuda en el viaje de vuelta, después de vender la mercancía. Incluso cuando ya estaba al frente de una gran organización, ordenó a sus empleados que no alargaran más de tres minutos las llamadas a larga distancia, para ahorrar dinero.

Pero Marc Levinson, el biógrafo de McLean, que ha escrito la historia definitiva del contenedor de mercancías, sostiene que estas anécdotas no explican la ambición o la audacia de este hombre. McLean vio el potencial de un contenedor que encajara en un camión de remolque, pero no fue el primero en proponer esta idea. Lo que le diferenció fue su inteligencia política y su atrevimiento, atributos esenciales para suscitar un gran cambio en el sistema de transporte global.

Así, en lo que Levinson describe como una «pieza de ingeniería legal y financiera sin precedentes», McLean se las arregló para tomar el control, al mismo tiempo, de una compañía de transporte marítimo y otra de camiones.[7] Sin duda esto fue de gran ayuda para introducir los contenedores compatibles tanto con los buques como con los camiones. McLean también avanzó a grandes pasos en otros sectores de su negocio: por ejemplo, cuando los estibadores le amenazaron con una huelga y con cerrar los puertos de la costa este de Estados Unidos en 1956, pensó que era el momento idóneo para reformar los buques viejos que no se ajustaran a las especificaciones de los contenedores. No le importaba endeudarse para hacer la inversión necesaria. En 1959, muchos sospecharon que se encontraba cerca de la bancarrota, lo cual siempre es un riesgo cuando uno se propone expandirse gracias a la deuda. Pero logró salir adelante.[*]

McLean también fue un sagaz agente político. Por ejemplo, cuando la autoridad portuaria de Nueva York intentó ampliar su influencia en la década de 1950, él señaló que la zona del puerto cercana a New Jersey estaba infrautilizada y que sería un lugar perfecto para instalar una estructura que facilitara el cargamento de contenedores. Como consecuencia, adquirió una importante relevancia en Nueva York gracias al apoyo político y financiero de dicha autoridad.[8]

Pero tal vez su movimiento más sonado tuvo lugar en la década de 1960, cuando Malcom McLean vendió la idea del contenedor de

---

[*] Al final, una de estas apuestas le fue mal. En 1986, cuando McLean tenía setenta y dos años, su gran empresa cayó en bancarrota. McLean había invertido mucho dinero en buques muy eficientes energéticamente, pero el precio del petróleo se desplomó, de manera que la costosa inversión no fue rentable. Cinco años después, McLean estaba de nuevo en el negocio, entregado por completo a su vocación de emprendedor.

mercancías a quien quizá era el cliente más importante del mundo: el ejército estadounidense. Dado que el envío de suministros a Vietnam era una tremenda pesadilla logística, los militares, para resolver la situación, se dirigieron a McLean y sus contenedores. Estos resultan mucho más eficaces cuando forman parte de un sistema logístico integrado, y el ejército estadounidense se encontraba en una posición inmejorable para adoptar el sistema al completo. Además, McLean se dio cuenta de que, al volver de Vietnam, sus buques vacíos podían cargar productos de la economía que más rápido estaba creciendo en el mundo: la de Japón. Y así comenzó la relación comercial transpacífica.

Hoy en día un puerto de mercancías moderno sería irreconocible para un avezado estibador de la década de 1950. Incluso un buque mercante pequeño puede llevar hasta veinte veces más cargamento que el S. S. *Warrior*, y logrará desembarcar el cargamento en solo unas horas, en lugar de días. Grúas gigantescas, de mil toneladas cada una, alzan y columpian contenedores de hasta treinta toneladas hasta los camiones transportadores. El colosal ballet de ingeniería está coreografiado por ordenador, que controla cada contenedor que se desplaza por el sistema logístico global. Los contenedores refrigerados se ubican en una zona del casco con electricidad y monitores de temperatura; los más pesados se colocan los primeros para mantener un centro de gravedad bajo: todo el proceso está diseñado y organizado para que el buque navegue equilibrado. Cuando la grúa deja un contenedor en un camión transportador, carga otro en el buque, de modo que lo vacía al tiempo que lo llena.

Sin embargo, no todos han salido beneficiados por la revolución de los contenedores: muchos puertos de países pobres todavía tienen el mismo aspecto que el de Nueva York en la década de 1950.[9] El África subsahariana, en particular, no puede participar en la economía mundial porque tiene unas infraestructuras muy precarias. Sin la capacidad para adaptarse al sistema de contenedores, África es un socio costoso con el que hacer negocios.

Pero para un número cada vez mayor de destinos, se pueden mandar bienes de manera fiable, rápida y barata: en lugar de los 420 dólares que habría tenido que pagar un cliente para que el S. S.

Warrior transportara una tonelada a través del Atlántico en 1954, ahora pagará menos de cincuenta.[10] A consecuencia de esto, los fabricantes ya no tienen tantos incentivos para ubicar sus fábricas cerca de sus clientes ni de sus proveedores. Lo importante es encontrar un lugar en el que la fuerza de trabajo, las regulaciones, el régimen fiscal y los sueldos medios contribuyan a que la producción sea lo más eficiente posible. Los trabajadores de China tienen nuevas oportunidades, pero en los países desarrollados los puestos de trabajo se ven amenazados, y cualquier gobierno se ve compitiendo con otros para atraer las inversiones empresariales. Por encima de todos ellos, en cierto sentido, se halla el consumidor, que dispone de la variedad de productos más amplia posible al precio más barato: juguetes, teléfonos, ropa…, cualquier cosa. Y todo esto se fundamenta en un sistema: el que Malcom McLean desarrolló y dirigió durante sus primeros años.

El mundo es un lugar enorme, pero hoy en día los economistas que analizan el comercio internacional a menudo asumen que los costes de transporte son cero. Hace que los cálculos sean más sencillos, afirman; y, gracias al contenedor, eso es casi verdad.

18

El código de barras

Hay dos maneras de contar esta historia.

Una de ellas describe el clásico golpe de inspiración. En 1948, Joseph Woodland, un licenciado del Drexel Institute de Filadelfia, estaba reflexionando sobre un problema que había planteado un vendedor de la ciudad: ¿existe alguna manera de agilizar el acto de cobrar los productos automatizando el tedioso proceso de registrar la transacción?[1]

Woodland era un joven inteligente. Había trabajado en el Proyecto Manhattan durante la guerra, y antes de licenciarse había diseñado un sistema más eficiente para reproducir música en los ascensores. Planeaba comercializarlo, pero su padre le convenció de que no lo hiciera porque estaba seguro de que la mafia controlaba el sector de la música en los ascensores.

Entonces Woodland regresó al Drexel Institute y se sumergió en el problema de las transacciones. Fue a visitar a sus abuelos a Miami, se sentó en la playa para pensar y pasó la mano por la arena. Al observar las crestas y los surcos que dejaba en la superficie, le asaltó un pensamiento. Igual que el código morse utiliza puntos y rayas para transmitir un mensaje, él podría utilizar líneas más gruesas y más finas para codificar la información. Una especie de diana con franjas blancas y negras, como las de una cebra, podría describir el producto y el precio con un código que las máquinas fueran capaces de leer.[2]

La idea era factible, pero con la tecnología de la época era muy costosa. No obstante, a medida que evolucionaron los ordenadores y se inventó el láser, cada vez era más razonable. El sistema para escanear las franjas se rediseñó y refinó independientemente a los pocos años. En la década de 1950, el ingeniero David Collins estampó líneas delgadas y gruesas en los vagones de tren para que un escáner colocado al lado de la vía pudiera leerlas automáticamente. A principios de la década de 1970, un ingeniero de IBM, George Laurer, pensó que un rectángulo sería más compacto que el círculo de Woodland, y desarrolló un sistema que utilizaba láseres y ordenadores con tanta velocidad que podían procesar bolsas de alubias etiquetadas al pasar por el sistema de escaneo. Los garabatos de Joseph Woodland a orillas del mar se habían convertido en una realidad tecnológica.[3]

Pero hay otra manera de contar esta historia. Es igual de importante, aunque terriblemente aburrida.

En septiembre de 1969, los miembros del Comité de Sistemas Administrativos de Productores de Alimentos de Estados Unidos (GMA, por sus siglas en inglés) se reunieron con sus homólogos de la Asociación Nacional de Cadenas de Comida (NAFC, por sus siglas en inglés). El lugar: un motel, el Carousel Inn de Cincinnati. No era especialmente bueno. ¿Con qué propósito? Ah, el propósito. Se trataba de saber si los productores de comida de la GMA podían llegar a un acuerdo con los vendedores de la NAFC sobre un código de producto para utilizar en la industria.

La GMA quería un código de once dígitos, que abarcaría varios sistemas de etiquetado que ya estaban usando. La NAFC quería un código más corto, de siete dígitos, porque lo podrían leer sistemas más simples y baratos. La GMA y la NAFC no lograron ponerse de acuerdo, y la reunión acabó frustrada. Años de delicada diplomacia —e innumerables comités, subcomités y comités *ad hoc*— fueron necesarios antes de que, por fin, la industria alimentaria estadounidense acordara un estándar para el Código Universal de Producto, o UPC, por sus siglas en inglés.[4]

Ambas historias confluyeron en junio de 1974 en la caja del supermercado Marsh en la ciudad de Troy (Ohio), cuando una cajera de treinta y un años, Sharon Buchanan, pasó diez paquetes de chicles Juicy Fruit de la marca Wrigley por un escáner láser que automáticamente registró el precio de 67 céntimos. Se habían vendido los chicles. Había nacido el código de barras.[5]

Solemos pensar en este como una tecnología simple que se limita a recortar gastos: ayuda a los supermercados a trabajar con más eficiencia, y nosotros nos beneficiamos de precios más bajos. Pero, como el contenedor, el código de barras solo funciona si está integrado en un sistema. Y, como el sistema de contenedores, el de los códigos de barras hace algo más que reducir los precios: resuelve problemas para algunos y pone obstáculos a otros.

Por esta razón, la segunda manera de contar la historia es tan importante como la primera, pues el código de barras cambió el equilibrio de poderes en la industria alimentaria. De ahí que todos aquellos comités fueran necesarios; de ahí que la industria, al final, solo pudiera llegar a un acuerdo cuando en los comités sustituyeron a los técnicos por los jefes de sus jefes, los directores ejecutivos. Esto da cuenta de lo mucho que había en juego.

Parte del problema consistía en que todos debían adoptar un sistema que solo funcionaría si había una masa muy grande de usuarios. Era caro instalar los escáneres y rediseñar los paquetes con los códigos de barras. Tengamos en cuenta que Miller's Beer seguía imprimiendo las etiquetas de sus botellas en una imprenta de 1908.[6] Los vendedores se negaban a instalar los escáneres hasta que los fabricantes no incorporaran el código de barras en sus productos, y los fabricantes no querían incorporar los códigos de barras hasta que los vendedores hubieran instalado los escáneres.

Sin embargo, con el tiempo, se hizo evidente que el código de barras iba a cambiar el equilibrio de fuerzas a favor de ciertos tipos de vendedores. Para los colmados pequeños y familiares, el escáner de los códigos de barras era una solución cara para un problema que, de hecho, ellos no tenían. Pero para las grandes superficies el coste de los escáneres se repartía entre muchas más ventas. Era importante reducir las colas en los cajeros; además, tenían que controlar el inventario. Con el sistema manual, un vendedor podía cobrar a un cliente por un producto y luego meterse el dinero en su bolsillo sin registrar la venta. Con el código de barras y el sistema de escáneres, un comportamiento así llamaría la atención enseguida. Y, en la década de 1970, cuando había una alta inflación en Estados Unidos, los códigos de barras permitieron a los supermercados cambiar el precio de los productos tan solo poniendo una etiqueta nueva en la estantería en lugar de en cada producto.

Es difícil que nos sorprenda que, a medida que el código de barras se hizo más popular durante las décadas de 1970 y 1980, las grandes superficies también prosperaran. Los datos del escáner pusieron las bases de los sistemas de información sobre los clientes y las tarjetas de fidelización. Al registrar y automatizar el inventario, el método «justo a tiempo» se volvió más atractivo y redujo el coste de tener que almacenar una gran variedad de productos. Las tiendas en general, y los supermercados en particular, empezaron a desespecializarse y a vender a la vez flores, ropa y productos electrónicos. Gestionar una operación de envergadura, diversificada y logísticamente compleja fue mucho más fácil en el mundo del código de barras.[7]

Quizá el ejemplo definitivo de esta tendencia apareció en 1988, cuando los grandes almacenes Wal-Mart decidieron empezar a vender comida. Hoy en día es la cadena de tiendas de alimentación más importante de Estados Unidos y, de lejos, el mayor vendedor al por menor de estos bienes del planeta, con un tamaño que equivale a sus cinco inmediatos perseguidores juntos.[8] Wal-Mart adoptó desde el principio el código de barras y ha seguido invirtiendo en logística informática innovadora y gestión del inventario.[9]

Hoy en día Wal-Mart es la mayor puerta de acceso de los productos chinos al mercado estadounidense. Al incorporar esas nuevas tecnologías ha crecido de forma espectacular, y este tamaño le ha permitido enviar compradores a China para encargar productos baratos al por mayor. Desde la perspectiva de los fabricantes chinos, se puede justificar la instalación de una cadena de producción completa para un solo cliente, siempre y cuando este sea Wal-Mart.[10]

Los informáticos celebran, y con razón, el momento de inspiración de Joseph Woodland cuando pasó la mano por la arena en la playa de Miami y el sudor que corrió por la frente de George Laurer cuando estaba perfeccionando el código de barras tal y como lo conocemos. Este sistema no implica solo una manera de hacer negocios de forma más eficiente, sino que también determina qué tipo de negocios pueden ser eficientes.

El código de barras es ahora un símbolo tan importante de las fuerzas del capitalismo global e impersonal que incluso ha suscitado su propia protesta irónica: desde la década de 1980, ha habido personas que han mostrado su oposición a lo que significa tatuándose un código de barras.[11] Esta moda contracultural reconoce algo importante. Sí, estas líneas negras y blancas parecen una pequeña aportación de la ingeniería, pero esta pequeña aportación ha determinado cómo se gestiona la economía mundial.

19

La cadena de frío

«Más loco que media docena de ranas fumadoras de opio»: así es como un observador describió al general Jorge Ubico.[1] El general, que fue presidente de Guatemala de 1931 a 1944, se vestía como Napoleón Bonaparte, incluso es posible que creyera ser Napoleón Bonaparte, su reencarnación.

Como muchos dictadores latinoamericanos del siglo xx, el desquiciado general Ubico tenía una relación muy personal con la United Fruit Company. Esta llegó a ser conocida como el Pulpo, porque sus tentáculos llegaban a todas partes. Ubico aprobó una ley que forzaba a los indígenas de Guatemala a trabajar para los terratenientes, es decir, para la United Fruit Company, que era propietaria de gran parte de la tierra arable del país. La empresa dejó casi toda la tierra sin cultivar por si la necesitaba en el futuro. La empresa afirmó que no valía casi nada, así que no tenía por qué pagar muchos impuestos por ella. Ubico lo aceptó.

Pero después Ubico fue derrocado. Un joven soldado idealista, Jacobo Árbenz, tomó el poder, y dijo que los había engañado. Si la tierra valía tan poco, el Estado la compraría para que los campesinos pudieran cultivarla. A la United Fruit Company no le gustó la idea. Presionó al gobierno de Estados Unidos y, a través de una agencia de publicidad, retrató a Árbenz como un peligroso comunista. La CIA se involucró. En 1954, un golpe de Estado echó del poder a Árbenz; tras dejarle en ropa interior, lo metieron en un avión y se vio obligado a vivir en un exilio ambulante. Su hija se suicidó. Él bebió hasta olvidar y murió junto a una botella de whisky en la bañera de un hotel. En Guatemala comenzó una guerra civil que duró treinta y seis años.[2]

Hay un nombre para aquellos países pobres con dictadores locos que han sido aupados al poder por el dinero extranjero: repúblicas bananeras.[3] Irónicamente, los problemas de Guatemala estaban íntimamente relacionados con su exportación más importante, las bananas. Pero, si nadie hubiera inventado un nuevo sistema, la política en Guatemala —y las dietas occidentales— habrían sido muy diferentes. Este sistema se llama cadena de frío.

Mucho antes de que existiera la cadena de frío, Lorenzo Dow Baker fundó, junto con otros socios, la United Fruit Company. Empezó su vida laboral como marinero. En 1870 guio a unos buscadores de oro por el río Orinoco. De vuelta a Nueva Inglaterra, se abrió una vía de agua en el barco y atracaron en Jamaica para repararla. Llevaba dinero en el bolsillo y le gustaba jugárselo, así que compró bananas con la esperanza de poder llevarlas hasta casa antes de que se estropearan. Lo logró, las vendió con pingües beneficios y volvió a por más. Las bananas se convirtieron en una exquisitez en ciudades portuarias como Boston y Nueva York. Las señoras las comían con cuchillo y tenedor para evitar cualquier connotación sexual embarazosa.

Pero las bananas eran un negocio arriesgado. Duraban exactamente el tiempo que se necesitaba para transportarlas y, al llegar a Estados Unidos, ya estaban tan maduras que no podían transportarse a otras regiones del interior.[4] Pero si se lograba mantenerlas en frío durante la ruta, madurarían más despacio y tendrían un mercado potencial mucho mayor.

Las bananas no eran el único producto que generó interés por los buques refrigerados. Dos años antes del primer viaje de Baker a Jamaica, el gobierno argentino ofreció un premio a quien lograra mantener fría la carne de ternera para poder exportarla a países lejanos. Llenar los buques de hielo solo había supuesto costosos fracasos. Desde hacía un siglo, los científicos sabían que la temperatura podía descender de forma artificial al comprimir algunos gases en líquidos, y luego dejando que el líquido absorbiera el calor a medida que volvía a evaporarse. Pero las aplicaciones rentables de esta tecnología se hacían esperar. En 1876, Charles Tellier, un ingeniero francés, instaló un sistema de refrigeración en un buque, lo cargó con carne y zarpó hacia Buenos Aires para probar la eficacia de su idea: después de 105 días en el mar, la carne llegó en buen estado.

La Liberté, un diario argentino, celebró la hazaña: «Mil veces hurra por las revoluciones de la ciencia y el capital». Por fin podrían comenzar las exportaciones de ternera argentina.[5] En 1902, ya había 460 buques refrigerados surcando los mares y transportando un millón de toneladas de ternera argentina, de bananas del Pulpo y muchos otros productos.[6]

Mientras tanto, en Cincinnati, un joven afroamericano se enfrentaba a la vida como huérfano. Dejó el colegio a los doce años, le dieron un trabajo barriendo el suelo de un garaje y aprendió a arreglar coches. Su nombre era Frederick McKinley Jones y acabó siendo un prolífico inventor. En 1938 trabajaba como ingeniero de sistemas de sonido cuando un amigo de su jefe —que, como Malcom McLean, dirigía una empresa de transporte terrestre— se quejó de lo difícil que era transportar productos perecederos por tierra. Los aparatos de refrigeración de los buques no podían soportar las vibraciones del trayecto por carretera, de modo que seguía siendo necesario llenar los camiones con hielo con la esperanza de que no se deshiciera antes de acabar el viaje,[7] lo cual no siempre se conseguía. ¿Podría el brillante y autodidacta Jones inventar una solución?

Sí. El resultado fue una nueva empresa, Thermo King, el último eslabón de la cadena de frío, la cadena de suministro global que mantiene los productos perecederos en una temperatura controlada. Esta revolucionó, por ejemplo, la sanidad: durante la Segunda Guerra Mundial las unidades de refrigeración portátiles conservaron los fármacos y la sangre que necesitaban los soldados heridos. Hoy, la cadena de frío permite que las vacunas puedan ser transportadas sin que se estropeen, al menos hasta que llegan a los rincones de los países pobres sin suministro de energía fiable, aunque ya hay nuevas invenciones en camino para resolver este problema.[8]

No obstante, por encima de todo, la cadena de frío revolucionó la comida. En un cálido día de verano —a unos 25 grados— el pescado y la carne solo duran unas pocas horas; la fruta tardará tan solo unos días en pudrirse; las zanahorias, si tenemos suerte, durarán tres semanas. En la cadena de frío, el pescado se puede conservar durante una semana, la fruta durante meses y los tubérculos hasta un año. Si los congelamos, aguantan todavía más.[9]

La refrigeración ha ampliado nuestro abanico de opciones: frutas tropicales como las bananas ahora pueden llegar a cualquier lugar del mundo. Ha mejorado nuestra nutrición. Ha hecho posible que proliferen los supermercados: si no podemos mantener la comida fría en casa, tenemos que ir con frecuencia al mercado; con una nevera-congelador en nuestra cocina, podemos hacer una compra general cada una o dos semanas.[10] Y, de la misma manera que el plato precocinado, simplificar el proceso de alimentar a una familia transforma el mercado laboral. Menos necesidad de salir a comprar significa que las mujeres encuentran menos obstáculos en su carrera profesional. A medida que los países con ingresos bajos se hacen más ricos, las neveras son de las primeras cosas que compran sus habitantes: China solo ha necesitado una década para pasar de un cuarto de hogares con nevera a casi nueve de cada diez en la actualidad.[11]

La cadena de frío es uno de los pilares del sistema económico global. Como hemos visto, el contenedor propició que el comercio a larga distancia fuera más barato, rápido y fiable. El código de barras ayudó a que los grandes comerciantes, con una oferta muy diversa, pudieran hacer un seguimiento de las complejas cadenas de suministro. Y el motor diésel —del que hablaremos más adelante— logró que los buques que hacían largos viajes interoceánicos fueran sorprendentemente eficientes.

¿Y la cadena de frío? Esta aprovechó todas estas invenciones y las aplicó a la comida perecedera. Ahora la carne, las frutas y las verduras están sujetas a la lógica económica de la especialización y el comercio global. Sí, podemos cultivar judías verdes en Francia, pero ¿no sería mejor traerlas en avión desde Uganda? Las diferentes condiciones de cultivo hacen que este tipo de pensamiento pueda tener un sentido tanto ecológico como económico. Un estudio descubrió que era más respetuoso con el medioambiente cultivar tomates en España y transportarlos a Suecia que cultivarlos directamente en Suecia.[12] Otro afirmaba que criar ovejas en Nueva Zelanda y enviarlas por barco a Inglaterra genera menos carbono que criarlas en Inglaterra.[13]

La lógica económica nos dice que la especialización y el comercio incrementarán el valor de la producción en el mundo. Por desgracia, sin embargo, no garantizan que este valor sea distribuido de forma equitativa. Pensemos en el Estado de Guatemala hoy en día. Sigue exportando bananas por valor de cientos de millones de dólares.[14] También cultiva y cría muchas otras cosas: ovejas, azúcar de caña, café, maíz y cardamomo.[15] Pero tiene la cuarta tasa más alta del mundo de malnutrición crónica: la mitad de los niños son raquíticos porque no tienen suficiente para comer.[16]

Los economistas todavía no comprenden bien por qué algunos países se hacen ricos y otros permanecen empobrecidos, pero la mayoría están de acuerdo en la importancia de las instituciones, en una corrupción escasa, la estabilidad política y el imperio de la ley. Según una reciente clasificación de las instituciones de los diversos países, Guatemala se sitúa en la posición 110 de 138.[17] El legado del general Ubico, el golpe de Estado provocado por el comercio de bananas y la guerra civil aún dejan sentir sus secuelas. Las tecnologías de la cadena de frío estaban diseñadas para que las bananas duraran más, pero las repúblicas bananeras, al parecer, no son naturalmente perecederas.

20

La deuda negociable y los palos tallados

No muy lejos de mi casa se encuentra el museo Ashmolean de Oxford, que almacena arte y antigüedades de todos los lugares del mundo. A menudo me encuentro a mí mismo bajando las escaleras hasta el gran sótano y, dado que soy economista, dejo atrás la cafetería y me dirijo a la galería de monedas, que está justo al lado. Están expuestas piezas de Roma, de los vikingos, del califato abasí y de lugares más cercanos a mi casa, como Oxfordshire y Somerset, de época medieval. Pero, aunque lo más lógico sería esperar que la galería estuviera llena de monedas, la mayoría de las piezas que se encuentran allí no tienen en absoluto forma de moneda.

Como señala Felix Martin en su libro *Dinero: qué es, de dónde viene, cómo funciona*, solemos comprender mal el dinero porque nuestra historia monetaria no ha sobrevivido de una forma que fuera atractiva para los museos. De hecho, en 1834 el gobierno británico decidió destruir seiscientos años de valiosas piezas monetarias. Fue una decisión que acarreó funestas consecuencias en más de un aspecto.

Las piezas en cuestión eran humildes palos de madera de sauce, de unos 25 centímetros de largo, llamados palos de Exchequer. Los sauces habían crecido a lo largo del río Támesis, no muy lejos del palacio de Westminster, en el centro de Londres. Los palos tallados eran una forma de registrar la deuda con un sistema que era deliciosamente simple y efectivo. El palo contenía un registro de la deuda tallado en la madera. Podía decir, por ejemplo, «9£ 4s 4p de Fulk Basset a la granja de Wycombe». Fulk Basset, por cierto, aunque suene a personaje de *La guerra de las galaxias*, fue de hecho un obispo de Londres en el siglo XIII. Había contraído una deuda con el rey Enrique III.[1]

Ahora viene el detalle elegante. El palo se partía en dos, de un extremo a otro. El deudor se quedaba con una parte, llamada «foil». El acreedor se quedaba con la otra, llamada «stock». Incluso hoy en día, los banqueros británicos utilizan la palabra «stock» para referirse a las deudas del gobierno británico. Dado que el sauce tiene una veta particular y distintiva, las partes solo encajan entre ellas.

Por descontado, la secretaría de Hacienda podría haber registrado estas transacciones en algún libro de contabilidad. Pero el sistema del palo tallado dio pie a que ocurriera algo determinante: si teníamos un stock según el cual el obispo Basset nos debía cinco libras, entonces, a menos que pensáramos que el obispo Basset no iba a saldar la deuda, el stock valía por sí mismo unas cinco libras. Si queríamos comprar algo, era muy posible que el vendedor aceptara el stock como una forma de pago segura y cómoda.

Los palos tallados se convirtieron en una especie de dinero, y una particularmente instructiva, además, porque nos muestra con claridad lo que es el dinero: deuda, una forma determinada de deuda con la que se puede comerciar con libertad, y que puede circular de persona a persona hasta que ya no tenga nada que ver con el obispo Basset o la granja de Wycombe. Es una transformación espontánea de un simple registro de una deuda en un sistema mucho más amplio de deudas comerciables.

No podemos hacernos una idea fiable de lo significativo que fue este sistema, puesto que por razones desafortunadas que se explicarán más adelante no sabemos cuán extendido estaba su uso. Pero sí sabemos que se comerciaba muy a menudo con deudas similares. Esto ocurrió en China, hace unos mil años, cuando —como veremos también más tarde— surgió la idea del papel moneda. Pero también ha ocurrido más de una vez en los últimos tiempos.

El 4 de mayo de 1970, lunes, el *Irish Independent*, el diario más leído de Irlanda, publicó un titular escueto y directo: «Cierran los bancos». Todos los bancos importantes de Irlanda habían cerrado, y así seguirían hasta nueva orden. Había estallado un conflicto con sus empleados, estos habían decidido hacer una huelga y parecía que toda esta cuestión se iba a arrastrar durante semanas o incluso meses.

Podríamos pensar que una noticia así —en la que era una de las economías más avanzadas del mundo— haría cundir el pánico, pero los irlandeses mantuvieron la calma. Habían estado esperando problemas de esa clase, así que habían acumulado reservas de dinero en efectivo. Pero lo que mantuvo a la economía irlandesa en marcha fue otra cosa.

Los irlandeses se extendían cheques unos a otros. Esto, a primera vista, quizá sea difícil de entender. Los cheques son instrucciones en papel para transferir dinero de una cuenta de banco a otra. Pero, entonces, si los bancos estaban cerrados no se podían llevar a cabo estas instrucciones; al menos, no hasta que volvieran a abrir. Y en Irlanda todos sabían que eso no iba a ocurrir tal vez en algunos meses.

A pesar de ello, los irlandeses se siguieron extendiendo cheques. Y esos cheques circularon. Patrick extendía un cheque por un valor de veinte libras para pagar su cuenta en el pub de su ciudad, y el dueño lo utilizaba para pagar a sus trabajadores o a sus proveedores. (Los cheques se podían extender para que se convirtieran en «dinero en efectivo» o refrendarlos para transmitir la propiedad.) El cheque de Patrick circulaba de un lado a otro como la promesa de un pago que solo se podría satisfacer cuando los bancos reabrieran sus puertas y se pusieran al día.

El sistema era frágil. Aquellos que sabían que sus cheques iban a ser rechazados podían abusar de él con mucha facilidad. A medida que pasaban mayo, junio y julio, existía el riesgo cada vez mayor de que la gente perdiera el control de sus cuentas y de que, sin saberlo, extendieran cheques que no se podían permitir o que no podrían satisfacer. Quizá el mayor riesgo de todos fue que se empezara a tambalear la confianza y que los ciudadanos simplemente se negaran a aceptar los cheques como pago.

Pero los irlandeses siguieron extendiendo cheques. Es posible que influyera el hecho de que la mayoría de los negocios eran pequeños y locales, de modo que conocían a sus clientes. Sabían quién podría pagar, y la voz corría sobre los estafadores. Y los bares y los colmados respondían de la solvencia de sus clientes, lo cual significaba que los cheques podían seguir circulando.

Cuando se resolvió el conflicto y los bancos reabrieron sus puertas en noviembre, más de seis meses después de que cerraran, la economía irlandesa todavía no se había derrumbado. El único problema: los pagos atrasados de cinco mil millones de libras en cheques necesitarían otros tres meses para ponerse al día.

El caso irlandés no es el único en el que se comerció con cheques sin necesidad de cobrarlos. En la década de 1950, los soldados británicos desplazados a Hong Kong pagaban sus facturas con cheques que pertenecían a cuentas de Inglaterra. Los mercaderes locales comerciaban con los cheques y los refrendaban con su propia firma, sin tener mucha prisa por cobrarlos. En efecto, los cheques de Hong Kong —como los de Irlanda o como los palos tallados— se convirtieron en una forma de dinero propio.[2]

De este modo, si el dinero es tan solo deuda negociable, los palos tallados y los cheques irlandeses sin cobrar no eran una forma extraña de «cuasidinero»: *eran* dinero, aunque con una forma particularmente prosaica. Como un motor que funciona sin el capó, o como un edificio con los andamios a la vista, son el sistema monetario con el mecanismo subyacente al descubierto.

Por descontado, seguimos pensando que el dinero es como los discos de metal del museo Ashmolean. Después de todo, lo que ha sobrevivido es el metal, no los cheques ni los palos tallados. Y una de las cosas que es imposible exponer en un museo es el sistema de confianza e intercambio, que es en lo que consiste, en última instancia, el dinero moderno.

Aquellos palos tallados, por otro lado, tuvieron un desafortunado final. El sistema acabó por abolirlos y sustituirlos por libros de contabilidad en 1834, después de décadas intentando modernizarse. Para celebrarlo, se decidió quemar los palos —seiscientos años de registros monetarios irreemplazables— en un horno de carbón de la Cámara de los Lores, en lugar de dejar que los trabajadores del Parlamento se los llevaran a casa y los quemaran en sus chimeneas. Ahora bien, quemar una o dos carretadas de palos tallados en un horno de carbón es una forma perfecta de provocar un incendio, así que la Cámara de los Lores, luego la Cámara de los Comunes y casi todo el palacio de Westminster —un edificio tan antiguo como el sistema de palos tallados— se redujeron a cenizas. Quizá los santos patronos de la historia monetaria decidieron vengarse.

21

La librería Billy

Denver Thornton odia la librería Billy.[1]
Dirige una empresa llamada unflatpack.com. Si compramos algún mueble para montar en casa de alguna marca como Ikea pero nos aterrorizan los tornillos, las llaves Allen y los folletos con instrucciones crípticas y dibujos de hombres sonrientes, podemos llamar a alguien como Thornton para que venga a nuestra casa a montarlo.

¿Y la librería Billy? Es el producto arquetípico de Ikea. Fue ideada en 1978 por un diseñador llamado Gillis Lundgren: la esbozó en el reverso de una servilleta, por miedo a que se le olvidara.[2] Ahora hay unos sesenta millones de unidades en el mundo, casi una por cada cien personas.[3] No está mal para una humilde librería. De hecho, son tan omnipresentes que Bloomberg las utiliza para comparar el poder adquisitivo en todo el mundo. Según el Índice de Librerías Billy de Bloomberg —sí, existe—, llegan a su precio más alto en Egipto (algo más de cien dólares), y al más bajo, en Eslovaquia (menos de cuarenta).[4]

Cada tres segundos aparece una nueva librería Billy en la cadena de producción de la fábrica Gyllensvaans Möbler, en Kättilstorp, un pueblecito al sur de Suecia. Los doscientos empleados de la fábrica nunca llegan a tocar una estantería: su trabajo consiste en supervisar las máquinas, importadas de Alemania y Japón, que funcionan veinticuatro horas al día para cortar, pegar, agujerear y empaquetar los diferentes componentes de la librería.[5] Cada día se descargan seiscientas toneladas de aglomerado de los camiones, y de la fábrica salen los productos ya en sus cajas, apilados en palés y listos para cargarlos.[6]

En la recepción de la fábrica Gyllensvaans Möbler, enmarcada en la pared, hay una carta escrita a máquina: el primer pedido que se hizo de un mueble de Ikea. La fecha: 1952.[7]

En aquel entonces, Ikea no era el gigante global de nuestro tiempo, con tiendas en docenas de países y ventas de decenas de miles de millones.[8] El fundador, Ingvar Kamprad, solo tenía diecisiete años cuando comenzó el negocio con un pequeño capital que le había regalado su padre, una recompensa por esforzarse tanto en el colegio a pesar de su dislexia.[9] En 1952, con veintiséis años, el joven Ingvar ya contaba con un catálogo de muebles de un centenar de páginas, pero aún no se le había ocurrido la idea de que se pudieran empaquetar desmontados. Esto ocurrió algunos años después, cuando él y el cuarto empleado de la empresa —un tal Gillis Lundgren— estaban cargando el coche con muebles para una sesión fotográfica. «Esta maldita mesa ocupa demasiado espacio —dijo Gillis—. Deberíamos desatornillar las patas.»[10]

A Kamprad se le encendió una lucecita. Ya estaba obsesionado con bajar los precios, tanto que otros fabricantes habían empezado a boicotearlo.[11] Una de las formas de bajar los precios era vender los muebles por partes, pues no tendrían que pagar a obreros para que los montaran. En este sentido, quizá parezca perverso llamar a Denver Thornton para que nos monte una librería Billy: es como comprar los ingredientes en el supermercado y contratar a un cocinero privado para que nos haga la comida.

Esto podría ser verdad si haber transferido el trabajo al cliente hubiera sido lo único que abarató los muebles de Ikea. Pero el ahorro más cuantioso provenía precisamente del problema que inspiró a Gillis Lundgren: el transporte. En 2010, por ejemplo, Ikea retocó el diseño de su sofá Ektorp para que se pudieran quitar los reposabrazos. Lograron que ocupara la mitad de espacio, lo que también redujo a la mitad el número de camiones necesarios para transportar los sofás de las fábricas a los almacenes y de los almacenes a las tiendas. Esto hizo descender el precio en una séptima parte, más que suficiente para que Thornton pueda cobrar por atornillar los reposabrazos.[12]

Pero no solo los muebles se benefician de cuestionar el diseño de los productos en todo momento. Pensemos en otro icono de Ikea: el tazón Färgrik. Es probable que hayamos bebido de uno de ellos:

sus ventas anuales alcanzan los veinticinco millones y están por todas partes.[13] Tienen un diseño distintivo —ancho por arriba, estrecho en la base, y con un asa justo en el borde— que no está motivado solo por la estética. Ikea modificó la altura del tazón cuando se dio cuenta de que podía aprovechar el espacio un poco mejor en el horno de su proveedor rumano.[14] Y, al cambiar el diseño del asa, logró que se pudieran apilar de manera más compacta, doblando el número de tazones que se podían colocar en un palé y reduciendo más de la mitad los costes de transporte desde el horno en Rumanía hasta las estanterías de las tiendas.[15]

La historia es parecida con la librería Billy. No parece que haya cambiado mucho desde que se diseñó en la década de 1970, pero cuesta un 30 por ciento menos, en parte gracias a las modificaciones mínimas y constantes tanto del producto como del proceso de producción.[16] Pero también se debe a la economía de escala: cuanto más produces algo, más barato sale. Fijémonos en la Gyllensvaans Möbler: respecto a 1980, ha incrementado en ciento treinta y siete veces la producción de las librerías, mientras que su número de empleados solo se ha doblado.[17] Por supuesto, esto se debe a todos aquellos robots procedentes de Alemania y Japón. Pero cualquier empresa necesita confiar para invertir tanto dinero en maquinaria, sobre todo cuando no tiene otro cliente: la fábrica de Gyllensvaans Möbler casi solo confecciona librerías para Ikea.[18]

O pensemos de nuevo en el tazón Färgrik. Al principio, Ikea le pidió a su proveedor que le pusiera un precio por producir un millón de unidades durante el primer año. Luego le dijo: ¿y si nos comprometemos a encargar cinco millones anuales durante tres años? El precio bajó una décima parte.[19] Tal vez no parezca mucho, pero cada céntimo cuenta. Solo tenemos que preguntárselo al notoriamente avaro Ingvar Kamprad: en una de las poquísimas entrevistas que ha concedido, para celebrar su nonagésimo aniversario, Kamprad afirmó que llevaba ropa que se había comprado en un mercadillo.[20] Se dice que es un gran ahorrador y que conduce un viejo Volvo.[21] Esta frugalidad explicaría por qué es el octavo hombre más rico del mundo, aunque es posible que las cuatro décadas que lleva viviendo en Suiza para no pagar sus impuestos en Suecia también tengan algo que ver.[22]

Aun así, ser avaro no es suficiente para tener éxito. Cualquiera puede fabricar productos chapuceros y poco atractivos ahorrándose dinero, y fabricar productos elegantes y robustos invirtiendo mucho dinero en ellos. Para hacerse tan rico como Kamprad, no obstante, tenemos que fabricar productos que sean a la vez baratos y de una calidad decente.

Esto es lo que parece explicar la duradera popularidad de la librería Billy. «Simples, prácticos e intemporales», son las palabras que utilizó Gillis Lundgren para describir los diseños que esperaba crear, y sorprende que Billy sea aceptada por la clase de gente que arrugaría la nariz ante muebles de MDF producidos en masa. Sophie Donelson, editora de la revista de interiorismo *House Beautiful*, declaró a AdWeek que Billy «no es recargada» ni «complicada», y que es «moderna sin caer en el cliché».[23]

El diseñador de muebles Matthew Hilton destaca una cualidad interesante: el anonimato.[24] El interiorista Mat Sanders está de acuerdo, y afirma que Ikea «es un lugar fantástico para encontrar productos básicos que luego se pueden mejorar para que parezcan lujosos».[25] Billy es una librería básica y funcional si esto es todo lo que esperamos de ella, o es un lienzo en blanco para que creemos sobre él: en ikeahackers.net podemos ver cómo la han reformulado para ser casi cualquier cosa, desde un botellero a un separador de habitaciones o un cambiador de bebés.[26]

Pero los *freaks* de las empresas y las cadenas de suministro no admiran la librería Billy por su modernidad y flexibilidad. La admiran —y a Ikea en general— por encontrar sin cesar nuevas formas de reducir los precios y los costes sin que eso afecte a la calidad del producto. Por esta razón, Billy es un símbolo de cómo la innovación en la economía moderna no consiste solo en vistosas tecnologías de nuevo cuño, sino también en sistemas aburridos y eficientes. La librería Billy no es innovadora de la misma manera que un iPhone. Las innovaciones consisten en llegar a los límites de la producción y la logística, en encontrar nuevas maneras de prescindir de un coste superfluo al tiempo que se produce algo que parece inofensivo y cumple con su función.

Y esto le molesta al manitas Denver Thornton. «Es demasiado fácil y monótono —dice— A mí me gustan los retos.»[27]

22

El ascensor

He aquí un pequeño acertijo.

Un día, de camino al trabajo, una mujer decide tomar un medio de transporte público en lugar de su medio habitual. Antes de subirse a él, mira en una aplicación de su teléfono cuál es su posición, con la latitud y la longitud exactas. El trayecto transcurre sin problemas y es del todo satisfactorio, a pesar de las frecuentes paradas, y, al llegar, la mujer mira la aplicación de nuevo. La latitud y la longitud no han cambiado un ápice. ¿Qué ha ocurrido?[1]

La respuesta: esta mujer trabaja en un rascacielos y, en lugar de ir por las escaleras, se ha subido al ascensor. No solemos pensar en los ascensores como medios de transporte público, pero lo son: transportan a millones de personas cada día, y solo en China se instalan setecientos mil cada año.[2]

El edificio más alto del mundo, el Burch Jalifa de Dubái, posee más de trescientos mil metros cuadrados de superficie, y la torre Sears de Chicago, una maravilla de la ingeniería, más de cuatrocientos mil.[3] Imaginemos que estos rascacielos se dividieran en cincuenta o sesenta superficies de poca altura, y que luego las rodeáramos con un aparcamiento y conectáramos todos los aparcamientos con carreteras: tendríamos un parque de oficinas del tamaño de una ciudad pequeña. El hecho de que tanta gente pueda trabajar a la vez en edificios enormes y lugares contenidos se debe al ascensor.

O tal vez deberíamos decir que se debe a su seguridad. Hace mucho tiempo que existen los ascensores, en general accionados por el muy sencillo principio de la cuerda y la polea. Se dice que Arquímedes construyó uno en la antigua Grecia. En 1743, en el palacio de Versalles, Luis XIV ordenó montar uno clandestino para visitar a su amante o, en ocasiones, para que su amante lo visitara a él.[4] La energía de este secreto ascensor del amor del rey Luis la proporcionaba un tipo desde una parte hueca de la pared, en la que estaba listo para tirar de la cuerda cuando fuera necesario. Otros ascensores —en Hungría, China o Egipto— funcionaban a base de animales de tiro.[5] El vapor llevó el invento un paso más allá: Matthew Boulton y James Watt, dos gigantes de la revolución industrial británica, idearon motores de vapor que alimentaban potentes ascensores industriales para traer a la superficie el carbón de las minas.[6] Pero, aunque todos estos ascensores funcionaban más o menos bien, no eran aptos para transportar personas a una altura considerable, porque, inevitablemente, algo podía ir mal. El ascensor podía desplomarse, con las cuerdas sueltas en la oscuridad, mientras los pasajeros gritaban sin remedio. La mayoría de las personas podía subir cinco pisos por las escaleras si era necesario; nadie sensato querría subirse a un ascensor hasta una altura tan aterradora.

Así que lo importante no era fabricar tan solo un ascensor seguro, sino que lo fuera siempre y se pudiera demostrar. Esta responsabilidad recayó en un hombre llamado Elisha Otis. En la Exposición Universal de Nueva York, en 1853, Otis se subió a una plataforma, que luego se elevó por encima de la multitud de mirones, nerviosos por lo que pudiera ocurrir. El aparato en sí se parecía a un cadalso para ejecuciones. Detrás de Otis había un hombre con un hacha, lo cual solo podía contribuir a la sensación de que iban a presenciar una espectacular ejecución. Cortó la cuerda de un hachazo, la multitud contuvo el aliento y la plataforma de Otis tembló, pero no se desplomó. «¡Es del todo seguro, señores, del todo seguro!», gritó Otis. El paisaje de la ciudad estaba a punto de cambiar por completo por un hombre que no había inventado el ascensor, sino el freno del ascensor.[7]

«Cambiar por completo» es una aseveración justa, pues el nuevo ascensor transformó la ubicación de las áreas con más prestigio de los edificios. Cuando los edificios tenían seis o siete pisos que debían subirse con gran esfuerzo, los más altos solían ser las buhardillas de los sirvientes o de los artistas ganapanes, o eran los áticos de las tías locas. Después de la invención del ascensor, los áticos se convirtieron en apartamentos codiciados, y las buhardillas ganaron un gran prestigio.

Se comprende mejor el ascensor si lo ponemos en relación con el sistema más general del diseño urbano. Sin el aire acondicionado, los modernos rascacielos acristalados serían inhabitables; sin el acero o el hormigón armado, no se podrían construir; y, sin el ascensor, serían inaccesibles.

Otro elemento crucial de este sistema fue el transporte público: el metro y otros sistemas de movilidad urbana podían transportar a un gran número de personas a los centros de las ciudades. En el barrio de rascacielos por antonomasia, Manhattan, los ascensores y el metro son simbióticos. La densidad de los rascacielos facilita que el sistema de metro sea eficiente; sin él, nadie podría llegar a los edificios.

El resultado es un entorno urbano sorprendentemente ecológico: más del 80 por ciento de la gente que vive en Manhattan va al trabajo en metro, en bicicleta o a pie, lo cual es diez veces más que el resto de los estadounidenses. Y lo mismo se puede decir de todas las ciudades con rascacielos del planeta, desde Singapur a Sidney: suelen ser lugares muy deseados en los que vivir, como demuestra la disposición de la gente a pagar alquileres caros; son creativos, si consideramos el alto número de patentes y de nuevas empresas; son ricos, si tenemos en cuenta la renta personal; y, en comparación con las zonas rurales o suburbanas, son utopías ecológicas, con bajos índices de uso energético por persona y un bajo consumo de petróleo. Este milagro menor —riqueza, creatividad y vitalidad con un impacto ecológico modesto— sería imposible sin el ascensor.[8]

Aun así, parece que subestimamos injustamente esta invención. Le pedimos mucho más que a otros medios de transporte. No nos importa tener que esperar un par de minutos la llegada del tren o del autobús, pero empezamos a refunfuñar si el ascensor tarda veinte segundos. Muchas personas le tienen miedo, aunque es muy seguro, diez veces más que las escaleras mecánicas.[9] Para decirlo con franqueza, el ascensor es un sirviente leal al que ignoramos con demasiada frecuencia. Quizá se deba a que al utilizarlo nos sentimos como teletransportados: las puertas se cierran, cambia la sensación de gravedad, las puertas se abren y estamos en otro lugar. Hay tan poco sentido del espacio que, si no fuera por las señales externas o dispositivos LED, no tendríamos ni idea de en qué piso estamos.

A pesar de que damos el ascensor por sentado, sigue evolucionando. Las necesidades de unos rascacielos cada vez más altos se satisfacen con cables ultraligeros y por controladores informáticos que permiten que dos ascensores suban y bajen por un mismo hueco de forma independiente, uno por encima del otro. No obstante, las ideas más viejas y simples siguen funcionando: por ejemplo, haciendo que la espera en los vestíbulos pase más rápido al colocar espejos de cuerpo entero. Además, el ascensor es energéticamente eficiente de forma natural porque está accionado por contrapesos.[10]

Por supuesto, siempre hay margen de mejora. El Empire State Building —que sigue siendo el rascacielos más icónico del planeta— se modernizó hace poco con una inversión de quinientos millones de dólares para reducir las emisiones de carbono. La modernización incluyó ascensores con freno regenerativo, de modo que cuando una cabina desciende llena de personas o asciende vacía, el ascensor transmite la energía sobrante al edificio.[11]

La verdad es que el Empire State siempre ha sido energéticamente eficiente por el simple hecho de ser una estructura vertical poblada con gran densidad al lado de una estación de metro. Una de las organizaciones que rediseñó el edificio es la visionaria y ecológica Rocky Mountain Institute (RMI), cuyas ecológicas y supereficientes oficinas centrales, que también son una muestra de hogar sostenible de su fundador, Amory Lovins, se encuentran en lo alto de las montañas Rocosas, a trescientos kilómetros del sistema de transporte urbano más cercano. Quizá parezcan el paradigma de la eficiencia medioambiental, pero sus trabajadores tienen que ir en coche al trabajo, e incluso recorrer un kilómetro o más para ir de un edificio a otro.[12]

El RMI se ha expandido y sus trabajadores se ven obligados a utilizar cansinamente tecnologías que ahorran energía para asistir a las reuniones: coches y autobuses eléctricos y teleconferencias. Por supuesto, el RMI alberga una serie de ideas ecológicamente eficientes y de diseño, como revestimientos de alta tecnología para las ventanas, de tres capas rellenas de criptón y un sistema de reutilización de aguas e intercambiadores de calor que ahorran energía.[13] Pero a nadie le molesta ni le cansa tener que coger un ascensor. Es una de las tecnologías más sostenibles y más presentes en todos los edificios de nuestro entorno. Es un transporte ecológico que lleva a miles de millones de personas cada año, y, aun así, pasa tan desapercibido que no lo tenemos en cuenta ni como respuesta a un acertijo.

IV

IDEAS SOBRE IDEAS

Algunos de los inventos más importantes son aquellos que facilitan la aparición de otros inventos. El código de barras, la cadena de frío y el contenedor de mercancías, en conjunto, desataron las fuerzas de la globalización. El ascensor alcanzó todo su potencial cuando se relacionó con el acero y el hormigón, con el metro y el aire acondicionado.

Pero esta afirmación adquiere toda su validez cuando alguien tiene una idea que permite que surjan otras ideas. Se puede afirmar que Thomas Edison logró precisamente esto cuando inventó un proceso para inventar cosas, al reunir en Menlo Park todos los recursos que se necesitaban para probar y experimentar a escala industrial. He aquí una descripción de ese lugar fechada en 1876:

> Al entrar, en la planta baja, hay una pequeña recepción, con una modesta biblioteca. Al lado, hay una gran sala cuadrada donde se exponen en vitrinas los modelos de sus inventos. Al fondo hay una tienda-máquina, completamente abastecida, que funciona gracias a un motor de cien caballos. El piso de arriba se extiende a lo largo y ancho del edificio, 30 x 8 metros, recibe la luz de las ventanas que están a lado y lado y aloja un laboratorio. Las paredes están llenas de estanterías sobre las que hay botellas con todo tipo de compuestos químicos. Dispersas por el laboratorio hay mesas llenas de instrumentos eléctricos, teléfonos, fonógrafos, microscopios, espectroscopios, etc. En el centro de la sala hay un exhibidor repleto de baterías galvánicas.[1]

Con esta «fábrica de las invenciones», Edison calculó que podría desarrollar «una invención menor cada diez días y un gran invento cada seis meses, más o menos».[2] Es difícil poner en duda los resultados: el nombre de Edison no deja de aparecer en estas páginas.

Pero incluso la invención de la fábrica de los inventos palidece al lado de otras «metaideas» que se han desarrollado: ideas sobre cómo deben protegerse las ideas, cómo deben comercializarse, cómo deben mantenerse en secreto. Y la idea más antigua sobre las ideas es casi tan antigua como el mismo arado.

23

La escritura cuneiforme

En la Antigüedad, la gente creía que la escritura provenía de los dioses. Los griegos pensaban que Prometeo se la había dado a la humanidad como un regalo. Los egipcios también consideraban que la capacidad de leer y escribir era divina, un regalo de Tot, el dios de conocimiento que tenía rostro de babuino. Los mesopotámicos contaban que la diosa Inanna le había robado la escritura a Enki, el dios de la sabiduría, aunque no fuera tan sabio para evitar no emborracharse hasta perder el conocimiento.[1]

Los académicos ya no comparten la teoría de «Tot el babuino», pero por qué las civilizaciones antiguas inventaron la escritura fue un misterio durante mucho tiempo. ¿Fue por razones religiosas o artísticas? ¿Fue para mandar mensajes a ejércitos lejanos? El misterio se acentuó en 1929, cuando un arqueólogo alemán llamado Julius Jordan desenterró una gran biblioteca de tablillas de arcilla de hace cinco mil años. Eran bastante más antiguas que los ejemplos de escritura que se habían encontrado en China, Egipto y Mesoamérica, y estaban escritas en un código abstracto que ha acabado denominándose «cuneiforme».

Las tablillas procedían de Uruk, una población mesopotámica a orillas del río Éufrates, en lo que hoy en día es Irak. Uruk había sido pequeño según los estándares actuales: no había tenido más de unos pocos miles de habitantes. Pero, según los estándares de hace cinco mil años, Uruk era enorme: una de las primeras ciudades del mundo.

«Construyó la muralla de Uruk, ciudad de los rediles —proclama el poema de Gilgamesh, una de las primeras obras literarias—. ¡Contempla la muralla, con sus frisos parecidos al bronce! ¡Admira los bastiones, que no tienen parangón!»

Esta ciudad había creado una escritura que ningún académico moderno podía descifrar. ¿Qué significaba?

Uruk también suscitaba otro misterio para los arqueólogos, aunque no pareciera tener relación alguna. Las ruinas de esta y de otras ciudades mesopotámicas estaban repletas de objetos de arcilla, algunos cónicos, otros esféricos, otros cilíndricos. Un arqueólogo dijo que se parecían a supositorios. Julius Jordan fue más perspicaz: se habían confeccionado de la misma forma, escribió en su diario, «que otros objetos de la vida diaria: tarros, moldes y animales», aunque eran muy estilizados y estandarizados.[2]

Pero ¿para qué servían? ¿Eran elementos decorativos? ¿Juguetes para niños? ¿Piezas de algún juego de mesa? Tenían el tamaño adecuado para ello. Nadie sabía la respuesta.

Nadie hasta que llegó una arqueóloga francesa llamada Denise Schmandt-Besserat. En la década de 1970, catalogó piezas similares que se habían hallado en la región, de Turquía a Pakistán. Algunas de ellas eran de hace nueve mil años. Schmandt-Besserat creía que estas piezas tenían un propósito muy simple: servían para contar por correspondencia. Las piezas con forma de tarros servían para contar tarros; las que tenían forma de molde, para contar moldes. El conteo por correspondencia es fácil: no es necesario saber los números, solo mirar las dos cantidades y comprobar que sean iguales.[3]

El conteo por correspondencia es incluso más antiguo que Uruk: el hueso de Ishango, que se halló cerca de las fuentes del Nilo, en la República Democrática del Congo, parece emplear muescas en el fémur de un babuino para contar por correspondencia. Tiene veintidós mil años.

Pero los objetos de arcilla de Uruk daban un paso más allá, porque se utilizaron para registrar el conteo de muchas cantidades diferentes, y servían tanto para sumar como para restar. Uruk, recordémoslo, era una gran ciudad en su tiempo. En una urbe como aquella no se vivía con una mano delante y otra detrás. Las personas empezaban a especializarse. Ya existía el sacerdocio y la artesanía. Era preciso almacenar comida de los campos colindantes. Y una economía urbana requiere comercio, planificación e incluso tributación, de modo que podemos imaginarnos a los primeros contables del mundo, sentados frente a la puerta del almacén del templo, utilizando pequeños objetos para contar los sacos de grano que entraban y salían.

Denise Schmandt-Besserat también se dio cuenta de otra cosa bastante revolucionaria. ¿Recordamos aquellas marcas abstractas en las tablillas cuneiformes? Se correspondían con los objetos simbólicos. Nadie se había dado cuenta del parecido porque la escritura no se asemejaba a la imagen de nada, sino que parecía abstracta.

Schmandt-Besserat descubrió el sistema: las tablillas se habían empleado para registrar el tráfico de los objetos de arcilla, que a su vez registraban el tráfico de las ovejas, del grano y de los tarros de miel. De hecho, es muy posible que las primeras de esas tablillas fueran impresiones de los propios objetos, el resultado de presionarlos con fuerza en la blanda tablilla de arcilla. Después, aquellos primitivos contables se dieron cuenta de que sería más fácil hacer las marcas con un estilete.

De este modo, la escritura cuneiforme era la imagen estilizada de la impresión de un objeto que representaba una mercancía. No es de extrañar que nadie antes de Schmandt-Besserat descubriera la relación que había entre ellos. Y así resolvió los dos enigmas a la vez. Las tablillas de arcilla, adornadas con la primera escritura abstracta del mundo, no se utilizaron para escribir poesía, ni para mandar mensajes a tierras remotas. Se utilizaron para crear la primera contabilidad del mundo.

También para escribir los primeros contratos, puesto que no hay mucha distancia entre un registro de lo que se ha pagado y un registro de lo que se tiene que pagar en el futuro. La combinación de los objetos simbólicos y la escritura cuneiforme en arcilla produjo un brillante dispositivo de verificación: una bola hueca de arcilla llamada «bulla». En su superficie, las partes de un contrato podían escribir los detalles de la obligación, como lo que debía pagarse. En el interior de la bulla se encontraban los objetos simbólicos de arcilla que representaban el trato. La escritura en el exterior y los objetos en el interior se verificaban mutuamente.

No sabemos quiénes eran las partes de este tipo de acuerdos, ni si se trataba de diezmos religiosos al templo, impuestos o deudas privadas, pero sí que estos registros eran las órdenes de compra y las facturas que hacían posible la vida en una compleja sociedad urbana.

Eso representa un punto de inflexión. Muchas transacciones financieras se basan en contratos escritos explícitos, incluyendo algunas de las que hablamos en este libro, como los seguros, las cuentas bancarias, las acciones de bolsa, los fondos cotizados y el papel moneda. Los contratos escritos son el alma de la actividad económica moderna, y las bullas de Mesopotamia son la primera prueba arqueológica de su existencia.

Los contables de Uruk también nos legaron otra innovación. Al principio, el sistema de registrar cinco ovejas requería cinco impresiones diferentes de una oveja. Pero esto ocupaba mucho espacio. El sistema superior que utilizaron consistía en utilizar un símbolo abstracto para los diferentes números: cinco punzadas para el cinco, un círculo para el diez, dos círculos y tres punzadas para el veintitrés. Los números siempre se referían a una cantidad de algo: no existía el «diez», sino solo «diez ovejas». Pero el sistema numérico era lo bastante sólido como para expresar grandes cantidades, como cientos e incluso miles. En una indemnización de guerra de hace 4.400 años, se exigían 4,5 billones de litros de grano de cebada o 8,64 millones de *guru*. Era una factura impagable, seiscientas veces la producción anual de cebada de Estados Unidos. Y el número era impresionantemente grande. Esta también fue la primera prueba escrita del interés compuesto.[4] Pero quizá este no sea el lugar para esa historia.

En conjunto, forman un conjunto admirable de logros. Los ciudadanos de Uruk se enfrentaban a un gran problema, un problema fundamental de cualquier economía moderna: gestionar una red de obligaciones y planes a largo plazo entre personas que no se conocían muy bien entre sí, o que incluso no se conocían en absoluto. Resolver este problema significaba producir una cadena de brillantes innovaciones: no solo las primeras cuentas y los primeros contratos, sino también las primeras muestras de la matemática y la escritura.

La escritura no fue un regalo de Prometeo o de Tot. Fue un instrumento que se desarrolló con un objetivo claro: gestionar la economía.

24

La criptografía asimétrica

Dos estudiantes universitarios estaban de pie y en silencio al lado de un atril escuchando a su profesor mientras presentaba su investigación al público. No era habitual: normalmente los estudiantes eran quienes disfrutaban de la gloria. Y, solo dos días antes, eso era justo lo que querían. Pero sus familias los convencieron de que no lo hicieran. No valía la pena arriesgarse.

Unas pocas semanas antes, los dos investigadores de Stanford habían recibido una desconcertante carta de una misteriosa agencia del gobierno de Estados Unidos. Si exponían en público sus hallazgos, les advertían, considerarían que era legalmente equivalente a exportar armas nucleares a un país enemigo. El abogado de Stanford afirmó que, desde su punto de vista, podían defender cualquier tesis amparándose en la Primera Enmienda, que protege la libertad de expresión. No obstante, la universidad solo podía hacerse cargo de los costes legales de los profesores. Por esta razón, las familias de los estudiantes los convencieron para que no abrieran la boca.[1]

¿Qué información era esta para que los agentes secretos de Estados Unidos la consideraran tan peligrosa? ¿Querían los estudiantes leer en público el código genético de la viruela, o revelar alguna impactante conspiración relacionada con el presidente? No: pretendían exponer en el aparentemente aburrido Simposio Internacional de Teoría de la Información sus investigaciones sobre la criptografía asimétrica.

Corría el año 1977. Si las agencias gubernamentales hubieran tenido éxito silenciando a los criptógrafos académicos, habrían impedido que internet fuera tal como lo conocemos hoy.

Aunque, para ser justos, esto no es lo que tenían en mente. Aún faltaban muchos años para la red de redes. Y el jefe de esa misteriosa agencia, el almirante Bobby Ray Inman, estaba del todo desconcertado por los motivos que pudieran tener aquellos académicos. Según su experiencia, la criptografía —el estudio de los mensajes secretos— solo tenía un uso práctico para los espías y los criminales. Tres décadas antes, otros brillantes académicos habían ayudado a ganar la guerra al descifrar el código Enigma, de forma que los aliados pudieron acceder a las comunicaciones de los nazis. Y ahora los investigadores de Stanford estaban difundiendo con total libertad una información que podría ayudar a los adversarios de las guerras futuras a codificar sus mensajes de un modo que Estados Unidos no podría descifrar. Para Inman, era una acción perversa.

Su preocupación era razonable. A lo largo de la historia, el desarrollo de la criptografía ha sido impulsado por los conflictos. Dos mil años antes, Julio César envió mensajes encriptados a puestos de avanzada en los confines del Imperio romano: los destinatarios solo tenían que variar el alfabeto a partir de un número determinado.[2] Así, por ejemplo, «hmuzchq Hmfkzsdqqz», si sustituimos las letras por las inmediatamente posteriores, se convertiría en «invadir Inglaterra».

Este tipo de codificación no habría sido muy complicada de descifrar para quienes trabajaron con el código Enigma, y la encriptación, hoy en día, es en gran medida numérica: primero se convierten las letras en números y luego se aplican algunos complicados cálculos matemáticos sobre ellos. Aun así, el destinatario del mensaje tiene que saber cómo descifrar esos números haciendo los cálculos a la inversa. Esto es lo que se conoce como «criptografía simétrica». Es como proteger un mensaje con candado después de darle la llave al destinatario.

A los investigadores de Stanford les interesaba saber si la criptografía podía ser asimétrica. ¿Existía una manera de enviar un mensaje encriptado a alguien a quien nunca hemos visto antes, alguien a quien ni siquiera conocemos, y tener la seguridad de que esta persona, y solo esta persona, podrá descifrarlo?

Parece imposible, y antes de 1973 la mayoría de los expertos así lo habrían afirmado.[3] Entonces apareció el decisivo ensayo de Whitfield Diffie y Martin Hellman. Fue este último quien, un año después, desafiaría la amenaza del gobierno al presentar las ideas de sus estudiantes. Ese mismo año, tres investigadores del MIT —Ron Rivest, Adi Shamir y Leonard Adleman— convirtieron la teoría de Diffie y Hellman en una técnica práctica. La llamaron criptografía RSA, en honor a sus nombres.*

Estos académicos se dieron cuenta de que algunos cálculos eran mucho más fáciles de hacer en una dirección que en la inversa. Tomemos un número primo muy alto, un número que no es divisible por ningún otro. Luego, tomemos otro. Multipliquémoslos. Es muy sencillo, y da como resultado un número «semiprimo» muy, muy alto. Es un número que solo es divisible por dos números primos.

Si le proponemos a alguien que deduzca cuáles son los números primos que se han multiplicado para producirlo, veremos que es excepcionalmente difícil.

La criptografía asimétrica se fundamenta en esta diferencia. En efecto, un individuo publica este número semiprimo —la «clave pública»— para que pueda verlo todo el mundo, y el algoritmo RSA permite a otros encriptar mensajes con aquel número, de manera que solo se pueden descifrar por alguien que conozca los dos números primos que lo han producido. Es como si pudiéramos distribuir candados abiertos a cualquiera que nos quiera enviar un mensaje, unos candados que solo nosotros podemos abrir. No es necesario que tengan la clave privada para proteger el mensaje y enviárnoslo: solo tienen que cerrar uno de nuestros candados.

Ahora bien, al menos en teoría es posible que alguien abra el candado averiguando la combinación correcta de los dos números primos, pero se requiere una capacidad informática imposible. A principios de la década del 2000, los Laboratorios RSA publicaron

---

* Como señala Simon Singh en *Los códigos secretos*, mucho más tarde se supo que unos investigadores británicos que trabajaban para el Cuartel General de Comunicaciones del Gobierno (GCHQ, por sus siglas en inglés) había desarrollado ya las ideas esenciales de la criptografía asimétrica algunos años antes. Estas investigaciones estaban clasificadas, y permanecieron en secreto hasta 1997.

algunos números semiprimos y ofrecieron una recompensa en metálico para cualquiera que descubriera qué números los habían producido. Una persona lo logró, y cobró veinte mil dólares, pero solo después de utilizar ochenta ordenadores a la vez de forma ininterrumpida durante cinco meses. Los premios más cuantiosos para los números más elevados quedaron desiertos.[4]

No sorprende, por lo tanto, que el almirante Inman temiera que estos conocimientos cayeran en manos de sus enemigos. Pero el profesor Hellman comprendió algo que se le había escapado al jefe de los espías:[5] el mundo estaba cambiando. La comunicación electrónica iba a ser cada vez más importante, y muchas transacciones del sector privado serían imposibles si los ciudadanos no se podían comunicar con seguridad.

El profesor Hellamn tenía razón, y tenemos la prueba cada vez que mandamos un correo electrónico confidencial, cuando compramos algo en la red, cuando utilizamos una aplicación bancaria o visitamos cualquier web que comience por «https». Sin la criptografía asimétrica, cualquiera podría leer nuestros mensajes, averiguar nuestras claves y copiar los datos de nuestras tarjetas de crédito. Este sistema también permite que las páginas web puedan demostrar que son auténticas. Sin él habría muchos más fraudes electrónicos e internet sería un lugar muy diferente, y mucho menos rentable en lo económico. Los mensajes seguros ya no son solo para los agentes secretos: forman parte de las transacciones diarias que permiten que las compras en línea sean seguras.

En su favor, hay que decir que el jefe de los espías llegó a comprender la posición del profesor. No cumplió la amenaza de llevarlo a juicio. De hecho, entablaron una amistad que parecía harto improbable.[6] Y, por otro lado, el almirante Inman también tenía razón: la criptografía asimétrica le iba a complicar el trabajo. La codificación es igual de útil para los traficantes de droga, para los pederastas y los terroristas que para nosotros cuando compramos tinta para la impresora en eBay. Desde una perspectiva gubernamental, la situación ideal es que la codificación no pueda descifrarse con facilidad por la gente corriente o los criminales —de forma que podamos disfrutar de las ventajas económicas que nos aporta—, pero el gobierno todavía debe poder controlar lo que ocurre. La agencia que dirigía Inman se llamaba Agencia de Seguridad Nacional (NSA, por sus siglas en inglés). En 2013, Edward Snowden desclasificó unos documentos secretos que demostraban que la NSA iba tras este objetivo.

El debate que Snowden puso sobre la mesa sigue siendo relevante: si no podemos restringir la codificación solo a las buenas personas, ¿qué poderes tiene el gobierno para investigar los crímenes, y con qué garantías?

Mientras tanto, otra tecnología amenaza con hacer que la criptografía asimétrica vaya a quedar obsoleta: la computación cuántica. Al aprovechar las formas específicas en que la materia se comporta a nivel cuántico, los ordenadores cuánticos pueden realizar algunos cálculos de gran envergadura mucho más rápido que los corrientes, como tomar un número semiprimo alto y averiguar qué números primos se han de multiplicar para obtenerlo. Si alguna vez llega a ser fácil, internet será como un libro abierto.[7]

La computación cuántica todavía se está desarrollando. Pero, cuarenta años después de que Diffie y Hellamn sentaran las bases para la seguridad en internet, los criptógrafos académicos siguen esforzándose por mantenerla.

25
La contabilidad de doble partida

Alrededor de 1495, Leonardo da Vinci, el genio de los genios, escribió una lista de quehaceres en uno de sus famosos cuadernos. Las listas de Da Vinci fueron escritas con escritura especular y estaban salpicadas de bocetos. Son magníficas. «Encuentra un maestro en mecánica hidráulica y pídele que te explique cómo reparar una cerradura, un canal y un molino a la manera lombarda»; «Pregúntale al mercader florentino Benedetto Portinari cómo se desplazan sobre hielo las personas en Flandes»; o la engañosamente breve «Dibuja Milán».[1]

En esta lista se encontraba la siguiente entrada: «Aprende la multiplicación en celosía del maestro Luca».[2] Leonardo era un gran admirador del maestro Luca, que hoy en día conocemos como Luca Pacioli.[3] Pacioli era, muy pertinentemente, un hombre renacentista: educado para dedicarse al comercio, también era prestidigitador, experto en ajedrez, amante de los acertijos, fraile franciscano y profesor de matemáticas. Pero, hoy en día, a Pacioli se le reconoce ser el contable más famoso que nunca ha existido.

A menudo se lo considera el padre del sistema contable de partida doble, pero no fue él quien lo inventó. El sistema de partida doble —que en contabilidad también se conoce como «alla veneziana», a la veneciana— ya se utilizaba desde hacía dos siglos, alrededor del 1300.[4] Los venecianos habían abandonado el sistema numérico romano porque era muy poco práctico, y estaban adoptando el arábigo. Es posible que tomaran la idea de la doble partida del mundo islámico, o incluso de la India, donde hay indicios creíbles de que se utilizaban estas técnicas desde hace mil años.[5] O pudiera ser que se tratara de una invención veneciana, al utilizar las matemáticas arábigas con objetivos comerciales.

Antes de que se impusiera el estilo veneciano, las cuentas eran bastante básicas. Un mercader de principios de la Edad Media no era mucho más que un vendedor ambulante. No era necesario que registrara cuentas, solo tenía que comprobar si en sus bolsillos había dinero o no. Un estado feudal debía poder registrar los gastos, pero el sistema era rudimentario: una persona era la encargada de gestionar una parte específica de la hacienda y daba un informe verbal de cómo iban las cosas y qué gastos se habían generado. Este relato era escuchado por testigos, los auditores, literalmente «aquellos que escuchan». En inglés, el campo semántico de la contabilidad se remonta a la antigua tradición oral.[6] Los chinos habían llevado cierta contabilidad, pero se centraban más en el problema de gestionar una burocracia que en gestionar un negocio; en particular, no tuvieron que preocuparse de pedir o devolver préstamos.[7]

Pero, a medida que las empresas comerciales de las ciudades-estado italianas fueron adquiriendo más importancia, y estas se volvían más complejas y más dependientes de instrumentos financieros como los créditos y las tasas de cambio, la necesidad de una gestión más exacta fue cada vez más acuciante. Tenemos un registro muy valioso de los negocios empresariales de Francesco di Marco Datini, un mercader de Prato, cerca de Florencia. Datini llevó sus cuentas durante casi medio siglo, de 1366 a 1410. Al principio no eran más que un diario económico, pero cuando sus negocios se expandieron y se volvieron más complejos, necesitó algo más sofisticado.

Por ejemplo, a finales de 1394 Datini encargó una partida de lana en Mallorca, frente a la costa de España.[8] Seis meses después esquilaron a las ovejas y, algunos meses más tarde, veintinueve sacos de lana llegaron a Pisa vía Barcelona. La lana estaba empaquetada en treinta y nueve balas. De estas, veintiuna fueron a parar a un cliente en Florencia y las dieciocho restantes llegaron al almacén de Datini en 1396, más de un año después del pedido inicial. Allí, unos cien subcontratistas diferentes lavaron, secaron, escarmenaron, hilaron, enmadejaron y tiñeron la lana. El producto final —seis largas telas— volvió a Mallorca vía Venecia, pero no se vendió en Mallorca, así que la mandaron a Valencia y al norte de África. La última tela se vendió en 1398, casi cuatro años después de que Datini encargara la lana.

No es de extrañar que este insistiera tanto en tener un inventario con activos y pasivos perfectamente claro. Reprendió a uno de sus socios con estas palabras: «¡No se puede ver un cuervo en un cuenco lleno de leche!». Y a otro le dijo: «Te perderías yendo de tu nariz a la boca». Pero Datini no se perdió en su maraña de asuntos financieros, porque una década antes de encargar la lana empezó a utilizar el innovador sistema contable a la veneciana.[9]

Entonces, ¿qué aportó el muy elogiado Luca Pacioli a la disciplina contable un siglo después? Sencillamente, en 1494, escribió un libro.[10] Y fue un libro de envergadura: *Summa de Arithmetica, Geometrica, Porportioni et Proportionalita*, que consistía en un ingente estudio de todo lo que se sabía de las matemáticas en 615 densas páginas. En este libro colosal, Pacioli incluyó veintisiete páginas que, según muchos, son las más influyentes en la historia del capitalismo. Fue la primera descripción clara del sistema contable de doble partida, con detalles y un montón de ejemplos.

A medio camino entre la geometría y la aritmética, es una guía muy práctica. Pacioli recuerda a sus lectores que es posible que hagan negocios en Amberes y Barcelona, y que en cada ciudad hay diferentes costumbres y mediciones. «Si no eres un buen contable —advierte—, andarás a tientas, como un ciego, y tendrás grandes pérdidas.»

El libro de Pacioli fue impulsado por una nueva tecnología: medio siglo después de que Gutenberg desarrollara la imprenta con tipos móviles, Venecia era el centro de la industria de la impresión.[11] Pacioli se benefició de una tirada espectacular de dos mil copias, y su libro se tradujo a diversas lenguas, se copió y se plagió por toda Europa. La contabilidad de doble partida tardó en afianzarse, quizá porque era técnicamente exigente e innecesaria para los negocios más simples, pero después de Pacioli siempre se ha considerado el mejor método. Y, cuando empezó la revolución industrial, las ideas que había expuesto el maestro italiano llegaron a ser una parte esencial de la vida empresarial: el sistema que hoy en día se utiliza en todo el mundo es, en esencia, el mismo que él describió.

Pero ¿de qué sistema se trataba? En sus fundamentos, el método de Pacioli tiene dos elementos clave. En primer lugar, explica una manera para llevar un inventario y controlar las transacciones diarias usando dos libros: unos apuntes aproximados y un diario más ordenado y organizado. En segundo lugar, utiliza un tercer libro —el de contabilidad— como fundamento del sistema, la doble partida en sí. Cada transacción se registra dos veces en el libro de contabilidad: por ejemplo, si vendemos una tela por un ducado, se debe registrar tanto la venta como el ducado. La doble partida nos ayuda a evitar errores, porque cada entrada tiene que estar equilibrada por su contrapartida. Y este equilibrio, esta simetría, parece casi divina; de hecho, resulta suficientemente atractiva para un matemático del Renacimiento.[12]

Fue durante la revolución industrial cuando la contabilidad de doble partida se consideró no solo un ejercicio para avezados matemáticos, sino un instrumento que ayudaría a tomar decisiones empresariales prácticas. Uno de los primeros en darse cuenta de esto fue Josiah Wedgwood, un empresario de cerámicas. Wedgwood, al principio, cuando nadaba en la abundancia y gozaba de amplios márgenes, no se preocupó de llevar unas cuentas detalladas. Pero, en 1772, Europa sufrió una severa recesión y la demanda de sus vajillas adornadas se desplomó. Los almacenes se empezaron a llenar de productos sin vender y sus trabajadores no tenían nada que hacer. ¿Cómo podía reaccionar?

Para comprender esta crisis, Wedgwood analizó la contabilidad de doble partida para comprender dónde exactamente estaba teniendo beneficios, y cómo aumentarlos. Se dio cuenta de lo mucho que le costaba cada producto —una cuestión que suena engañosamente simple— y calculó que debería aumentar la producción y bajar los precios para ganar más clientes. Otros siguieron su ejemplo, y así nació la disciplina «contabilidad de gestión»: un sistema en desarrollo continuo de parámetros, cotas y objetivos que nos ha llevado de forma inexorable al mundo moderno.[13]

Pero en este mundo la contabilidad tiene más de una función. No se trata solo de garantizar que se satisfagan las obligaciones básicas, como lo haría una lista de créditos y deudas, ni tampoco de que un mercader veneciano pueda cuidar de sus negocios, ni siquiera de que un magnate de la cerámica pueda calibrar sus costes. Se trata de garantizar que los accionistas de una empresa reciban una parte justa de los beneficios corporativos, cuando solo los contables pueden decir realmente qué beneficios son estos.

Y, en este aspecto, los antecedentes no son alentadores. Una cadena de escándalos en el siglo XXI —Enron, Worldcom, Parmalat y, por supuesto, la crisis financiera de 2008— nos ha demostrado que las cuentas auditadas no solo protegen a los inversores. Una empresa puede, gracias al fraude o a una mala gestión, estar al borde de la quiebra. Pero no podemos garantizar que las cuentas nos lo adviertan.[14]

El fraude contable no es algo nuevo. Entre las primeras empresas que precisaron grandes inversiones de capital se encuentran las ferroviarias: emplearon altas sumas de dinero para instalar las vías mucho antes de que pudieran esperar un solo céntimo de beneficios. Por desgracia, no todo el mundo se hizo tan rico como Cornelius Vanderbilt con estas inversiones a largo plazo. En el Reino Unido, entre 1830 y 1850, hubo una «moda ferroviaria». Muchos especuladores invirtieron sus ahorros en nuevas rutas que nunca generaron los beneficios prometidos, e incluso, en algunos casos, que nunca se construyeron. Cuando la compañía ferroviaria en cuestión no pudo pagar los dividendos que se esperaban, mantuvieron la burbuja a salvo falseando las cuentas. Como inversión física, el sector ferroviario siempre fue un éxito, pero como apuesta financiera a menudo fue un desastre. Las acciones y obligaciones de la burbuja ferroviaria estallaron de forma ignominiosa en 1850.[15]

Quizá los inversores ferroviarios deberían haber leído a Geoffrey Chaucer, que escribió sus obras en la misma época en que vivió Francesco Datini, el mercader de Prato. En el cuento del marinero, un mercader rico está demasiado ocupado en sus cuentas para percatarse de que un clérigo está cortejando a su mujer. Y tampoco las cuentas le sirven para evitar un timo audaz: el clérigo le pide dinero prestado al mercader, se lo entrega a su mujer —y así compra el camino libre a la alcoba— y luego le dice al mercader que ha saldado la deuda: solo tiene que preguntarle a su mujer dónde está el dinero.

La contabilidad es una tecnología financiera muy importante, pero no nos protege por completo del fraude, y es muy posible incluso que nos predisponga a la complacencia. Como le dice la mujer desatendida a su rico marido, que no aparta sus ojos de las cuentas: «¡Al diablo con esos cálculos!».[16]

26

La sociedad limitada

Nicholas Murray Butler fue uno de los pensadores más famosos de su época: filósofo, premio Nobel de la paz y presidente de la Universidad de Columbia. En 1911, alguien le preguntó cuál era el invento más importante de la era industrial. ¿El vapor, tal vez? ¿La electricidad? No, contestó: ambas «serían relativamente ineficaces» sin otro elemento, algo que él mismo denominó «el mayor descubrimiento de los tiempos modernos».[1] ¿De qué se trataba? De la sociedad de responsabilidad limitada.

Parece extraño decir que este tipo de sociedad mercantil se «descubrió». Pero está claro que no apareció de la nada. La palabra inglesa «incorporated», que en castellano se traduce como sociedad anónima, significa tomar forma corporal, pero no de manera física, sino legal. A ojos de la ley, una corporación es algo diferente a sus propietarios, sus dirigentes o sus trabajadores. Y este es un concepto que los legisladores tuvieron que inventar. Sin unas leyes que afirmaran que las corporaciones podían hacer ciertas cosas —como poseer activos o ser parte en un contrato—, la palabra no tendría significado alguno.

Hubo precursores en la antigua Roma,[2] pero el ancestro directo de las corporaciones actuales nació en Inglaterra, en la noche de Año Nuevo de 1600. Por entonces, para crear una corporación no solo había que rellenar algunos formularios de rutina, sino que se precisaba un decreto real. Y no se podía crear con el objetivo único de hacer negocios y obtener beneficios; el decreto real para la creación de una corporación afirmaba específicamente qué se le permitía hacer, y, a menudo, también estipulaba que nadie más podía hacerlo.

El cuerpo legal que se creó aquella noche de Año Nuevo tenía el cometido de gestionar todo el comercio marítimo de Inglaterra al este del cabo de Buena Esperanza. Sus accionistas eran 218 mercaderes. Fue esencial, e inusual, que el decreto les concediera una responsabilidad limitada por sus acciones.

¿Por qué era eso tan importante? Porque, de otra forma, los inversores eran garantes de los resultados de la empresa. Si alguien formaba parte de una empresa con deudas que no podía pagar, los acreedores se podían dirigir a esta persona, y no solo por el valor de la inversión, sino por todo lo que poseyera.

Es algo en que vale la pena pensar: ¿en qué negocio estaríamos dispuestos a invertir si sabemos que podríamos perder nuestra casa, e incluso acabar en la cárcel? Quizá en el de un pariente cercano; como mucho, en el de un amigo íntimo. O alguien a quien conociéramos bien, a quien viéramos a menudo, para comprobar si su conducta es sospechosa. La forma que tenemos hoy en día de invertir —comprando acciones de empresas cuyos directores nunca conoceremos— sería impensable, lo que limitaría en gran medida la cantidad de capital que podrían recaudar las empresas que están comenzando su actividad.

Alrededor del año 1500 eso quizá no supusiera un gran problema. La mayoría de las empresas eran locales y personales. Pero gestionar el comercio de Inglaterra con la mitad del mundo era un proyecto de peso. La corporación que creó la reina Isabel se llamó Compañía Británica de las Indias Orientales. A lo largo de los dos siglos siguientes creció hasta parecerse más a un gobierno colonial que a una empresa comercial. En su apogeo, gobernaba a noventa millones de indios, contaba con un ejército de doscientos mil soldados, tenía un servicio civil meritocrático y acuñaba su propia moneda.

Así fue calando la idea de responsabilidad limitada. En 1811, la introdujo el estado de Nueva York, pero no como un privilegio real, sino abierta a cualquier empresa de manufacturas. Otros estados y países siguieron por la misma senda, entre ellos la economía líder en el mundo, el Reino Unido, en 1854. Pero no todos aprobaban la idea: la revista *The Economist* la trató con desdén, señalando que si alguien quería responsabilidad limitada lo podía acordar con un contrato privado.

Como hemos visto, las tecnologías industriales del siglo xix, como los ferrocarriles y la red eléctrica, necesitaban capital, mucho capital. Y esto significaba ingentes proyectos gubernamentales —que no estaban muy en boga— o sociedades limitadas.

Y estas últimas demostraron su valía. Muy pronto *The Economist* afirmó con gran efusividad que los desconocidos inventores de la responsabilidad limitada se merecían «un lugar de honor junto con Watt, Stephenson y otros pioneros de la revolución industrial».[3]

Pero, como dejó claro la fiebre de los ferrocarriles, las sociedades limitadas también tenían sus problemas.[4] Uno de ellos era evidente para el padre del pensamiento económico moderno, Adam Smith. En *La riqueza de las naciones*, de 1776, rechazó la idea de que los gestores profesionales pudieran gestionar bien el dinero de los accionistas: «No se puede esperar que vayan a cuidar de él con la misma atención meticulosa con que los socios de cualquier empresa conjunta lo harían», escribió.[5]

En principio, Smith tenía razón. Siempre ha existido la tentación de los directores de tomarse a la ligera el dinero de los inversores. Se han desarrollado leyes de gobernanza corporativa para intentar proteger a los accionistas, pero, como hemos visto, no siempre han sido efectivas.

De hecho, estas leyes también han generado sus propias tensiones. Pensemos en la idea de moda de «responsabilidad social corporativa», según la cual una empresa puede donar a la caridad o mejorar las condiciones laborales o medioambientales por encima de lo que exige la ley. En algunos casos, esta es una forma inteligente de crear una marca, y se obtiene una recompensa gracias al aumento de ventas. En otros, tal vez, los directores están utilizando el dinero de los accionistas para comprar un estatus social o una vida tranquila para sí mismos. Por esta razón, el economista Milton Friedman defendía que «la responsabilidad social de las empresas es maximizar los beneficios». Si es legal, y genera dinero, deberían hacerlo. Y si a la gente no le gusta, que no culpen a las empresas: lo que tienen que hacer es cambiar la ley.[6]

El problema es que las empresas también pueden influir en la ley. Pueden financiar a grupos de presión, o pueden donar dinero a las campañas electorales de los diversos candidatos. La Compañía Británica de las Indias Orientales aprendió deprisa el valor de mantener relaciones cercanas con los políticos británicos, quienes les sacaron las castañas del fuego cuando fue necesario. En 1770, por ejemplo, una hambruna en Bengala mermó los ingresos de la Compañía. Los legisladores británicos la salvaron de la bancarrota al exonerarle los aranceles de las exportaciones de té a las colonias americanas. Lo cual, quizá, fue una falta de previsión por su parte, puesto que al final provocó la creación del Tea Party de Boston y, a consecuencia de esto, la Declaración de Independencia de Estados Unidos.[7] Se podría decir que este país debe su existencia a una excesiva influencia de las corporaciones en la vida política.

De hecho, se puede afirmar que, hoy en día, el poder corporativo es aún más influyente, por una simple razón: en una economía global, las empresas pueden esgrimir la amenaza de trasladarse a otro país que les dé mejores condiciones. El contenedor de mercancías y el código de barras han dado pie a cadenas de suministro global, lo cual permite que las empresas ubiquen algunas de sus funciones clave allí donde deseen. Cuando los legisladores británicos acabaron cansándose de las exigencias de la Compañía Británica de las Indias Orientales, tenían en su mano el poder de acabar con la relación, y en 1874 revocaron el decreto. Hoy, un gobierno que quiera influir a una multinacional moderna debe ser mucho más prudente.

A menudo pensamos que vivimos en un mundo donde el capitalismo de libre mercado es una fuerza dominante. Pocos quieren volver a las economías planificadas de Mao o Stalin, en las que las jerarquías, y no los mercados, decidían qué producir. Pero, precisamente, en las empresas son las jerarquías y no los mercados los que toman las decisiones. Cuando un recepcionista o un contable asalariado toma una decisión, no lo hace porque el precio de la soja haya subido: cumple las órdenes de su jefe. En Estados Unidos, bastión del capitalismo de libre mercado, cerca de la mitad de los empleados del sector privado trabajan para empresas con una plantilla de al menos quinientos trabajadores.[8]

Algunas personas creen que las empresas se han hecho demasiado grandes e influyentes. En 2016, Pew Research preguntó a los estadounidenses si pensaban que el sistema económico era «justo en general» o que «favorecía los intereses de los poderosos»: la segunda opción obtuvo el doble de votos que la primera.[9] Incluso *The Economist* se preocupa de que los reguladores sean demasiado timoratos a la hora de forzar a las grandes empresas que dominan el mercado a que compitan de forma justa.[10]

Hay, entonces, muchas cosas de las que preocuparse. Pero, mientras nos preocupamos, también tenemos que recordar lo que las sociedades limitadas han hecho por nosotros. Al facilitar que los inversores puedan invertir su capital sin asumir riesgos inaceptables, han permitido que se lleven a cabo grandes proyectos industriales, que haya un mercado de valores y que existan los fondos cotizados. Han desempeñado, en definitiva, un papel crucial para crear la economía moderna.

27
La consultoría

El lugar: una planta textil cerca de Bombay (India). El año: 2008. ¿La escena? El caos. La basura se amontona fuera del edificio, aunque, por otro lado, el interior también está lleno de ella. Hay montones de desechos inflamables y contenedores de productos químicos al aire libre. Los ovillos de tela apenas se encuentran algo más ordenados: al menos están apilados y cubiertos con bolsas de plástico, pero el inventario está desperdigado por toda la planta en montones sin clasificar.[1]

Estas caóticas condiciones son habituales en la industria textil india. Pero también son una oportunidad. Un equipo de investigadores de la Universidad de Stanford y del Banco Mundial está a punto de llevar a cabo un experimento innovador: van a enviar un equipo de asesores para aportar un poco de orden a algunas de estas empresas pero no a otras, y luego analizarán qué efecto tienen en los beneficios. Será una prueba aleatoria, rigurosa y controlada. Responderá de forma concluyente si los asesores y consultores se merecen su sueldo.[2]

Es una pregunta que se ha planteado a menudo en los últimos años, siempre con un tono escéptico. Si los directores suelen tener mala reputación, ¿qué pensar de las personas que les dicen a los directores lo que tienen que hacer? Imaginemos a un consultor: ¿qué aparece en nuestra mente? Quizá un joven licenciado, con un traje ajustado, que gesticula en una presentación de PowerPoint en la que podemos leer: «Visionar holísticamente los productos finales centrados en el cliente».

De acuerdo, he sacado esta frase de un generador aleatorio de palabras clave en la red.[3] Pero da cuenta de la idea. La industria se enfrenta al estereotipo de cobrar unos honorarios exorbitantes por unos consejos que, si se miran de cerca, carecen de sentido o son de sentido común. A menudo se acusa a los directores que contratan a consultores de dejarse cegar por una jerga, admitiendo implícitamente su propia incompetencia, o se les acusa de que buscan a alguien a quien culpar de las decisiones impopulares.

No obstante, la consultoría sigue siendo un gran negocio. Un año después de que Stanford y el Banco Mundial comenzaran su estudio, solo el gobierno británico se gastó 1,8 millones de libras en consultores.[4] A nivel global, este tipo de empresas cobran a sus clientes un total de 125.000 millones de dólares.[5]

¿Cómo comenzó esta extraña industria?

Hay una manera honorable de explicar sus orígenes: el cambio económico creó nuevos retos, y hombres de negocios visionarios ofrecieron una solución. A finales del siglo XIX, la economía estadounidense se expandía con gran rapidez y, gracias al ferrocarril y al telégrafo, se estaba integrando y convirtiendo más en un mercado nacional que en un conjunto de mercados locales. Los dueños de las empresas se empezaron a dar cuenta de que obtendrían grandes beneficios si llegaban a dominar ese nuevo mercado nacional. De esta forma, empezó una ola sin precedentes de fusiones y asociaciones: las empresas se absorbían unas a otras, creando grandes marcas unitarias: US Steel, General Electric, Heinz, AT&T... Algunas tenían más de cien mil empleados.[6] Y esto suponía un reto, pues nadie antes había intentado dirigir unas organizaciones tan grandes.

A finales del siglo XVIII, Josiah Wedgwood había demostrado que la contabilidad de doble partida podía ayudar a los dueños de las empresas a saber dónde ganaban dinero y qué pasos debían dar para ganar más. Pero la contabilidad para dirigir esas grandes corporaciones requería una nueva perspectiva.

En esas apareció un joven profesor de contabilidad llamado James McKinsey. Su innovación vino en un libro que publicó en 1922 con un título nada atractivo: *Control presupuestario*. Pero para el sector corporativo estadounidense, este fue un libro revolucionario. En lugar de utilizar los registros contables tradicionales para comprender cómo había ido una empresa durante el último año, Mc-Kinsey propuso pergeñar registros contables de un futuro corporativo imaginario. Estas cuentas futuras representaban el plan y los objetivos de la empresa, y eran específicas en cada departamento. Más tarde, al obtener las cuentas reales, las compararían con el plan, que entonces podrían ajustar mejor. El método de McKinsey ayudó a los directores a tener más control, proponiendo una visión de futuro en lugar tan solo de revisar el pasado.[7]

McKinsey era toda una personalidad: un hombre alto a quien le encantaba fumar puros, en contra de los consejos de su médico. Sus ideas calaron a una velocidad asombrosa: a mediados de la década de 1930, sus honorarios eran de quinientos dólares al día (veinticinco mil dólares al cambio actual). Y, dado que estaba muy ocupado, contrató a sus propios empleados. Si no le gustaba el informe que alguno de ellos había escrito, lo tiraba a la basura. «Tengo que ser diplomático con los clientes —les decía—, ¡pero no tengo que serlo con vosotros, imbéciles!»[8]

Poco después, a la edad de cuarenta y ocho años, James McKinsey murió de neumonía. Pero McKinsey & Company, bajo la supervisión de su delegado, Marvin Bower, no paró de crecer. Bower era un hombre particular. Exigía que los hombres que trabajaran con él llevaran traje negro, camisa blanca almidonada y, hasta la década de 1960, sombrero. McKinsey & Co, afirmaba, no era un negocio sino una «práctica»; no aceptaba encargos, sino «compromisos»; no era una compañía, sino una «firma». Al final, acabó siendo conocida como la Firma. Duff McDonald escribió una historia de la Firma argumentando que la aplicación de principios científicos a la gestión había transformado el mundo empresarial.[9] Adquirió la reputación de ser la mayor empleadora de élite del mundo. *The New Yorker* describió la propagación por todo el globo de los empleados de la Ivy League de McKinsey como un «equipo SWAT de reyes-filósofos de la empresa».[10]

Pero, un momento: ¿por qué las propias empresas no contratan a quienes hayan estudiado estos principios científicos? No existen muchas situaciones en las que debamos contratar a una persona que necesite a un caro asesor para que le aconseje sobre cómo hacer su trabajo. ¿A qué se debe que empresas como McKinsey se integraran tan deprisa en la economía?

Parte de la explicación es sorprendente: las regulaciones gubernamentales les dejaron un nicho libre. La Ley Glass-Steagall de 1933 fue un texto legal de gran alcance en la legislación financiera estadounidense. Entre otras condiciones, obligó a los bancos de inversiones a encargar inspecciones financieras independientes de los tratos que estaban negociando; pero, por temor a los conflictos de intereses, la Ley Glass-Steagall prohibió que los despachos de abogados, las empresas de contabilidad o los bancos llevaran a cabo esta labor. De hecho, la ley exigió como requisito que los bancos contrataran a consultores.[11] Más tarde, en 1956, el Departamento de Justicia prohibió que el futuro gigante informático IBM pudiera asesorar sobre cómo instalar o utilizar sus ordenadores: otra oportunidad de negocio para los consultores.

Minimizar los conflictos de intereses era un objetivo encomiable, pero no ha acabado de funcionar. Pocos años después de marcharse de la empresa, Rajat Gupta, que durante mucho tiempo había sido el director de McKinsey, fue condenado y encarcelado por uso de información privilegiada.[12] McKinsey también contrató a Jeff Skilling, de Enron, quien más tarde recibió unos buenos ingresos por su asesoramiento, antes de desaparecer de la escena en silencio cuando Enron quebró y Skilling acabó en la cárcel.[13]

He aquí otro argumento a favor de contar con servicios de consultoría: las ideas sobre dirección de empresas evolucionan sin cesar, así que ¿no merecería la pena que de forma periódica entraran un poco de aire fresco y nuevos pensamientos? Eso parece lógico, aunque, a veces, sencillamente no es así. Los consultores siempre descubren nuevos problemas que justifican la necesidad de un servicio continuado; como sanguijuelas, se pegan y nunca tienen suficiente. Es una estrategia que se llama «desembarca y expande».[14] Un ministro del gobierno británico admitió hace poco que el 80 por ciento de sus consultores supuestamente temporales llevaban trabajando para él más de un año (y algunos hasta nueve años).[15] No hace falta decir que hubiera sido mucho más barato contratarlos como funcionarios.

Sin duda, las empresas de consultoría proclamarán que sus conocimientos están añadiendo valor al dinero de los contribuyentes, lo que nos lleva de vuelta a la India y a aquel experimento aleatorio. El Banco Mundial contrató a la firma global de consultoría Accenture para que aportara algo de estructura a las asilvestradas fábricas textiles de Bombay con unos nuevos protocolos: mantenimiento preventivo, registros fiables, almacenamiento sistemático del inventario y los recambios, y un registro de los defectos de calidad. ¿Funcionó?

Sí. La productividad creció un 17 por ciento, con lo que fácilmente se pudo pagar los honorarios de Accenture.[16] Este estudio no nos debería llevar a pensar que la desconfianza sobre la consultoría siempre está fuera de lugar. Después de todo, estas fábricas eran lo que una presentación de PowerPoint repleta de jerga a la última moda describiría como «fruta a punto de caer». Pero, al menos, es la prueba científica de lo siguiente: como pasa tan a menudo en la vida, una idea puede generar beneficios cuando se aplica de manera sencilla y humilde.

28

La propiedad intelectual

En enero de 1842, Charles Dickens llegó a tierras americanas por primera vez. Fue recibido en Boston (Massachusetts) como una estrella de rock, pero el gran novelista tenía una causa que defender: quería acabar con las copias piratas, baratas y mal hechas que se hacían de sus obras en Estados Unidos y que circulaban con impunidad, pues el gobierno no amparaba los derechos de autor de los ciudadanos extranjeros. En una amarga carta que le escribió a un amigo, Dickens comparó esa situación con que le asaltaran y luego le hicieran desfilar por las calles con ropa ridícula. «¿Es tolerable que, además de que le atraquen y le desvalijen, un autor esté obligado a aparecer bajo cualquier forma, con cualquier vestimenta de lo más vulgar, junto a una compañía espantosa (…)?»[1]

Era una efectiva y melodramática metáfora. ¿Qué otra cosa podríamos esperar de Dickens? Pero la verdad es que la causa que este defendía —la protección legal de unas ideas que, de otra manera, serían copiadas y adaptadas libremente— nunca se ha expuesto de forma tan clara.

Las patentes y los derechos de autor facilitan la creación de monopolios, y los monopolios no son demasiado buenos. Los editores británicos de Dickens cobraron todo lo que pudieron por los ejemplares de *Casa desolada*, y los amantes de la literatura que iban cortos de dinero se tuvieron que aguantar sin leerla. No obstante, estos beneficios en potencia abundantes alientan nuevas ideas. A Dickens le llevó mucho tiempo escribir *Casa desolada*. Si otros editores británicos la hubieran publicado de forma fraudulenta y de cualquier manera, como los estadounidenses, quizá no se habría molestado en escribirla.

De este modo, la propiedad intelectual refleja una compensación económica, un acto de equilibrio. Si es demasiado generosa con los creadores, entonces se tardará mucho tiempo en copiar, adaptar y divulgar las buenas ideas. Si es muy precaria, es posible que ni siquiera lleguemos a conocer esas buenas ideas.

Se podría esperar que la compensación haya sido calibrada con gran cuidado por benevolentes tecnócratas, pero lo cierto es que siempre ha estado influida por la política. El orden jurídico británico protegió con firmeza a los autores e inventores británicos durante el siglo xix, porque entonces el Reino Unido era —y sigue siendo— una fuerza determinante en la innovación y la cultura global. Pero, en los tiempos de Dickens, la innovación y la literatura estadounidenses solo estaban dando sus primeros pasos. La economía del país americano estaba en el modo de «copia a discreción»: querían el acceso más barato posible a las mejores ideas que podía ofrecer Europa. Las páginas de los diarios estadounidenses estaban repletas de plagios descarados, justo al lado de los ataques que dirigían al entrometido Dickens.

Unas pocas décadas después, cuando los autores e inventores estadounidenses empezaron a hacer oír su voz, los legisladores empezaron a mirar cada vez con mejores ojos la idea de la propiedad intelectual. Los periódicos, que hasta entonces se habían opuesto, empezaron a adoptarla. En 1891, medio siglo después de la campaña de Dickens, Estados Unidos decidió al fin respetar los derechos de los autores extranjeros.[2] Esperamos ver una transición similar en los países en vías de desarrollo de hoy en día: cuanto menos copian las ideas de otros y más crean las propias, más deciden proteger las ideas. Ha habido muchos cambios en poco tiempo: por ejemplo, China no tuvo un sistema de derechos de autor hasta 1991.[3]

La forma moderna de la propiedad intelectual se originó, como muchas otras cosas, en la Venecia del siglo xv. Las patentes venecianas estaban diseñadas explícitamente para alentar la innovación. Aplicaron reglas congruentes: el inventor recibiría una patente de forma inmediata si el invento era útil; la patente era temporal, pero, mientras durara, podía venderse, transferirse e incluso heredarse; la patente se perdía si no se utilizaba; y sería invalidada si se demostraba que era muy parecida a una idea previa. Todas ellas son concepciones muy modernas.[4]

Y, en efecto, pronto crearon también problemas muy modernos. Durante la revolución industrial británica, por ejemplo, el gran ingeniero James Watt ideó un mejor diseño del motor a vapor. Se pasó meses desarrollando el prototipo, y más tarde incluso se esforzó para asegurarse la posesión de la patente. Además, su influyente socio empresarial, Matthew Boulton, presionó al Parlamento para que se extendiera la duración de esta.[5] Boulton y Watt aprovecharon para vender licencias y borrar del mapa a sus competidores. Jonathan Hornblower, por ejemplo, que construyó un motor todavía mejor, acabó arruinado y encarcelado.

Tal vez los detalles no sean muy edificantes, pero sin duda el invento de Watt merecía la pena, ¿no? Pues bien, quizá no. Los economistas Michele Boldrin y David Levine afirman que lo que de verdad desató la industria alimentada con la energía a vapor fue la expiración de la patente, en 1800, momento en que los inventores que rivalizaban con Watt hicieron públicas las ideas que llevaban tiempo rumiando. ¿Y qué ocurrió con Boulton y Watt cuando ya no pudieron demandar a estos competidores? También prosperaron. Redirigieron su atención de los litigios al reto de construir el mejor motor de vapor del mundo. Mantuvieron sus precios tan altos como siempre y no dieron abasto con los pedidos.

De este modo, la patente, en lugar de incentivar las mejoras en el motor de vapor, las desalentó. No obstante, desde la época de Boulton y Watt la protección a la propiedad intelectual es cada vez mayor, no menor. Sigue creciendo. En Estados Unidos, al principio se extendía a catorce años, y era renovable por otros once más. Ahora duran hasta setenta años después de la muerte del autor, lo cual en general representa más de cien años. Las patentes ahora están por todas partes, y se otorgan también a ideas sumamente vagas. Por ejemplo, la patente de Amazon de «1-Clic» protegía la idea en absoluto radical de comprar un producto por internet pulsando solo una vez un botón. El sistema de propiedad intelectual de Estados Unidos ahora tiene un alcance global gracias a la inclusión de regulaciones en lo que se suele llamar «acuerdos comerciales», y cada vez más cosas se incluyen en este ámbito: plantas, edificios, software e incluso el aspecto y la sensación que quiere dar una cadena de restaurantes. Todo esto ha caído bajo su control.[6]

Esta expansión es difícil de justificar, pero fácil de explicar: la propiedad intelectual es muy valiosa para sus dueños, lo cual justifica el coste de pagar a grupos de presión y abogados caros. Mientras tanto, el coste de las restricciones se reparte entre toda la gente que apenas se percata de ellas. Personas como Matthew Boulton y Charles Dickens tienen un gran incentivo para presionar con agresividad para que se aprueben leyes de propiedad intelectual aún más draconianas. No obstante, es poco probable que los dispersos consumidores de motores de vapor y *Casa desolada* lleguen a organizar una potente campaña política para oponerse a ellas.

Los economistas Boldrin y Levine proponen una respuesta radical a este problema: acabar de una vez por todas con la propiedad intelectual. Al fin y al cabo, hay otras recompensas por inventar cosas: tener cierta ventaja sobre los competidores, construir una marca sólida o contar con una comprensión más profunda de un producto. En 2014, la empresa de coches eléctricos Tesla permitió el acceso a su archivo de patentes con la esperanza de que ayudara a expandir el sector en su conjunto, y contando con que Tesla también obtendría beneficios de ello.[7]

Para la mayoría de los economistas, reducir a cero la propiedad intelectual es llevar las cosas demasiado lejos. Señalan casos importantes —por ejemplo, las nuevas medicinas— en los que el coste de la invención es ingente y los costes de las copias son mínimos. Pero incluso aquellos que defienden las protecciones de la propiedad intelectual consideran que hoy en día son demasiado amplias, duraderas y difíciles de evitar. Una protección más limitada y breve para los autores e inventores restituiría el equilibrio, y seguiría generando muchos incentivos para la creación de nuevas ideas.[8]

Incluso el mismo Charles Dickens acabó descubriendo que existe cierta ventaja económica si la protección de la propiedad intelectual es débil. Un cuarto de siglo después de su primera visita, Dickens volvió a Estados Unidos. Su familia estaba en la ruina económica y necesitaba ganar dinero. Y pensó que, ya que había tanta gente que había leído sus relatos en ediciones baratas, podría sacarle partido a su fama con una gira de conferencias. No se equivocó: gracias a las copias piratas de sus libros, Charles Dickens ganó una fortuna como conferenciante, muchos millones de dólares al cambio actual.[9] Quizá la propiedad intelectual vale más cuando se regala.

29
El compilador

Uno, cero, cero, cero, uno, cero, uno, uno. Cero, uno, uno… Este es el lenguaje de los ordenadores. Todo lo que hacen —llamar, buscar en una base de datos, jugar— se reduce a ceros y unos. En realidad, eso no es del todo verdad: se reduce a la presencia o ausencia de la corriente en unos diminutos transistores de un chip semiconductor. «0» o «1» solo indica si hay o no hay corriente.

Por fortuna, no tenemos que programar los ordenadores con ceros y unos. Sería extremadamente difícil. El sistema operativo Windows, de Microsoft, ocupa, por ejemplo, veinte gigabytes del disco duro, es decir, 170.000 millones de unos y ceros. Si los imprimiéramos, el montón de hojas A4 tendría cuatro kilómetros de altura. Ahora imaginemos que tuviéramos que trabajar con estas páginas modificando cada uno de los transistores. No podemos concebir realmente lo complicado que sería: los transistores miden una milmillonésima de metro. Si necesitáramos un segundo para cada uno de ellos, instalar Windows nos llevaría cinco mil años.

Los primeros ordenadores, no obstante, sí que tuvieron que programarse así. Pensemos en el Automatic Sequence Controlled Calculator, que más tarde se conoció como Harvard Mark 1. Medía quince metros de largo y dos y medio de alto, y era una concatenación de ruedas dentadas, ejes, palancas e interruptores. Contenía ochocientos kilómetros de cable y recibía las instrucciones de un rollo de papel perforado, como las pianolas. Si se le proponía resolver una nueva ecuación, había que saber qué interruptores encender o apagar, qué cables enchufar y dónde. Después, había que encender o apagar esos interruptores, enchufar los cables y perforar los agujeros en el papel. Programarlo era un reto digno de la mente de un genio matemático. Pero también era tedioso, repetitivo y muy falible por los errores manuales.[1]

Cuatro décadas después del Harvard Mark 1, máquinas más compactas y fáciles de usar como el Commodore 64 se abrían camino en las escuelas. Si el lector tiene más o menos mi edad, es posible que recuerde la emoción que sentía de niño al escribir esto:

```
10 print «hello world»;
20 goto 10
```

Y, de repente, «hello world» llenaba la pantalla, un texto con letras grandes y en baja resolución. Habíamos dado al ordenador una orden en palabras que eran reconocible e intuitivamente humanas, y el ordenador las había comprendido. Era un milagro menor. Si nos preguntamos por qué los ordenadores han progresado tanto desde el Mark 1, una de las razones es que los componentes son cada vez más pequeños. Pero también sería impensable que hicieran lo que hacen si los programadores no pudieran escribir software, como Windows, en un lenguaje parecido al humano y tuvieran que traducirlo a unos y ceros, a corriente o no corriente, que en última instancia es lo que entienden los ordenadores.

Lo que hizo esto posible es el compilador. Y la historia del compilador comienza con una mujer llamada Grace Hopper.

Hoy en día se habla mucho de cómo conseguir que las mujeres se interesen por las carreras tecnológicas. En 1906, cuando nació Grace, no mucha gente se preocupaba por la igualdad de género en el mercado laboral. Por fortuna para ella, entre los que sí se preocupaban se encontraba su padre, un ejecutivo de una empresa de seguros de vida que no entendía por qué su hija debía tener menos formación que su hijo varón. Grace fue a un buen colegio, y resultó que era brillante en matemáticas. Su abuelo era contralmirante, y el sueño de infancia de Grace era alistarse en la marina, aunque las mujeres lo tenían prohibido. Entonces decidió que sería profesora.[2]

Después, en 1941, el ataque a Pearl Harbor arrastró a Estados Unidos a la Segunda Guerra Mundial. Los hombres se marcharon a luchar. La marina empezó a admitir mujeres. Grace se alistó de inmediato.

Si nos preguntamos para qué la marina quería a los matemáticos, pensemos en cómo disparar un misil. ¿En qué ángulo y dirección deberíamos hacerlo? La respuesta depende de muchas cosas: la distancia del objetivo, la temperatura y la humedad, así como de la velocidad y la dirección del viento. Los cálculos necesarios no son complejos, pero requerían tiempo para un «ordenador» humano: es decir, alguien con una hoja de papel y un lápiz.[3] Pero tal vez existiera otra forma más rápida de hacerlo. Cuando la teniente (en grado subalterno) Hopper se graduó en la Midshipmen's School en 1944, la marina estaba interesada en el potencial de un artilugio considerablemente tosco que había diseñado poco antes Howard Aiken, un profesor de Harvard. Era el Mark 1. La marina envió a Hopper para ayudar a Aiken y ver qué se podía hacer con aquel aparato.

A Aiken no le entusiasmó tener a una mujer en su equipo, pero pronto Hopper lo impresionó de tal forma que Aiken le pidió que escribiera el manual de operaciones. Determinar qué debía constar en él implicaba tener que ensayar muchas pruebas y errores. La mayoría de las veces el Mark 1 se encallaba antes de empezar, y no había ningún tipo de mensaje de error que facilitara las cosas. En una ocasión se debió a que una polilla se había colado en la máquina, lo cual suscitó la creación del término moderno «debugging», que en inglés significa literalmente «sacar el bicho», y en castellano se traduce como «depuración». Casi siempre el bicho era metafórico: un interruptor en mala posición o un agujero mal hecho en el papel. Esa detectivesca labor era trabajosa y aburrida.

Hopper y sus colegas empezaron a rellenar cuadernos con fragmentos de código reutilizable que ya habían demostrado su efectividad. En 1951, los ordenadores habían avanzado lo suficiente como para almacenar estos fragmentos —a los que llamaban «subrutinas»— en sus propios sistemas de memoria. Hopper trabajaba por entonces en una empresa llamada Remington Rand. Trató de convencer a su jefe de que permitiera a los programadores denominar a estas subrutinas en términos familiares, como «sustraer impuestos del salario», en lugar de, como afirmó Hopper, «tratar de escribirlo en código octal o empleando todo tipo de símbolos».[4]

Hopper afirmó tiempo después: «Nadie lo había pensado antes porque no eran tan vagos como yo».[5] Fue un comentario irónico sobre sí misma, puesto que era conocida por ser una trabajadora incansable. Pero contiene una pizca de verdad: la idea que Hopper llamó «compilador» implicaba una contrapartida. Suponía una programación más rápida, pero los programas en sí eran más lentos. Y por esta razón Remington Rand no se interesó por él. Cada cliente tenía sus peticiones específicas para sus recién estrenados ordenadores. Era lógico, pensó Remington Rand, que los expertos de la empresa programaran de la manera más eficiente posible.

Hopper no se desanimó: escribió el primer compilador en su tiempo libre, y a otras personas les encantó cómo las ayudaba a pensar con más claridad. Uno de los clientes que más impresionado se sintió fue un ingeniero llamado Carl Hammer, que lo utilizó para resolver una ecuación que durante meses les había estado trayendo de cabeza a él y sus colegas: escribió veinte líneas de código y encontró la solución en un día.[6] Otros programadores del resto de Estados Unidos empezaron a enviar a Hopper nuevos fragmentos de código, y ella los añadió a la librería para el siguiente lanzamiento. En efecto, fue la pionera de las aplicaciones de código abierto con un invento que ideó ella sola.

El compilador de Hopper evolucionó hasta convertirse en uno de los primeros lenguajes de programación, el COBOL. Lo más importante de este es que preparó el terreno para la distinción ahora tan familiar entre hardware y software. Con el Harvard Mark 1, único en el mundo, el software *era* hardware: su patrón de interruptores no funcionaba con ninguna otra máquina, que estaría conectada de forma completamente diferente. Pero si se podía integrar un compilador, el ordenador podría utilizar cualquier programa que funcionara con este.

Más y más capas de abstracción han ido alejando desde entonces a los programadores humanos de los farragosos chips físicos. Y cada una de ellas ha dado un paso más en la dirección que Grace

Hopper pensó que era la correcta: liberar el pensamiento del programador para que este piense en conceptos y algoritmos, no en interruptores y cables.

Hopper tenía su propia opinión de por qué sus colegas se resistieron al principio a su invención, y no era porque quisieran que los programas funcionaran a mayor velocidad. No, disfrutaban del prestigio de ser los únicos que podían comunicarse con el ordenador divino, de ser los intermediarios entre la máquina y los meros mortales, que se limitaban a comprarla. «Los sumos sacerdotes», los llamó Hopper.[7]

Hopper creía que todos teníamos que ser capaces de programar. Hoy en día, todo el mundo puede aprender. Y los ordenadores son mucho más útiles gracias a esto.

V

¿DE DÓNDE VIENEN
LOS INVENTOS?

Muchos libros han tratado de resolver el enigma de cómo aparece la innovación. La lista de respuestas es reveladora. Joel Mokyr,
en *A Culture of Growth*, se fija en la potente influencia del contex-
to. Enfatiza, por ejemplo, la fragmentación política de la Europa
de la Ilustración, que permitió que los intelectuales se movieran
con libertad, que escaparan de la persecución y que buscaran
mecenas. Steve Johnson, en *Las buenas ideas: una historia natural
de la innovación*, hace un estudio más detallado y se fija en las
redes de personas que compartían ideas en las cafeterías en la
década de 1650 y en el Silicon Valley actual. Keith Sawyer, en
Explaining Creativity, profundiza aún más y recurre a la neurocien-
cia y a la psicología cognitiva. Y existen una gran variedad de
otras perspectivas.

Este libro no se plantea cómo nacen las invenciones, sino que
se centra en el efecto que tienen en las estructuras económicas y
sociales que nos rodean. Pero, aunque sea de pasada, estamos
aprendiendo mucho sobre su origen.

Existe el invento que genera la demanda: no sabemos quién
inventó el arado, pero sí que fue una respuesta a un mundo cam-
biante. Es decir, los nómadas no inventaron ese artefacto y luego
se dedicaron a la agricultura para utilizarlo. Otro ejemplo es el
alambre de púas: todo el mundo vio de inmediato cuál era su utilidad. Joseph Glidden creó la versión más práctica de entre los muchos
diseños que ya estaban en el mercado, pero sabemos muy poco

sobre los detalles de su proceso creativo. Al parecer, era bastante ordinario; después de todo, en retrospectiva, los diseños parecen muy obvios. Pero fue Glidden quien primero se dio cuenta de ello.

Por otro lado, existen los inventos generados por los procesos de suministro. Betty Cronin trabajaba para una empresa, Swanson, que había ganado mucho dinero vendiendo raciones en conserva para las tropas estadounidenses de la Segunda Guerra Mundial. Poco después, cuando tuvo la capacidad y la tecnología, se quedó sin ese cliente y debió encontrar un nuevo mercado: el plato precocinado fue el resultado de esa búsqueda de beneficios.

También existen los inventos por analogía: Serguéi Brin y Larry Page desarrollaron su algoritmo de búsqueda inspirándose en el sistema de citación académico; y a Joseph Woodland se le ocurrió el código de barras al pasar los dedos sobre la arena y recordar el código morse.

Dicho esto, el código de barras ya se había inventado antes y por otras personas en varias ocasiones, pero lo que lo cambió todo fue la política interna de la industria de ventas estadounidense. Esto nos recuerda que, además de idearlo, hay otras cosas que cuentan para que un invento tenga éxito. No sería incorrecto decir que Malcom McLean «inventó» el contenedor de mercancías, pero es más ilustrador describir los obstáculos que hubo de superar para que el sistema tuviera un impacto general.

La verdad es que incluso para el invento más simple es difícil identificar a una sola persona como responsable, y todavía es más difícil encontrar el «momento eureka» en que apareció la idea. Muchos de los inventos de este libro tienen varios padres, y a menudo han evolucionado a lo largo de las décadas o los siglos. La respuesta más sincera a «¿De dónde provienen los inventos?», es «De casi cualquier parte que podamos imaginar».

30

El iPhone

El 9 de enero de 2007, el emprendedor más icónico del mundo anunció algo nuevo, un producto que se iba a convertir en el más rentable de la historia.[1]

Era el iPhone. Este teléfono ha definido muchos aspectos de la economía moderna. Por supuesto, hay que considerar los ingentes beneficios que ha generado; de hecho, solo dos o tres empresas en el mundo ganan tanto dinero como lo hace Apple solo con el iPhone. También ha creado una nueva categoría de producto: el teléfono inteligente. El iPhone y sus imitadores representan un producto que no existía hace diez años, pero que ahora es un objeto de deseo de casi toda la humanidad. Y no hay que olvidar la manera en que el iPhone ha transformado otros mercados: el del software, el de la música y el de la publicidad.

Pero estas son solo las implicaciones más evidentes del iPhone. Si profundizamos más, veremos que es una historia sorprendente. Damos todo el crédito a Steve Jobs y a otros líderes de Apple —su antiguo socio, Steve Wozniak, su sucesor, Tim Cook, su visionario diseñador, Jony Ive—, pero algunas de las figuras más importantes de esta historia han sido olvidadas.

Hagámonos la siguiente pregunta: ¿qué es lo que hace del iPhone un iPhone? En parte, el diseño atractivo, la interfaz del usuario o la atención por los detalles en el funcionamiento del software y el hardware; pero, por debajo de esta magnífica superficie, se encuentran los elementos críticos que hicieron posible esta nueva categoría de aparatos.

La economista Mariana Mazzucato ha hecho una lista de doce tecnologías clave que permiten la existencia de los teléfonos inteligentes. Primero: los diminutos microprocesadores; segundo: los chips de memoria; tercero: los discos duros de estado sólido; cuarto: las pantallas de cristal líquido; quinto: las baterías de litio. Esto por lo que respecta al hardware.

Después nos encontramos con las redes y el software.

Así pues, sigamos con la enumeración. Sexto: la transformada rápida de Fourier. Se trata de los fundamentos matemáticos que hacen posible convertir a toda velocidad señales analógicas como el sonido, la luz visible y las ondas de radio en señales digitales que puede procesar un ordenador.

Séptimo (y es posible que haya oído hablar de ello): internet. Un teléfono inteligente no es tal sin internet.

Octavo: HTTP y HTML, los protocolos y lenguajes que han transformado un internet difícil de utilizar en la fácilmente accesible World Wide Web. Noveno: la red de cobertura; de otra forma el teléfono no solo no es inteligente, es que ni siquiera es teléfono. Décimo: el Sistema de Posicionamiento Global, o GPS. Undécimo: la pantalla táctil. Duodécimo: Siri, o el asistente de inteligencia artificial que se comunica con la voz.[2]

Todas estas tecnologías son componentes importantes para que funcione un iPhone o cualquier teléfono inteligente. Algunas no solo son importantes, sino que resultan indispensables. Pero cuando Mariana Mazzucato confeccionó la lista y estudió la historia de cada uno de sus elementos, descubrió algo sorprendente. La figura fundacional del desarrollo del iPhone no fue Steve Jobs. Fue el tío Sam. Cada una de estas doce tecnologías esenciales fue respaldada de forma significativa por distintos gobiernos, sobre todo el gobierno estadounidense.

Alguno de estos respaldos son harto conocidos. Muchas personas saben, por ejemplo, que la World Wide Web debe su existencia a las investigaciones de Tim Berners-Lee, un ingeniero de software que trabajaba en el CERN, el centro de investigación de partículas físicas que habían fundado varios gobiernos de Europa.[3] Internet comenzó como ARPANET, una red de ordenadores sin precedentes creada por el Departamento de Defensa de Estados Unidos a principios de la década de 1960.[4] El GPS, por descontado, fue una tecnología en exclusiva militar que se desarrolló durante la Guerra Fría y estuvo a disposición del resto de los ciudadanos a partir de la década de 1980.[5] Otros ejemplos son menos famosos, pero no menos importantes. La transformada rápida de Fourier es una familia de algoritmos que ha hecho posible movernos del mundo del teléfono, la televisión y el gramófono, es decir, de las señales analógicas a otro mundo en el que todo está digitalizado y que, por tanto, es compatible con ordenadores como el iPhone. El más común de estos algoritmos fue desarrollado en un momento de inspiración por el gran matemático estadounidense John Tukey. ¿En qué trabajaba Tukey en aquel momento? Lo has adivinado: en aplicaciones militares. En concreto, formaba parte del Comité Científico Consultivo del presidente Kennedy en 1963, intentando averiguar cómo detectar si la Unión Soviética estaba probando armas nucleares.[6]

Los teléfonos inteligentes no serían tales sin la pantalla táctil, pero su inventor fue un ingeniero llamado E. A. Johnson. Empezó a investigar en ella cuando trabaja en el Royal Radar Establishment, el altisonante nombre de una agencia del gobierno británico.[7] En el CERN —los mismos tipos de antes— profundizaron más en esta invención. Al final, la tecnología multitáctil fue comercializada por dos investigadores de la Universidad de Delaware en Estados Unidos, Wayne Westerman y John Elias, que vendieron su empresa a Apple. Pero incluso en esta fase tan avanzada, los gobiernos también tuvieron su influencia: la beca de investigación de Wayne Westerman fue sufragada por la Fundación Nacional para la Ciencia de Estados Unidos, así como por la CIA.[8]

Luego tenemos a la chica con voz de silicio, Siri.

En el año 2000, siete años antes del primer iPhone, la Agencia de Proyectos de Investigación de Defensa Avanzada de Estados Unidos (DARPA, por sus siglas en inglés) encargó al Instituto de Investigación de Stanford que desarrollara una proto-Siri, una asistente virtual que ayudara al personal militar a hacer su trabajo. Veinte universidades se unieron al proyecto y crearon con rapidez todas las tecnologías necesarias para hacer realidad esa ayudante virtual. En 2007, la investigación pasó a comercializarse por la *start-up* Siri Incorporated. En 2010, Apple compró los resultados por una suma que no se hizo pública.[9]

Respecto a los discos duros, las baterías de litio, las pantallas de cristal líquido y los semiconductores, la historia es parecida. En todos los casos se mezcló la inteligencia científica con empresas del sector privado. Las agencias gubernamentales también invirtieron un montón de dinero, en la mayoría de los casos las estadounidenses y, sobre todo, alguna de sus ramas militares.[10] Silicon Valley tiene una gran deuda con Fairchild Semiconductor, la empresa que desarrolló los primeros circuitos integrados prácticos. Y, en sus primeros tiempos, Fairchild Semiconductor dependía de las inversiones militares.[11]

Está claro que el ejército estadounidense no creó el iPhone, ni el CERN creó Facebook o Google. Estas tecnologías de las que tanto dependemos hoy en día fueron perfeccionadas y comercializadas por el sector privado. Pero fueron las subvenciones y la disponibilidad de asumir riesgos del gobierno las que las hicieron posibles. Esta es una cuestión que hay que tener en cuenta al reflexionar sobre los retos que tenemos por delante en ámbitos como la energía y la biotecnología.

Steve Jobs era un genio, no hay duda de ello. Uno de sus proyectos paralelos más notables fue el estudio de animación Pixar, que cambió el mundo del cine cuando creó películas animadas digitalmente, como *Toy Story*.

Incluso sin la pantalla táctil, sin internet y sin la transformada rápida de Fourier, Steve Jobs habría creado algo hermoso, aunque no una tecnología trascendental como el iPhone. Lo más probable es que, como Woody y Buzz, habría sido un juguete tremendamente encantador.

31

El motor diésel

Eran las diez de la noche cuando Rudolf Diesel acabó de cenar y se retiró a su cabina en el S. S. *Dresden*, que había zarpado de Bélgica y atravesaba el canal de la Mancha. Su pijama descansaba sobre la cama, pero Diesel no se lo puso. El inventor del motor que lleva su nombre estaba pensando en las cuantiosas deudas que tenía y en el vencimiento de algunos intereses que pronto tendría que afrontar. No podía pagarlos. En su diario, la fecha de aquel día —el 29 de septiembre de 1913— estaba marcada con una inquietante «X».

Antes del viaje, Diesel había reunido todo el dinero que tenía y lo había metido en una bolsa, junto con los documentos que ponían de manifiesto el desastre económico en el que se encontraba. Le había dado la bolsa a su mujer, diciéndole que no la abriera hasta después de una semana; al parecer, ella no había sospechado nada.

Diesel salió de su cabina. Se quitó el abrigo, lo dobló con cuidado y lo dejó sobre la cubierta del barco. Miró por encima de la barandilla, a las aguas negras y arremolinadas. Y luego saltó.

O no. Aunque parece el relato más plausible de los últimos momentos de Rudolf Diesel, sigue siendo una conjetura.[1] Los amantes de las teorías conspirativas especulan con que alguien lo hubiera ayudado a escapar. Pero ¿a quién le iba a importar la desaparición de este inventor sin un céntimo en el bolsillo? Se han propuesto dos candidatos posibles. Muy bien puede ser que la conspiración no tenga base alguna, pero nos ayuda a comprender la importancia económica del motor que inventó Diesel en 1892.

Para contextualizar la situación, debemos remontarnos veinte años antes de esta fecha, a 1872, cuando la economía industrial obtenía del vapor la energía necesaria para los trenes y las fábricas, mientras que el transporte urbano dependía de los caballos. Aquel otoño, la gripe equina había paralizado las ciudades estadounidenses. Las estanterías de las tiendas estaban vacías, los bares se habían quedado sin cerveza y la basura se amontonaba en las calles.[2] Una ciudad de medio millón de habitantes podía albergar cien mil caballos, y cada uno de ellos cubría las calles con veinte kilos de estiércol y cuatro litros de orina al día. Un motor pequeño, fiable y a buen precio que reemplazara a los caballos sería un regalo de Dios.[3]

El motor de vapor era un candidato: ya se estaba experimentando con los coches. Otro era el motor de combustión interna, cuyas primeras versiones se alimentaban de petróleo, gas e incluso pólvora. Pero, en los momentos en que Rudolf Diesel era estudiante, ambos tipos de motor eran tremendamente ineficientes: solo conseguían convertir un 10 por ciento del calor en energía útil.[4]

La vida del joven Diesel cambió cuando acudió a una conferencia de termodinámica en la Escuela Politécnica Real de Bavaria, en Munich, en la que se debatieron los límites teóricos de la eficiencia de un motor. El 10 por ciento de la eficiencia que se lograba en la práctica parecía muy bajo según los teoremas del conferenciante, y Diesel se obsesionó con el objetivo de lograr un motor que convirtiera el máximo de calor posible en energía. Por supuesto, en la práctica la eficiencia perfecta es imposible, pero su primer motor superó el 25 por ciento, que era más del doble de lo que se había conseguido hasta el momento. Hoy en día, los mejores motores diésel llegan al 50 por ciento.[5]

Los motores de gasolina funcionan al comprimir una mezcla de combustible y aire que se hace detonar con una bujía. Pero si se comprime demasiado la mezcla, esta es capaz de prender por sí sola, lo cual puede desestabilizar el golpeteo del motor. La invención de Diesel evitaba este problema al comprimir solo el aire, y además logró que se calentara lo bastante para encender el combustible cuando se inyectara. Esto permite que el motor sea más eficiente: cuanto más alta es la compresión, menos combustible se necesita. Cualquiera que haya estado pensando en comprarse un coche conoce la característica básica del motor diésel: suelen ser más caros a la hora de comprarlos, pero son más económicos en su funcionamiento diario.

Por desgracia para Rudolf, en las primeras versiones las mejoras en eficiencia no pudieron compensar los problemas de fiabilidad, y debió enfrentarse a las compensaciones económicas que le exigían los clientes insatisfechos. De hecho, fue esto lo que le hundió en un agujero financiero del que nunca pudo escapar. Resulta paradójico: la motivación del inventor de una de las máquinas más claramente prácticas de la economía moderna fue una conferencia inspiradora, y no el dinero, lo cual no estaba mal, puesto que no llegó a ganar un céntimo.

Aun así, siguió trabajando en el motor y mejorándolo. Pronto se hicieron evidentes más ventajas. Los motores diésel pueden utilizar un combustible más pesado que los motores de gasolina y que conocemos como «diésel». Además de ser más fácil de refinar, el diésel también genera menos gases, de forma que es menos probable que provoque explosiones.[6] Esta fue una característica particularmente atractiva para el transporte militar: en efecto, nadie quiere que sus bombas salten por los aires por accidente.[7] En 1904, los submarinos franceses incorporaron el motor de Diesel.[8]

Esto nos lleva a la primera teoría conspirativa sobre la muerte de Rudolf Diesel. En la Europa de 1913, los tambores de la inminente guerra ya se podían oír y el inventor germano, sin un céntimo en el bolsillo, iba de camino a Londres. Un titular de periódico especuló morbosamente: «Arrojan a un inventor al mar para evitar que venda unas patentes el gobierno británico».[9]

Solo después de la Primera Guerra Mundial el invento de Diesel empezó a desarrollar su potencial comercial, más en transporte de cargas pesadas que en coches utilitarios. Los primeros camiones con motores diésel aparecieron en la década de 1920, y los trenes, en la década de 1930; en 1939, una cuarta parte de todo el comercio marítimo global se hacía con diésel. Después de la Segunda Guerra Mundial, motores diésel cada vez más potentes y eficientes se instalaron en barcos cada vez más grandes. El invento de Diesel, de una forma bastante literal, ha acabado siendo el motor del comercio global.[10]

El combustible representa un 70 por ciento de los costes de transporte en todo el mundo.[11] Por esta razón, el científico Václav Smil considera que, si la globalización hubiera estado impulsada por el vapor en lugar de por el diésel, el comercio habría crecido de una manera mucho más lenta.[12]

No obstante, el economista Brian Arthur no está tan seguro de ello. Arthur analiza el auge del motor de combustión interna en el último siglo como un ejemplo de «dependencia de la dirección tomada»: un ciclo que se alimenta a sí mismo y según el cual las inversiones y las infraestructuras existentes nos influyen para hacer las cosas de una manera determinada, aunque, si pudiéramos empezar de cero, tal vez las haríamos de forma distinta. En una fecha tan tardía como 1914, argumenta Arthur, el vapor era al menos tan viable como el petróleo crudo para alimentar a los coches, pero la influencia cada vez más fuerte de la industria petrolera hizo que se dedicara mucho más dinero a mejorar el motor de combustión interna que el motor de vapor.[13] Con una inversión igual en investigación y desarrollo nadie sabe qué innovaciones podrían haber surgido. Quizá hoy en día estaríamos conduciendo coches de última generación con motores de vapor.

Por otro lado, si Rudolf Diesel hubiese tenido éxito con otra de sus ideas, quizá ahora la economía global dependería de los cacahuetes.

El nombre de Diesel se ha convertido en sinónimo de un derivado del crudo, pero él diseñó el motor para que pudiera utilizar una amplia variedad de combustibles, desde la carbonilla hasta los aceites vegetales. En la Exposición Universal de París de 1900, exhibió un modelo que se alimentaba de aceite de cacahuete y, con el correr de los años, se convirtió en una especie de evangelizador de esta causa. En 1912, un año antes de morir, Diesel predijo que los aceites vegetales serían en el futuro una fuente de combustible tan importante como los productos derivados del petróleo.[14]

Sin duda, era una visión más atractiva para los dueños de las plantaciones de cacahuetes que para los propietarios de campos petrolíferos, y el empuje para que ocurriera desapareció en gran parte con la muerte de Rudolf Diesel. Y de aquí proviene la segunda teoría conspirativa que inspiró un titular sensacionalista en un diario de la época: «Asesinado por agentes de las grandes compañías petrolíferas».[15]

Hace poco tiempo ha resurgido el interés por el biodiésel. Es menos contaminante que el petróleo, pero suscita controversia: compite por las tierras con la agricultura y aumenta el precio de los alimentos. En la época de Rudolf Diesel, no era una preocupación: la población era mucho menor, y el clima, más previsible. Le entusiasmaba la idea de que su motor pudiera ayudar a desarrollar economías pobres y agrarias. ¡Qué diferente sería hoy el mundo si las tierras más valiosas de los últimos cien años no fueran las que contienen petróleo sino donde se pueda cultivar cacahuetes!

Solo podemos especular sobre ello, de la misma manera que nunca sabremos con seguridad qué le ocurrió a Rudolf Diesel. Cuando apareció su cuerpo diez días después, al lado de otro barco, estaba demasiado descompuesto para practicarle la autopsia. De hecho, se encontraba en tan mal estado que la tripulación se negó a recogerlo. Se limitaron a recuperar su cartera, una navaja y la funda de las gafas, que más tarde identificó su hijo. Las olas arrastraron el cuerpo del inventor mar adentro.

32
El reloj

En 1845, un curioso complemento fue añadido al reloj de la iglesia de St. John en Exeter, al oeste de Inglaterra: otro minutero, adelantado catorce minutos al primero.[1] Era, como explicó el *Trewman's Exeter Flying Post*, «una cuestión de gran provecho público», pues permitía que el reloj exhibiera «tanto el horario correcto de Exeter como el ferroviario».[2]

El sentido temporal de los seres humanos siempre ha venido definido por el movimiento planetario: hablábamos de «días» y «años» mucho antes de que supiéramos que la Tierra rotaba sobre su eje y orbitaba alrededor del sol; del crecimiento y la mengua de la Luna ingeniamos la idea de mes; y el trayecto del Sol por el cielo nos ha dado palabras como «mediodía». Pero el momento exacto en que el astro rey alcanza su cénit depende del lugar desde donde lo estemos observando. Si nos encontramos en Exeter, será unos catorce minutos más tarde que en Londres.

En efecto, a medida que se difundió el uso de los relojes, estos se ajustaron según las observaciones celestes locales, lo cual era útil si debíamos coordinarnos con otras personas que vivían en el mismo lugar que nosotros: si estamos en Exeter y quedamos a las siete, no tiene relevancia que, en Londres, a trescientos kilómetros, crean que son las siete y catorce. Pero cuando un tren conecta Exeter con Londres —y se para en muchas otras ciudades, todas con su propia idea de qué hora es—, nos encontramos con una pesadilla logística. Los primeros horarios de trenes informaban, quizá de una manera un tanto ingenua, de que «en Londres la hora está unos cuatro minutos adelantada a la de Reading, unos siete minutos y medio a la de Cirencester», etcétera, pero no era de extrañar que muchas personas se confundieran. Más preocupante era el caso de los conductores y el personal de señalización, quienes advirtieron del riesgo de colisiones.[3]

De este modo, los ferrocarriles adoptaron la «hora ferroviaria». Se basaron en la hora de Greenwich, que fijó el famoso observatorio del distrito londinense de tal nombre. Algunas autoridades municipales se dieron cuenta enseguida de la utilidad de estandarizar la hora en todo el país y decidieron ajustar sus relojes. A otros no les gustó la imposición despótica de la metrópolis y se atuvieron a la idea de que su hora era —como expresó el *Flying Post* con un provincianismo encantador— «la hora correcta». Durante años, el deán de Exeter se había negado en redondo a ajustar el reloj de la catedral del pueblo.

De hecho, no existe nada parecido a «la hora correcta». Como el valor del dinero, es una convención cuya utilidad depende de una aceptación generalizada por parte de los demás. Pero lo que sí existe es un cronometraje preciso. Se remonta a 1656, y se debe a un holandés llamado Christiaan Huygens.

Por supuesto, existían relojes antes de Huygens. Los relojes de agua aparecieron en varias civilizaciones, desde el antiguo Egipto a la Persia medieval, y otros medían el tiempo con marcas en las velas.[4] Pero incluso los artefactos más precisos podían desajustarse unos quince minutos al día.[5] No era muy importante si se trataba de un monje que quería saber la hora a la que rezar, a menos que Dios esté obsesionado con la puntualidad. Pero había un ámbito cada vez más importante en el que la incapacidad para medir el tiempo con precisión tenía un significado económico enorme: la navegación.

Al observar el ángulo del sol, los marineros podían saber en qué latitud estaban, es decir, en qué punto entre el norte y el sur. Pero la longitud —en qué punto se encontraban entre el este y el oeste— tenía que conjeturarse. Las conjeturas equivocadas podían, y así sucedía con frecuencia, desviar el rumbo de los navíos y, como consecuencia, dar lugar a que se avistara tierra a cientos de kilómetros de su destino. A veces, incluso avistaban la tierra cuando ya estaban demasiado cerca y naufragaban.

¿En qué podía contribuir un cronometraje preciso? Recordemos por qué los relojes de Exeter se diferenciaban de los de Londres, a trescientos kilómetros: el mediodía tenía lugar catorce minutos después. Si se podía saber cuándo era mediodía en el observatorio de Greenwich, en Londres —o en cualquier otro punto de referencia—, se podría calcular la diferencia horaria y deducir la distancia. El reloj de péndulo de Huygens era sesenta veces más preciso que los anteriores, pero incluso un desajuste de quince segundos diarios supone demasiado para los viajes marítimos de larga distancia, y los péndulos, además, no se movían correctamente en la cubierta de un barco que iba dando bandazos.

Los gobernantes de las naciones marítimas eran muy conscientes del problema de la longitud. De hecho, casi un siglo antes del invento de Huygens, el rey de España ofreció una recompensa a quien ofreciera una solución. Es conocido que fue otra recompensa, en este caso ofrecida por el gobierno británico, la que, en el siglo XVIII, motivó a un inglés llamado John Harrison a crear un aparato lo bastante preciso tras un arduo proceso de ajuste.* Solo se desviaba dos segundos al día.[6]

Desde Huygens y Harrison, los relojes son cada vez más precisos. Y desde la intransigencia del deán de Exeter, todo el mundo se ha puesto de acuerdo en cuál es «el tiempo correcto»: el tiempo universal coordinado (UTC, por sus siglas en inglés), al que se llegó cuando varias zonas horarias mantuvieron la convención de que fueran las doce cuando el sol alcanzaba su punto más alto. El UTC se basa en los relojes atómicos, que miden las oscilaciones en los niveles de energía de los electrones. El mismo Master Clock, que opera el Observatorio Naval de Estados Unidos en el noroeste de Washington,

---

* John Harrison resolvió el problema de la longitud, pero, de hecho, nunca recibió la recompensa que él pensaba que merecía. En *Longitude* (1995), Dava Sobel defiende con convicción que unos astrónomos envidiosos privaron a Harrison del reconocimiento. Pero hay otras opiniones: dado que Harrison guardó con gran celo los detalles del funcionamiento de su reloj, no dio una solución práctica al problema de la longitud, sino que se limitó a demostrar que tenía esta solución a su alcance.

es de hecho una combinación de varios relojes. Los cuatro más avanzados son de fuente atómica, en los que se lanzan al aire átomos congelados para que vuelvan a caer en forma de cascada. Si algo va mal —incluso un técnico entrando en la sala podría alterar la temperatura y tal vez la hora—, hay varios relojes de respaldo para tomar el relevo cada nanosegundo. El resultado de toda esta sofisticación es un desajuste de solo un segundo cada trescientos millones de años.[7]

¿Es necesaria tanta precisión? No pretendemos coger el metro al milisegundo. De hecho, un reloj de pulsera de precisión siempre ha sido más una cuestión de prestigio que de utilidad. Durante más de un siglo, antes de los avisos horarios en las cadenas de radio, los miembros de la familia Belville se ganaron la vida en Londres ajustando sus relojes en Greenwich cada mañana y «vendiendo» la hora por toda la ciudad por un módico precio. Sus clientes eran en su mayoría comerciantes de relojes, para quienes ajustar sus relojes con Greenwich era una cuestión de orgullo profesional.[8]

No obstante, hoy sí que existen algunos ámbitos en los que los milisegundos son importantes. Uno de ellos es el mercado de acciones: se pueden ganar fortunas explotando una oportunidad de arbitraje un instante antes que los competidores. Algunos analistas financieros calcularon hace poco que merecía la pena gastarse trescientos millones de euros para abrir un túnel por las montañas que separan Chicago de Nueva York e instalar unos cables de fibra óptica entre ambas ciudades que hicieran un recorrido un poco más recto. Esto aceleraría la comunicación entre las dos ciudades en tres milisegundos. Es legítimo preguntarse si se trata de la infraestructura más útil para la sociedad, pero los incentivos para este tipo de innovaciones son muy claros y no nos puede sorprender que haya agentes interesados.[9]

La medición precisa de un tiempo aceptado universalmente también es fundamental para las redes informáticas y de comunicación.[10] Pero quizá el impacto más significativo del reloj atómico —como lo fue primero en los barcos y luego en los aviones— ha tenido lugar en los viajes.

Ahora nadie necesita fijarse en el ángulo del sol para orientarse: tenemos GPS. El más básico de los teléfonos inteligentes nos puede ubicar a partir de las señales de una red de satélites: dado que sabemos en qué momento y lugar específicos del cielo está cada uno de estos satélites, la triangulación de sus señales nos da nuestra ubicación en la tierra. Es una tecnología que ha revolucionado varios sectores, desde la navegación y la aviación hasta la vigilancia y el excursionismo. Pero solo funciona si estos satélites están ajustados en el mismo tempo.

Los satélites GPS en general disponen de cuatro relojes atómicos hechos de cesio y de rubidio. Huygens y Harrison solo podían haber soñado con semejante precisión, pero siguen pudiéndose equivocar por un margen de dos metros a causa de las interferencias que sufren las señales cuando atraviesan la ionosfera de la Tierra.[11] Por esta razón, los coches autónomos necesitan tanto GPS como sensores: en la carretera, un par de metros es la diferencia entre mantenerse en el carril o dirigirse a una colisión frontal.

Mientras tanto, los relojes siguen progresando: hace poco, unos científicos desarrollaron uno basado en un elemento que se llama iterbio y que no se habrá desajustado más de una centésima de segundo cuando el Sol muera y se trague la Tierra, dentro de unos cinco mil millones de años.[12] ¿En qué medida cambiará la economía esta precisión extra? Solo el tiempo lo dirá.

33

El proceso Haber-Bosch

Fue el matrimonio entre dos brillantes mentes científicas. Clara Immerwahr se había convertido en la primera mujer de Alemania en doctorarse en química. Había tenido que ser muy perseverante. Las mujeres no podían estudiar en la Universidad de Breslau, así que pidió permiso a cada profesor, uno por uno, para asistir a sus clases como oyente. Luego, los incordió hasta que la dejaron presentarse a los exámenes. El decano, al otorgarle el doctorado, dijo: «La ciencia da la bienvenida a todas las personas, sin que importe su sexo». Después echó por tierra este noble sentimiento al observar que el deber de la mujer era la familia y que esperaba no estar en los albores de una nueva era.[1]

Clara no veía razón alguna por la que casarse debiera interferir en su carrera profesional. Pero pronto se decepcionó. Resultó que su marido estaba más interesado en tener como esposa a una anfitriona de fiestas que a una profesional en pie de igualdad. Dio algunas conferencias, pero se desalentó al saber que todos daban por supuesto que su marido las había escrito por él. Él trabajaba, se relacionaba, viajaba y flirteaba, mientras ella tenía que cuidar del niño. En contra de sus convicciones, incluso con resentimiento, dejó de lado sus ambiciones profesionales.

Nunca sabremos lo que podría haber logrado Clara Immerwahr si las actitudes respecto al género hubieran sido distintas en la Alemania de principios del siglo xx, pero sí podemos conjeturar lo que no hubiera hecho. No habría explorado —como sí hizo su marido— las armas químicas. Para ayudar a Alemania a ganar la Primera Guerra Mundial, él abogó con entusiasmo por gasear a las tropas aliadas con cloro. Ella lo acusó de ser un bárbaro. Él la acusó de ser una traidora. Después del primer uso devastadoramente efectivo del gas cloro —en Ypres, en 1915—, a él lo nombraron capitán del ejército. Clara cogió la pistola de su marido y se suicidó.[2]

Clara y Fritz Haber estuvieron casados durante catorce años. Ocho años después de pasar por la iglesia, Haber hizo un descubrimiento que muchos consideran ahora el invento más importante del siglo xx. Sin él, casi la mitad de la población mundial no estaría viva hoy en día.[3]

El proceso Haber-Bosch utiliza el nitrógeno del aire para crear amoníaco, que luego se usa para fabricar fertilizantes. Las plantas necesitan nitrógeno, uno de sus requisitos básicos, junto con el potasio, el fósforo, el agua y la luz solar. En la naturaleza, las plantas crecen y mueren, y el nitrógeno que contienen vuelve a la tierra para que lo puedan reutilizar otras plantas. El ser humano interrumpe este ciclo: cosechamos las plantas y nos las comemos.

En los primeros tiempos de la agricultura, los granjeros descubrieron varias formas de impedir que el rendimiento de la tierra disminuyera con el tiempo, por ejemplo, restituyendo el nitrógeno a los campos. El estiércol tiene nitrógeno. El compost también. Las raíces de las legumbres albergan bacterias que aportan nitrógeno al suelo, por lo que es de gran ayuda incorporar guisantes o judías en la rotación de las cosechas.[4] Pero estas técnicas no llegan a satisfacer la necesidad de nitrógeno de las plantas. Si se añade más, crecen mejor.

No fue hasta el siglo xix cuando los químicos descubrieron esta relación. La ironía es que el 78 por ciento del aire es nitrógeno, pero tiene una forma que las plantas no pueden absorber. En el aire, el nitrógeno consiste en dos átomos estrechamente unidos. Las plantas necesitan que estos átomos estén «montados», o compuestos con otro elemento: el oxalato de amonio, por ejemplo, que se encuentra en el guano, también conocido como excremento de pájaro; o el nitrato de potasio, también conocido como salitre y elemento indispensable de la pólvora. Se encontraron reservas de guano y salitre en Sudamérica, se extrajeron, se transportaron y se vertieron en tierras de todo el mundo. Pero, al acabar el siglo, los expertos temían qué ocurriría cuando se agotaran estas reservas.

Pero ¿y si fuera posible transformar el nitrógeno del aire para que las plantas pudieran utilizarlo?

Y eso es precisamente lo que hizo Fritz Haber. Lo motivó por una parte, la curiosidad; por otra, el patriotismo que más tarde le embarraría en la guerra química; y, por último, la promesa de un lucrativo contrato con la empresa química BASF. El ingeniero de esta empresa, Carl Bosch, logró replicar el proceso de Haber a escala industrial. Ambos acabaron ganando un premio Nobel, lo cual fue controvertido en el caso de Haber, puesto que muchos por entonces lo consideraban un criminal de guerra.

El proceso Haber-Bosch es quizá el ejemplo más significativo de lo que los economistas denominan «sustitución tecnológica»: cuando parece que hemos llegado a un límite físico básico, encontramos un método alternativo que lo supera. Durante gran parte de la historia humana, para conseguir más comida se necesitaba más tierra. Pero el problema con la tierra es que, como bromeó una vez Mark Twain, ya no la hacen más. El proceso Haber-Bosch proporcionó un sustituto: en lugar de más tierra, creó un fertilizante de nitrógeno. Era como la alquimia: «Brot aus Luft», como dijeron los alemanes. «Pan del aire.»

Bueno: pan del aire, y de una buena cantidad de combustibles fósiles. En primer lugar, se necesita gas natural como fuente de hidrógeno, el elemento con el que se une el nitrógeno para formar amoníaco. Y luego se precisa energía para generar un calor y una presión extremos. Haber descubrió que era necesario romper, con un catalizador, la unión entre los átomos de nitrógeno del aire y conseguir que se unieran con el hidrógeno. Imaginemos el calor de un horno de piedra para hacer pizzas y añadamos la presión que se siente a dos kilómetros bajo el agua. Para crear estas condiciones en una escala suficiente para producir 160 millones de toneladas de amoníaco cada año —que en gran parte se utiliza para producir fertilizantes—, hoy en día el proceso Haber-Bosch consume más de un uno por ciento de toda la energía mundial.[5]

Esto supone muchas emisiones de carbono, y este no es, ni de lejos, el único problema ecológico asociado al proceso. Solo una parte del nitrógeno en los fertilizantes llega al estómago de los humanos a través de los vegetales, tal vez solo un 15 por ciento.[6] La mayoría acaba en el aire o en el agua. Y esto representa un problema por varias razones: compuestos como el óxido de nitrógeno son nocivos gases de efecto invernadero, contaminan el agua potable y generan lluvia ácida, lo cual provoca que la tierra también se acidifique. Esto perjudica los ecosistemas y amenaza la biodiversidad. Cuando los compuestos del nitrógeno llegan a los ríos, favorecen el crecimiento de unos organismos más que otros. El resultado son «zonas de muerte» en el mar: marañas de algas cerca de la superficie bloquean la luz del sol y provocan la muerte de los peces que viven debajo.[7]

El proceso Haber-Bosch no es la única causa de estos problemas, pero constituye un factor importante, y no va a desaparecer: se prevé que la demanda de fertilizantes se duplique durante este siglo.[8] De hecho, los científicos no pueden calibrar del todo el impacto a largo plazo en el medioambiente de convertir tanto nitrógeno neutro y estable del aire en otros compuestos químicos altamente reactivos. Nos encontramos en medio de un experimento global.[9]

Uno de los resultados de este experimento ya es patente: un montón de comida para mucha más gente. Si observamos un gráfico de la población mundial, veremos cómo se dispara cuando los fertilizantes Haber-Bosch empiezan a producirse en masa. De nuevo, este no es el único factor que ha aumentado el rendimiento de la tierra. Nuevas variedades de cultivos, como el trigo y el arroz, también han influido. Aun así, si cultiváramos con las mejores técnicas disponibles en la época de Fritz Haber, la Tierra podría alimentar a unos cuatro mil millones de personas.[10] La población actual es de unos siete mil quinientos millones y, aunque la tasa de crecimiento se ha ralentizado, sigue creciendo.

En 1909, cuando Fritz mostraba triunfante el proceso para generar amoníaco, Clara se preguntaba si los frutos del genio de su marido habían compensado sus sacrificios. «Lo que Fritz ha ganado estos ocho años —le escribió con tristeza a una amiga— yo lo he perdido.»[11] Era difícil que pudiera imaginarse el impacto que iba a tener: por un lado, comida para alimentar a miles de millones de seres humanos; por otro, una crisis de sostenibilidad que necesitará otro genio que la resuelva.

Para Haber, las consecuencias de su trabajo no fueron las que había esperado. En su juventud, había dejado el judaísmo para abrazar el cristianismo. Le costaba que lo aceptaran como el patriota alemán que él imaginaba ser. De hecho, al convertir el cloro en un arma, el proceso Haber-Bosch también ayudó a los alemanes en la Primera Guerra Mundial. El amoníaco, aparte de para los fertilizantes, se puede utilizar para fabricar explosivos: además de pan, también se podían obtener bombas del aire.

No obstante, cuando los nazis asumieron el poder en la década de 1930, ninguna de estas contribuciones pudo ocultar su pasado judío. Despedido de su trabajo y expulsado del país, Haber murió en un hotel suizo como un hombre destrozado.

34

El radar

En el valle del Rift, en Kenia, Samson Kamau se encontraba sentado en su casa preguntándose cuándo podría volver a trabajar. Debería estar en un invernadero a orillas del lago Naivasha, como era habitual, empaquetando rosas para enviarlas a Europa, pero los aviones de carga no podían despegar porque el volcán islandés Eyjafjallajökull, sin mostrar la más mínima consideración por Samson, había inundado con una nube de ceniza peligrosa el espacio aéreo europeo.

Nadie sabía cuánto iba a durar esta situación. Los trabajadores como él temían por sus puestos: los propietarios de las empresas habían tirado toneladas de flores que se estaban marchitando en las cajas inmovilizadas en el aeropuerto de Nairobi.[1] Por suerte, empezaron a despegar aviones pocos días después. Pero este contratiempo ilustra lo mucho que la economía moderna depende de los vuelos, más allá de los diez millones de pasajeros que toman alguno cada día.[2] El Eyjafjallajökull redujo el producto bruto global de 2010 en casi cinco mil millones de dólares.[3]

Se podría analizar el alcance de nuestra dependencia de los viajes aéreos en muchos inventos, como el motor de reacción, o el mismo avión. Pero en ocasiones las ideas necesitan otras ideas para desarrollar todo su potencial. Para la industria de la aviación, esta historia comienza con la invención del rayo de la muerte.

No, un momento: empieza con un intento de inventar el rayo de la muerte. Debemos remontarnos a 1935. A algunos funcionarios del Ministerio del Aire británico les preocupaba que Alemania los superara en la carrera armamentística. La idea del rayo de la muerte les interesaba: habían ofrecido un premio de mil libras a cualquiera que pudiera acabar con una oveja a cien pasos de distancia. Hasta aquel momento no se había presentado ningún candidato. Pero ¿deberían financiar una investigación más activa? ¿De verdad se podía crear un rayo de la muerte? De forma extraoficial, sondearon a Robert Watson Watt, de la Radio Research Station, y este le planteó una cuestión de matemática abstracta a su colega, Skip Wilkins.

Supongamos, solo supongamos —le dijo Watson Watt a Wilkins—, que hay cinco litros de agua a un kilómetro por encima del nivel del suelo. Y supongamos que el agua está a 36,5 °C y queremos calentarla hasta los 40,5 °C. ¿Qué cantidad de radiofrecuencia sería necesaria para lograrlo desde una distancia de cinco kilómetros?

Skip Wilkins no se chupaba el dedo. Sabía que cinco litros era la cantidad de sangre de un humano adulto, que los 36,5 grados era la temperatura corporal normal y que 40,5 grados era lo bastante caliente para matar a una persona, o al menos para que desfalleciera. Y si uno desfallecía cuando estaba al mando de un avión, el resultado venía a ser el mismo.

Así que Wilkins y Watson Watt se entendieron, y en poco tiempo convinieron que el rayo de la muerte era inviable: requeriría demasiada potencia. Pero también se dieron cuenta de una oportunidad. Estaba claro que el ministerio tenía dinero para gastar en investigación; tal vez Watson y Watt podían proponer una forma alternativa de hacerlo.

Wilkins reflexionó: sería posible, propuso, transmitir ondas de radio y detectar, gracias a los ecos, la ubicación de un avión que estuviera acercándose mucho antes de poder llegar a verlo. Watson escribió a toda prisa un informe para el recién formado Comité para la Investigación Científica de la Defensa Aérea del Ministerio del Aire. ¿Estarían interesados en llevar a cabo esta idea? En efecto, lo estaban.[4]

Lo que describió Skip Wilkins acabó conociéndose como el radar. Por su lado, los alemanes, los japoneses y los estadounidenses también estaban trabajando en él. Pero serían los británicos los que, en 1940, lograron un avance espectacular: el magnetrón, un emisor de radar mucho más potente que sus predecesores. Castigadas por los bombardeos alemanes, a las fábricas británicas les costaba producir el dispositivo. Pero las fábricas estadounidenses tenían las manos libres.

Durante meses, los británicos habían utilizado el magnetrón como moneda de cambio de otros secretos de Estados Unidos en otros ámbitos. Después, Winston Churchill asumió el poder y decidió que en tiempos desesperados se necesitaban medidas desesperadas: el Reino Unido se limitaría a decir a los estadounidenses qué era lo que tenían y les pediría ayuda.

De esta manera, en agosto de 1940, un físico galés llamado Eddie Bowen emprendió un angustioso viaje con un cofre de metal negro que contenía una docena de prototipos de magnetrón. En primer lugar, tomó un taxi negro para cruzar Londres. El taxista se negó a dejar que el cofre viajara dentro del coche, así que Bowen solo podía encomendarse a que no se cayera del portamaletas del techo. Luego emprendió un largo trayecto en tren a Liverpool, en el que compartió compartimento con un hombre misterioso, impecablemente vestido y con aspecto de militar, que se pasó todo el viaje ignorando al joven científico y leyendo en silencio un diario. El siguiente paso fue cruzar el Atlántico en barco. ¿Y si los atacaba un submarino alemán? Pero los nazis no podrían recuperar los magnetrones. Había hecho dos agujeros en el cofre para asegurarse de que se hundirían con el barco. Pero este no se hundió.[5]

El magnetrón dejó con la boca abierta a los estadounidenses: sus investigaciones estaban mucho más atrasadas. El presidente Roosevelt aprobó unos fondos para un nuevo laboratorio en el MIT, el Rad Lab, que, dados los esfuerzos de guerra estadounidenses, estaba excepcionalmente administrado tanto por los militares como por una agencia civil. La industria se involucró, y los mejores académicos de Estados Unidos fueron fichados para unirse a Bowen y a sus colegas británicos.[6]

Bajo cualquier perspectiva, el Rad Lab fue un éxito rotundo. De allí salieron diez premios Nobel.[7] El radar que desarrollaron, que detectaba aviones y submarinos, los ayudó a ganar la guerra.[8] Pero la urgencia que suscitan los tiempos de guerra se puede perder en tiempos de paz. Parecía obvio, si se reflexionaba un poco, que la aviación civil también necesitaba un radar, puesto que se estaba expandiendo muy rápido: en 1945, cuando acabó la contienda, las líneas aéreas estadounidenses transportaban siete millones de pasajeros al año. En 1955 ya eran treinta y ocho millones.[9] Y cuanto más lleno estuviera el cielo, más útil sería el radar para evitar colisiones.

Pero su adopción fue lenta y a trompicones.[10] Algunos aeropuertos lo instalaron, pero otros muchos no. No se guardaba un registro de vuelo de gran parte del espacio aéreo. Los pilotos mandaban sus planes de vuelo con antelación, lo cual, en teoría, debía impedir que dos aviones se encontraran en el mismo lugar al mismo tiempo. Pero evitar colisiones, en última instancia, se reducía a un protocolo de cuatro palabras: «Ver y ser visto».[11]

En la mañana del 30 de junio de 1956, dos vuelos de pasajeros despegaron del aeropuerto de Los Ángeles con tres minutos de diferencia: uno se dirigía a Kansas City y el otro a Chicago. Sus planes de vuelo se entrecruzaban por encima del Gran Cañón, pero a alturas diferentes. Mientras estaban en el aire, no obstante, hubo una tormenta. Uno de los comandantes pidió permiso por radio para volar por encima de ella, y el controlador aéreo le dijo que el camino estaba libre a mil pies por encima de la capa de nubes. Ver y ser visto.

Nadie sabe con seguridad qué ocurrió: en aquella época los aviones no tenían cajas negras y no hubo supervivientes. Poco antes de las 10.31, el control del tráfico aéreo recibió una confusa transmisión de radio: «¡Asciende!»; «Vamos a cho…». Por lo que se pudo deducir de los restos, esparcidos varios kilómetros por el cañón, parece que los aviones se aproximaron en un ángulo de 25 grados, presumiblemente dentro de una nube.[12] Los investigadores especulan que ambos pilotos estaban intentando encontrar huecos entre las nubes para que los pasajeros pudieran disfrutar del paisaje.

Los accidentes ocurren. La cuestión es hasta qué punto estamos dispuestos a asumir ciertos riesgos por sus beneficios económicos. Y es una cuestión que vuelve a ser pertinente con respecto al tránsito aéreo: muchas personas esperan mucho de los nuevos vehículos aéreos, los drones. Ya se están utilizando en muchos ámbitos, desde la filmación de películas hasta la fumigación. Empresas como Amazon esperan que los cielos de nuestras ciudades pronto estén llenos de drones transportando sus pedidos. Las autoridades de la aviación civil están deliberando qué deberían aprobar. Los drones disponen de una tecnología de «detectar y evitar», y es bastante efectiva. Pero tal vez no lo bastante.[13]

El accidente del Gran Cañón sin duda suscitó el interés de los expertos.[14] Si existía una tecnología para evitar accidentes como este, ¿no deberíamos esforzarnos más para hacerlo disponible? A los dos años, en Estados Unidos se fundó lo que se conoce como la Administración de Aviación Federal.[15] Hoy en día, los cielos estadounidenses están veinte veces más llenos de aviones.[16] En los aeropuertos más grandes del mundo los aviones despegan y aterrizan una media de dos veces por minuto.[17] Las colisiones son extraordinariamente raras, aunque sea con condiciones meteorológicas adversas. Esto es así gracias a muchas cosas, pero en gran medida gracias al radar.

35

La batería

En Londres, a principios del siglo xix, en ocasiones los asesinos intentaban quitarse la vida antes de que los colgaran. Si no lo conseguían, pedían a algún amigo que, cuando estuvieran pendiendo de la horca, les dieran un buen tirón de las piernas. Querían asegurarse de que estuvieran bien muertos. Sabían que sus cuerpos recién colgados serían entregados a los científicos para que llevaran a cabo estudios de anatomía. En efecto, no querían sobrevivir a la horca para recobrar la conciencia mientras eran diseccionados.

Si George Foster, ejecutado en 1803, se hubiera despertado en la mesa de operaciones, se habría encontrado en unas circunstancias particularmente indignas. Frente a una muchedumbre londinense entusiasmada y un poco horrorizada, un científico italiano con cierto gusto por el espectáculo le estaba introduciendo un electrodo por el recto.

Algunas personas entre el público pensaron que Foster se estaba despertando. La sonda cargada con energía eléctrica provocó que el cuerpo se estremeciera y que cerrara un puño. Cuando se le aplicó el electrodo en el rostro, su boca hizo una mueca e incluso abrió un ojo. Uno de los espectadores, al parecer, estaba tan impactado que poco después se desplomó sin vida. Los científicos, modestamente, habían asegurado al público que no querían resucitar a Foster, pero, en fin, eran unas técnicas nuevas que todavía no se habían probado mucho. ¿Quién sabía lo que podía ocurrir? La policía estaba presente, por si era necesario colgar otra vez a Foster.[1]

Estaban «galvanizando» el cuerpo de aquel delincuente, una palabra que se creó en honor a Luigi Galvani, el tío del científico italiano. En la Italia de la década de 1780, Galvani descubrió que al tocar con dos tipos de metal diferentes las ancas cercenadas de una rana muerta, estas se movían. Galvani pensó que había descubierto la «electricidad animal», y su sobrino continuó con esas investigaciones. El galvanismo fascinó brevemente al público, e inspiró a Mary Shelley para escribir el relato de Frankenstein.*

Galvani estaba equivocado. No existe la electricidad animal. No se puede resucitar a alguien a quien hayan colgado, y el monstruo de Víctor Frankenstein sigue a buen recaudo en el reino de la ficción.

Pero el error de Galvani fue útil porque le mostró sus experimentos a su amigo y colega Alessandro Volta, cuya intuición sobre lo que ocurría fue más precisa. Lo importante, afirmó Volta, no era que la carne de la rana fuera de origen animal, sino que contenía fluidos que eran conductores de electricidad, lo cual permitía que una carga pasara por los dos tipos de metal. Cuando se conectaban los metales —el escalpelo de Galvani y el gancho de latón del que colgaban las ancas—, se completaba el circuito y las reacciones químicas provocaban que fluyeran los electrones.

Volta experimentó con diferentes tipos de metal y distintos sustitutos animales. En 1800, demostró que se podía generar una corriente constante y regular al amontonar capas de zinc, cobre y cartón en salmuera. Volta había inventado la batería.

Como su amigo Galvani, Volta nos legó una palabra: voltio. También nos dejó un invento que quizá el lector esté utilizando hoy si está escuchando un audiolibro o leyendo en una tableta. Estos dis-

---

* A Shelley se le ocurrió la idea durante el «año sin verano», cuando la erupción del Tambora provocó unas condiciones apocalípticas en Europa. Una lluvia constante confinó a Shelley y sus amigos —entre ellos, Percy Shelley y lord Byron— en una casa de campo con vistas sobre el lago Leman. Decidieron averiguar quién de ellos escribiría el relato más aterrador. Además de la influencia del galvanismo, la visión de Shelley de un monstruo que era un paria sin hogar ni amigos puede que reflejara el vagabundeo de ciudad en ciudad de los campesinos hambrientos en busca de comida. Esta misma imagen desoladora fue la que inspiró el joven Justus von Liebig a dedicar su vida a erradicar el hambre.

positivos portátiles solo son posibles gracias a las baterías. Imaginemos por un momento un mundo sin ellas: deberíamos arrancar los coches con manivela y nos haríamos un lío con todos los cables de los mandos de televisión.

El descubrimiento de Volta le granjeó un gran número de admiradores. De hecho, Napoléon lo nombró conde. Pero, al principio, la batería de Volta no era especialmente práctica. Los metales se corroían, el agua salada se filtraba, la corriente no duraba mucho y no se podían recargar. Fue necesario esperar hasta 1835 para que apareciera la primera batería recargable, hecha con plomo, dióxido de plomo y ácido sulfúrico. Era aparatosa y pesada, y el ácido se salía por todas partes si le dabas la vuelta. Pero era útil: se trataba en esencia del mismo diseño que hoy en día pone en marcha nuestros coches. Las primeras células «secas», las familiares baterías modernas, aparecieron en 1886. La siguiente innovación tuvo que esperar otro siglo. Y llegó de Japón.

En 1985, Akira Yoshino patentó la batería de iones de litio. Poco después, la comercializó Sony.[2] Los investigadores llevaban tiempo experimentando con la incorporación del litio, puesto que era muy ligero y altamente reactivo: las baterías de iones de litio pueden almacenar grandes cantidades de energía en un espacio muy reducido. Por desgracia, el litio también tiene una tendencia alarmante a explotar cuando se expone al aire o al agua, de modo que se precisaron algunos ingeniosos ajustes en la composición química para que fuera aceptablemente estable.

Sin la batería de iones de litio, los móviles habrían tardado mucho más en volverse tan omnipresentes. Pensemos en lo innovadora que fue esta tecnología cuando Yoshino la patentó. Motorola acababa de lanzar el primer teléfono móvil del mundo, el DynaTAC 8000x: pesaba casi un kilo, y sus primeros usuarios lo apodaron el Ladrillo. Permitía hablar durante treinta minutos.[3]

La tecnología de las baterías de iones de litio ha mejorado mucho desde entonces: los ordenadores de la década de 1990 eran toscos y su batería duraba poco. Los elegantes portátiles actuales aguantan un vuelo de largo recorrido. Aun así, la vida de las baterías ha mejorado a un ritmo mucho más lento que otros componentes informáticos, como la memoria o los procesadores.[4] ¿Dónde está la batería que es ligera y barata, que se recarga en segundos y no se deteriora con el uso continuado? Seguimos esperando.

Puede que otra gran innovación en su composición química esté a la vuelta de la esquina. O quizá no. Muchos investigadores creen que andan detrás de la próxima gran idea: algunos están desarrollando baterías de flujo, que se alimentan de electrolitos líquidos cargados; otros experimentan con nuevos materiales para combinarlos con el litio, entre ellos el azufre y el aire; otros usan la nanotecnología en los cables de los electrodos para que las baterías duren más.[5] Pero la historia nos aconseja prudencia: los inventos que cambian las reglas del juego no son frecuentes.

De cualquier forma, en las próximas décadas el auténtico desarrollo revolucionario de las baterías quizá no provenga de la tecnología en sí, sino del uso que se les dé. Solemos pensar en las baterías como elementos que permiten que nos desconectemos de la red eléctrica, pero es posible que pronto las consideramos como elementos que mejoran el funcionamiento de esta red.

Poco a poco, el coste de las energías renovables es cada vez más bajo. Pero incluso las más baratas tienen un problema: no generan energía de forma constante. Aunque las condiciones climáticas fueran predecibles a la perfección, seguimos teniendo un exceso de energía solar en verano y una carencia en invierno. Cuando no brilla el sol y no sopla el viento, necesitamos carbón, gas o energía nuclear para encender las luces. Y, si ya hemos construido estas plantas, ¿por qué no utilizarlas todo el tiempo?[6] Un estudio reciente de la red eléctrica del sudeste de Arizona calculó los costes de los cortes de energía comparados con los costes de las emisiones de dióxido de carbono, y concluyó que el sol podría proveer solamente el 20 por ciento de la energía total.[7] Y Arizona es un lugar bastante soleado.

Para que las redes puedan hacer un mayor uso de las energías renovables, es necesario encontrar nuevas formas de almacenar la energía. Una solución ratificada por los años es bombear agua colina arriba cuando sobra energía y, luego, cuando necesitamos más, dejar que descienda y active una planta de energía hidráulica. Pero para ello se precisa un terreno colindante montañoso, y estos no son omnipresentes. ¿Podrían las baterías ser una solución?[8]

Quizá: depende en parte de en qué dirección presionen los reguladores a la industria, y también de la rapidez con que bajen los costes de las baterías.[9]

Elon Musk espera que pronto estas sean mucho más baratas. El emprendedor, artífice del coche eléctrico Tesla, está construyendo una fábrica gigante de baterías de iones de litio en Nevada. Musk afirma que será el segundo edificio más grande del mundo, solo por detrás del que fabrica los aviones 747 de Boeing.[10] Musk está convencido de que puede bajar los precios de la producción de baterías de ion de litio gracias a la economía de escala en lugar de esperar a la innovación tecnológica.

Por descontado, Tesla necesita las baterías para sus vehículos. Pero también las ofrece para los hogares y las empresas: si tenemos paneles solares en el techo, una batería nos da la opción de almacenar la energía sobrante del día para utilizarla por la noche, en lugar de tener que venderla a la red eléctrica.

Todavía nos queda un largo camino para vivir en un mundo en el que las redes eléctricas y de transporte puedan funcionar de forma íntegra con energías renovables y baterías. Pero el objetivo es cada vez más posible, y, en la carrera para contrarrestar el cambio climático, el mundo necesita algo que cambie las cosas. El mayor impacto del invento de Alessandro Volta tal vez esté todavía por llegar.

36
El plástico

«A menos que esté muy equivocado, este invento será importante en el futuro.» Leo Baekeland escribió estas palabras en su diario el 11 de julio de 1907. Estaba de buen humor, ¿Por qué no estarlo? A los cuarenta y tres años, las cosas le iban bien.

Había nacido en Bélgica. Si hubiera sido por su padre, allí habría seguido, remendando zapatos. El padre era zapatero: no tenía educación alguna y no entendía por qué su hijo quería estudiar. Cuando cumplió trece años, su padre le empezó a enseñar el oficio.

Pero su madre, una criada doméstica, tenía otras ideas. Con su ayuda, Leo asistió a la escuela nocturna y le otorgaron una beca para estudiar en la Universidad de Gante. A los veinte años se había doctorado en química. Se casó con la hija de su tutor, se mudaron a Nueva York y Leo inventó un nuevo tipo de papel de impresión fotográfica que lo volvió rico. Tan rico, al menos, como para no tener que trabajar más. Se compró una casa con vistas al río Hudson en Yonkers, al norte de la ciudad de Nueva York,[1] y se construyó un laboratorio para dar rienda suelta a su afición por la química. En julio de 1907 empezó a experimentar con el formaldehído y el fenol.

Las optimistas entradas de su diario continuaron. 18 de julio: «Otra jornada con un calor sofocante. Pero no me importa, y aprecio profundamente el lujo de poder quedarme en casa con la camisa arremangada y sin abotonarme hasta el cuello». No todos los hombres ricos eran tan felices, como bien sabía Baekeland: «Qué me dices de todos estos millonarios esclavistas de Wall Street, que tienen que seguir ganando dinero a pesar de este calor abrasador. Yo me paso todo el día en el laboratorio», concluía con una inequívoca nota de satisfacción. Quizá pensaba a quién le debía esa vida gozosa y sin preocupaciones. La entrada del día siguiente registra que había enviado a su madre cien dólares. Cuatro días después: «Hoy es el vigésimo tercer aniversario de mi doctorado (...). Estos veintitrés años han pasado volando (...). Ahora vuelvo a ser un estudiante, y así seguiré hasta que la muerte llame a mi puerta».[2]

Baekeland no acertó del todo en esto. Cuando la muerte lo reclamó, a la edad de ochenta años, su salud mental se había deteriorado. Se había ido convirtiendo en un recluso excéntrico que se alimentaba de comida enlatada en su mansión de Florida. Pero había llevado una vida envidiable durante todos aquellos años. Amasó una segunda fortuna. Se hizo tan famoso que la revista *Time* publicó su rostro en la portada sin tener que mencionar su nombre, tan solo las palabras «No se quemará. No se fundirá».[3]

Lo que Leo Baekeland había inventado aquel mes de julio fue el primer plástico sintético. Lo llamó baquelita.

Y tenía razón sobre su impacto futuro. Hoy en día los plásticos están en todas partes. Cuando la autora Susan Freinkel se propuso escribir un libro sobre ellos, se pasó un día entero anotando todos los objetos de plástico que tocaba: el interruptor de la luz, el asiento del inodoro, el cepillo de dientes, el tubo de pasta dentífrica. También anotó todo aquello que no era plástico: el papel higiénico, el suelo de madera, el grifo de porcelana. Al acabar el día, había una lista de 102 elementos que eran de plástico y 196 que no lo eran.[4] Así que en el mundo se produce mucho plástico. Requiere el 8 por ciento de la producción de petróleo, la mitad para el material en sí y la otra para la energía necesaria para producirlo.[5]

La Bakelite Corporation no se amilanó en sus anuncios publicitarios: los humanos, decía, habían trascendido la vieja taxonomía del animal, el vegetal y el mineral; ahora había un «cuarto reino, cuyas fronteras son ilimitadas».[6] Parece una hipérbole, pero era verdad. Hasta entonces los científicos habían pensado en mejorar o imitar las sustancias naturales: los plásticos anteriores, como el celuloide, estaban hechos de plantas, y el mismo Baekeland había estado buscando una alternativa a la goma, una resina que segregaban los escarabajos y que se utilizaba en el aislamiento eléctrico.

Pero pronto se dio cuenta de que la baquelita podía ser mucho más versátil. La Bakelite Corporation la bautizó como «el material de los mil usos» y, de nuevo, no se equivocaron: se utilizó en teléfonos y radios, en pistolas y cafeteras, en bolas de billar y en joyería. Incluso en la primera bomba atómica.

El éxito de este material cambió la mentalidad de la gente. La baquelita —como acabó celebrando la revista *Time*— no se quemaba ni se fundía, y resultaba un buen aislante. Tenía una apariencia bonita y era barata. ¿Qué otros materiales artificiales podían ser más ligeros, más fuertes o más flexibles que los que se podían encontrar en la naturaleza, pero por un precio de ganga?[7] Por ello, en las décadas de 1920 y 1930 laboratorios de todo el mundo produjeron plástico en masa, como el poliestireno, que a menudo se utilizaba para empaquetar; el nailon, que popularizaron las medias; el polietileno, que se empleó para las bolsas de plástico. Cuando en la Segunda Guerra Mundial escaseaban los recursos naturales, la producción de plásticos se disparó para cubrir la demanda. Y, cuando acabó la guerra, otros productos atractivos, como el Tupperware, llegaron al mercado.

Pero el entusiasmo no duró demasiado: la imagen del plástico cambió poco a poco. En 1967, la película *El graduado* comenzaba con el personaje principal, Benjamin Braddock, recibiendo un consejo profesional no solicitado de un vecino viejo y pagado de sí mismo. «Solo una palabra —le promete el vecino mientras aparta a Benjamin hacia un rincón—: ¡plásticos!» La frase se hizo famosa porque cristalizaba las distintas connotaciones que suscitaba la palabra: para la generación del viejo vecino, «plástico» seguía significando oportunidad y modernidad; para los jóvenes como Benjamin, significaba todo lo falso, superficial, sucedáneo.[8]

Aun así, era un gran consejo. Medio siglo después, a pesar de que su fama no es la mejor, la producción de plástico se ha multiplicado por veinte. Y en los próximos veinte años se doblará de nuevo.[9] Y esto sucede a pesar de los problemas medioambientales. Se cree que algunos de los componentes químicos que se encuentran en los plásticos afectan al desarrollo y la reproducción de los animales.[10] Cuando los plásticos acaban en un vertedero, estos elementos pueden filtrarse a las aguas subterráneas y, al llegar al océano, algunos peces los absorben. Según una estimación, en 2050, todo el plástico que habrá en el mar pesará más que todos los animales acuáticos.[11] (No está clara la validez de esta afirmación, puesto que nadie ha logrado pesar ninguna de las dos cantidades.)[12]

No obstante, también existe la perspectiva contraria: los beneficios del plástico no son solo económicos sino también medioambientales.[13] Los vehículos hechos con plástico son más ligeros y, por lo tanto, consumen menos combustible. Los paquetes de plástico permiten conservar la comida durante más tiempo, de modo que se reducen los deshechos. Si las botellas no fueran de plástico, serían de cristal. ¿De qué material preferiríamos que estuvieran hechas cuando se caen en el parque donde juegan nuestros hijos?

Es inevitable que nos apliquemos en el reciclaje del plástico, aunque solo sea porque el petróleo no durará siempre. No obstante, algunos plásticos no se pueden reciclar, y la baquelita es uno de ellos. Muchos sí que se pueden, pero no se reciclan. Solo alrededor de una séptima parte del plástico usado para empaquetar se recicla, mucho menos que en el caso del papel o el acero. Para otros productos, el porcentaje es aún menor.[14] Mejorar estas cifras requiere el esfuerzo de todos. Es posible que hayamos visto unos pequeños triángulos en los productos de plástico con un número en el interior que va del uno al siete. Se llaman códigos de identificación de resinas, y son una iniciativa de las asociaciones comerciales del mundo industrial.[15] Ayudan a reciclar mejor, pero el sistema está lejos de ser perfecto.[16] Es cierto que el sector secundario podría hacer más, así como los gobiernos. De hecho, los índices de reciclaje son muy diferentes en cada país.[17] Una historia de éxito es Taipei: ha cambiado su cultura al facilitar el reciclaje a los ciudadanos y, si no reciclan, incluso les pueden llegar a multar.[18]

¿Y qué ocurre con las soluciones tecnológicas? Los aficionados a la ciencia ficción se regocijarán con un invento reciente, el ProtoCycler: al introducir plásticos, genera filamentos para impresoras 3D.[19] Por desgracia, igual que con el cartón ondulado, el plástico no se puede reciclar de forma indefinida porque en un momento dado su calidad se vuelve inaceptable. Aun así, el ProtoCycler es lo más cercano hoy en día al replicador de *Star Trek*.

En su día, la baquelita debió de ser tan revolucionaria como hoy nos parece ese replicador. Era un producto simple, barato, sintético y lo bastante duro como para sustituir la vajilla de cerámica o los abrecartas de metal, pero lo bastante bonito como para que también sirviera en joyería, e incluso para imitar al precioso marfil. Era un material milagroso, aunque —como nos pasa con todos los plásticos de hoy en día— lo damos por descontado.

Pero los fabricantes no han tirado la toalla en su búsqueda de hacer algo precioso y práctico con algo barato y sin valor. Las últimas técnicas «suprarreciclan» los restos de plásticos. Una de ellas, por ejemplo, convierte viejas botellas de plástico en un material parecido a la fibra de carbono, lo bastante sólido y ligero como para construir alas de avión recicladas. En general, mezclar el plástico desechado con otros materiales usados —y una pizca de nanopartículas— abre la posibilidad a crear nuevos materiales con nuevas propiedades.[20]

Leo Baekeland estaría satisfecho con ello.

VI

LA MANO VISIBLE

La «mano invisible» de Adam Smith es la metáfora más famosa del mundo de la economía. Utilizó esa expresión tres veces, la más famosa de las cuales fue en *La riqueza de las naciones*, de 1776, cuando escribió que cualquier individuo que quiere invertir «solo busca su propia seguridad (...), su propia ganancia y, tanto en esto como en muchos otros casos, está guiado por una mano invisible para lograr un objetivo que no formaba parte de su intención».[1]

Lo que quiso decir exactamente Adam Smith sigue suscitando debates entre los académicos.[2] Pero para los economistas modernos la metáfora ha cobrado un sentido que va más allá de las intenciones de su autor. Ahora describe la idea de que, cuando los individuos y las empresas compiten en el mercado, el resultado es beneficioso para toda la sociedad: los productos se producen de forma eficiente y los consumen aquellos que los valoran más. Quizá no haya muchos defensores del capitalismo que estén de acuerdo con esta descripción de cómo funciona el mercado, pero la corriente más general de la profesión económica lo considera más bien como un punto de partida útil. Los mercados suelen distribuir bien los recursos, pero esa tendencia no está garantizada. La mano invisible no siempre nos guía: a veces también necesitamos la mano visible del gobierno.

Ya hemos visto algunos ejemplos de esto. El radar es hoy en día una tecnología civil indispensable, pero fue desarrollado con un propósito militar y subvencionado generosamente por los gobiernos. El iPhone es una obra del genio capitalista —según algunos parámetros, el producto con más éxito que se ha fabricado nunca—, pero se fundamentó en las inversiones del gobierno en informática, internet, GPS y la World Wide Web.

Algunos de los inventos más importantes que han configurado la economía moderna no solo fueron respaldados por un gobierno, sino que se crearon en su totalidad por un estado, como las sociedades limitadas, la propiedad intelectual y, el más evidente, el estado del bienestar.

Pero si los mercados pueden equivocarse, también pueden los reguladores estatales. Las mujeres japonesas no tuvieron acceso a la píldora anticonceptiva durante décadas porque los reguladores se opusieron. Uno de los mayores obstáculos que debió superar Malcom McLean para introducir el contenedor de mercancías fue la burocracia de los reguladores estadounidenses, que parecían sostener que la única opción aceptable era que nunca cambiara nada. Y cuando los investigadores desarrollaron la criptografía asimétrica, una tecnología indispensable para el comercio en internet, el gobierno de Estados Unidos intentó detenerlos.

En ocasiones, un estado proporciona el fundamento para que surjan nuevas ideas, y en otras es el principal obstáculo. Otras veces es mucho más complicado, como veremos en el caso de M-Pesa, una idea que dependía de los fondos concedidos por el gobierno británico y que fue rechazada por las autoridades de Kenia. La danza entre los estados y el mercado sigue siendo fascinante. A veces los primeros dan un paso adelante, o un paso atrás, y en ocasiones, sencillamente lo enredan todo.

37

El banco

En la ajetreada calle londinense de Fleet Street, justo delante de Chancery Lane, hay un arco de piedra por el que puede pasar todo el mundo que quiera hacer un viaje en el tiempo. Unos pocos metros más allá, en un tranquilo patio interior, se levanta una extraña capilla circular y, a su lado, en una columna, se encuentra la estatua de dos reyes compartiendo un caballo. Esa capilla es Temple Church, que se consagró en 1185 como el hogar londinense de los caballeros templarios, una orden religiosa. Pero Temple Church no es solo un importante lugar arquitectónico, histórico y religioso. También es el primer banco de Londres.[1]

Los caballeros templarios fueron monjes guerreros: eran una orden religiosa, con una jerarquía inspirada en la teología, con una misión determinada y un código ético, pero también iban armados hasta los dientes y se dedicaban a la guerra santa. ¿Cómo acabaron estos tipos en el negocio bancario?

Los templarios se dedicaron a defender a los peregrinos cristianos que iban de camino a Jerusalén. La ciudad había sido capturada en la primera cruzada, en 1099, y los peregrinos empezaron a ir a visitarla, después de miles de kilómetros a través de toda Europa. Pero ser un peregrino comportaba un problema: debían poder pagar meses de comida, transporte y alojamiento, pero no querían cargar con mucho dinero por los caminos, puesto que había el peligro de los bandoleros. Por suerte, los templarios habían pensado en una solución: un peregrino podía dejar su dinero en efectivo en Temple Church, en Londres, y retirarlo en Jerusalén. En lugar de cargar con dinero en efectivo, llevaba una carta de crédito. Los caballeros templarios fueron la Western Union de las cruzadas.

Aún hoy no sabemos con exactitud cómo se las arreglaban los templarios para que el sistema funcionara y estuviera protegido contra el fraude. ¿Había algún código secreto que verificara el documento y la identidad del peregrino? Solo podemos conjeturar. Pero este no es el único misterio que envuelve a los templarios, una organización tan llena de leyendas que Dan Brown ambientó una escena de *El código Da Vinci* en la Temple Church.

Los templarios tampoco fueron la primera organización del mundo en proporcionar este servicio. Varios siglos antes, la dinastía Tang de China usó el «feiqian», el dinero volante, que consistía en un documento dividido en dos partes que permitía a los mercaderes depositar los beneficios en una oficina regional y luego recuperarlos en la capital. Pero este sistema estaba controlado por el gobierno.[2] Los templarios eran mucho más cercanos a un banco privado, aunque era un banco privado propiedad del Papa, aliado de los reyes y príncipes de toda Europa, y lo gestionaba una sociedad de monjes que habían hecho voto de pobreza.

Los caballeros templarios hicieron mucho más que limitarse a transferir dinero a larga distancia. También ofrecían una serie de servicios financieros parecidos a los que tenemos ahora. Si queríamos comprar una bonita isla frente a la costa occidental de Francia, algo que hizo el rey Enrique III de Inglaterra en el siglo XIII con la isla de Oléron, al noroeste de Burdeos, los templarios podían interceder en el trato. El rey pagó doscientas libras anuales durante cinco años a Temple Church. Luego, cuando los hombres del rey tomaron posesión de la isla, los templarios se aseguraron de que el dueño previo recibiera la suma acordada. Oh, ¿y las joyas de la corona británica que hoy en día se guardan en la Torre de Londres? En el siglo XII se custodiaban en Temple Church, como garantía de un préstamo. En esta ocasión, los templarios fueron un prestamista de muy altos vuelos.

Pero, por descontado, estos caballeros no fueron siempre el banco de Europa. La orden perdió su razón de ser después de que los cristianos europeos perdieran el control de Jerusalén en 1244. Acabaron disolviéndose en 1312. ¿Quién ocupó entonces este vacío bancario?

Si hubiéramos asistido a la gran feria de Lyon de 1555, podríamos haber averiguado la respuesta. Esta feria era el mercado más importante para el comercio internacional de toda Europa, y se remontaba a la época romana. En la convocatoria de ese año en particular se empezaron a difundir algunos rumores. Allí había un mercader italiano, ¿lo veis? Estaba amasando una fortuna. Pero ¿cómo? No compraba nada y no tenía nada que vender. Todo lo que poseía era un escritorio y un tintero. Y allí se sentaba, día tras día, recibiendo a otros mercaderes y firmando hojas de papel, y, de alguna manera, haciéndose rico. Era extraordinario. Y lo cierto es que, para los habitantes del lugar, era muy sospechoso.[3]

No obstante, para la nueva élite internacional de las grandes empresas comerciales europeas las actividades de este italiano eran perfectamente legítimas. Desempeñaba un papel importante: compraba y vendía deuda, y al hacerlo creaba un enorme valor económico.

He aquí cómo funcionaba su sistema. Un mercader de Lyon que quería comprar, por ejemplo, lana florentina, podía acudir a este banquero y pedir prestada lo que se llamaba una «letra de cambio». La letra de cambio era una nota crediticia, un pagaré. Este pagaré no constaba como libra francesa o libra florentina. Su valor se expresaba en «écu de marc», una moneda propia que solo utilizaba esta red internacional de banqueros. Y, si el mercader lionés viajaba a Florencia —o enviaba allí a algún agente—, la letra de cambio del banquero de Lyon era reconocida por los banqueros de Florencia, que de buena gana se la cambiaban por su valor en la moneda de uso.[4]

A través de esta red de banqueros, pues, un mercader local podía cambiar no solo monedas, sino también su solvencia en Lyon por su solvencia en Florencia, una ciudad donde nadie había oído hablar de él. Era un servicio muy valioso. No sorprende que el misterioso banquero fuera rico. Y, cada pocos meses, agentes de su red se encontraban en grandes ferias como la de Lyon, cotejaban sus libros, saldaban cuentas y anotaban las deudas restantes.

Es un sistema que comparte muchos elementos con el sistema financiero actual. Un australiano con una tarjeta de crédito puede entrar en un supermercado en, pongamos, Lyon —¿por qué no?— y salir con una bolsa llena de comida. El supermercado contacta con el banco francés, el banco francés con el banco australiano y el banco australiano aprueba el pago, satisfecho por que su cliente sea solvente.

Pero esta red de servicios bancarios siempre ha tenido un lado oscuro. Al convertir las obligaciones personales en deudas comerciables por todo el mundo, estos banqueros medievales estaban creando su propia moneda, que escapaba fuera del control de los reyes europeos. Eran ricos y poderosos y no necesitaban monedas acuñadas por el soberano.

Esta descripción también refleja la situación actual. Los bancos internacionales están unidos a través de una red de obligaciones mutuas que desafía la comprensión o el control. Pueden utilizar su internacionalización para intentar saltarse regulaciones o evadir impuestos. Y, dado que las deudas que han contraído entre ellos son de un tipo de moneda propia muy real, cuando los bancos son frágiles se vuelve frágil todo el sistema monetario global.

Todavía estamos intentando saber qué hacer con estos bancos. No podemos vivir sin ellos, al parecer, pero, por otro lado, no estamos seguros de querer vivir con ellos. Los gobiernos siguen buscando formas de controlarlos. A veces, la estrategia ha sido «laissez-faire». Otras veces, no.

Pocos reguladores han sido tan fervientes como el rey Felipe IV de Francia. Debía dinero a los templarios y estos se negaban a perdonarle la deuda, así que, en 1307, en un lugar de París donde hoy se encuentra la estación de metro denominada Temple, el rey ordenó asaltar la iglesia de los templarios, que supuso el primero de una serie de ataques por toda Europa. Los templarios fueron arrestados y forzados a confesar cualquier pecado que la Inquisición pudiera imaginar. La orden fue disuelta por el Papa. Temple Church, en Londres, fue alquilada por unos abogados. Y el gran maestro de los templarios, Jacques de Molay, fue conducido al centro de París y quemado en público.

38
El modelo de la maquinilla y las hojas de afeitar

«Hay nubes en el horizonte del pensamiento, y el mismo aire que respiramos está repleto de una vida que anuncia el nacimiento de un cambio maravilloso.» Así comienza un libro escrito en 1894 por un hombre que tuvo una visión que ha llegado a configurar el funcionamiento de la economía moderna.

El libro afirma que «el actual sistema de competencia» genera «derroche, pobreza y crimen», y defiende un nuevo sistema de «igualdad, virtud y felicidad» en el que una sola corporación —la United Company— logrará que todas las necesidades de la vida sean tan satisfechas del modo más eficiente posible. Estas necesidades son «la comida, la vestimenta y la vivienda». Los sectores que «no contribuyan» a la satisfacción de estas necesidades serán destruidos. Lo sentimos, banqueros y abogados: se está refiriendo a vosotros.

También es el fin del dinero: en su lugar, el trabajo manual que se requiere para satisfacer esas necesidades vitales se compartirá con una «justicia perfecta». Ese trabajo solo debería ocupar unos cinco años de la vida de cada persona. El resto se podrá dedicar a fines intelectuales: las personas ambiciosas no competirán por la riqueza material, sino por el reconocimiento al promover «el bienestar y la felicidad» de sus congéneres.

El plan todavía especifica más sus objetivos. Todo esto ocurrirá en una ciudad llamada Metrópolis, ubicada entre el lago Erie y el lago Ontario, en la frontera entre Canadá y el estado de Nueva York. Metrópolis se alimentará de energía hidráulica y será la única ciudad de Norteamérica. Sus ciudadanos vivirán en «bloques de apartamentos descomunales (...), de un tamaño que no ha conocido ninguna civilización del pasado». Serán edificios circulares, de doscientos metros de diámetro, y entre ellos habrá «avenidas, paseos y jardines» del doble de tamaño. En los parques artificiales se podrán ver «pilares con azulejos de porcelana» con «cúpulas de cristal coloreado, hermosamente diseñado». Serán una «galería infinita, la viva imagen de la belleza».[1]

He afirmado que el autor de esta ornamentada utopía tuvo una visión que acabó configurando la economía. Como podemos suponer, no se trata de esta en particular. No, fue otra idea que tuvo un año más tarde.[2] Su nombre era King Camp Gillette, e inventó la hoja de afeitar desechable.

Tal vez alguien se pregunte por qué fue un invento tan importante. He aquí una situación que puede arrojar luz sobre la cuestión: cuando sustituimos los cartuchos de tinta de una impresora, nos sorprende descubrir que pagamos casi lo mismo que lo que cuesta el aparato. Eso no parece tener sentido. La impresora es un artilugio tecnológico razonablemente grande y complejo. ¿Cómo puede ser que represente un coste tan insignificante comparado con el de los cartuchos de tinta?

La respuesta, por supuesto, es que no es un coste insignificante. Pero, para el fabricante, vender barata la impresora y caros los cartuchos es un modelo de negocio inteligente. Después de todo, ¿qué otra alternativa tenemos? ¿Comprar una impresora nueva a la competencia? Mientras sea ligeramente más cara que la tinta para la impresora que ya tenemos, la pagaremos de mala gana.

Se trata de un modelo de negocio conocido como «modelo de la maquinilla y las hojas de afeitar», pues este fue el primer producto en utilizarlo: atrajeron a la gente con una maquinilla barata y luego la desplumaron con unos recambios a precios exorbitados.

King Camp Gillette inventó las hojas de afeitar que lo hicieron posible. Antes de él, las hojas eran objetos grandes y toscos, y costaban lo suficiente como para que, cuando la hoja ya no afeitaba bien, valiera la pena afilarla (o «suavizarla») en lugar de tirarla y comprar otra. Gillette se dio cuenta de que, si diseñaba una maquinilla adecuada para fijar la hoja, podría fabricar la cuchilla mucho más fina y más barata.[3]

Pero su modelo no se le ocurrió desde el principio: comenzó vendiendo caras las dos partes. La maquinilla de Gillette costaba cinco dólares, que representaban un tercio del sueldo semanal medio de un trabajador. Sus preocupaciones filosóficas sobre el «derroche» y la «pobreza» parece que no influyeron en sus decisiones empresariales. Su maquinilla era tan escalofriantemente cara que el catálogo de Sears la publicitaba con una nota de disculpa porque por cuestiones legales no podía bajar el precio, y añadió también unas frases que dejaban entrever cierto malestar: «Las hojas de Gillette se publicitan para algunos clientes que quieren esta maquinilla en particular. No podemos llegar a afirmar que esta maquinilla sea más eficiente que el resto de las maquinillas más baratas que también se publicitan en esta página».[4]

El modelo de las maquinillas baratas y las hojas caras llegó más tarde, cuando las patentes expiraron y los competidores asaltaron el mercado.[5] Hoy en día, ese sistema está por todas partes. Pensemos en la PlayStation 4. Cada vez que Sony vende una, pierde dinero, pues el precio de venta está por debajo de los costes de producción y distribución.[6] Pero eso a Sony no le importa, porque la rentabiliza cada vez que un propietario de su consola compra un juego. Lo mismo ocurre con Nespresso. Nestlé no gana dinero con la máquina, sino con las cápsulas de café.

En efecto, para que este modelo funcione la empresa tiene que asegurarse de que los clientes no puedan insertar hojas más baratas en su maquinilla. Hay una solución legal: patentes que protejan las hojas. Pero estas no duran siempre. Las patentes de las cápsulas de café ya han empezado a expirar, de modo que marcas como Nespresso ahora deben enfrentarse a competidores que venden alternativas baratas y compatibles.[7] Otros buscan una solución diferente: la tecnológica. De la misma forma que no todos los juegos funcionan en la PlayStation, algunas empresas cafeteras han insertado lectores chip en las máquinas para evitar que se utilicen cápsulas genéricas.[8]

El modelo de la maquinilla y de la hoja es efectivo porque pone en práctica lo que los economistas llaman «costes de cambio». ¿Queremos el café de otra marca? Pues deberemos comprar otra máquina. Estos costes son habituales, sobre todo, en los bienes digitales. Si tenemos una gran colección de juegos de PlayStation, o libros de Kindle, es bastante complicado cambiar a otra plataforma.

Pero los costes de cambio no tienen por qué ser económicos. Pueden implicar una pérdida de tiempo, o confusión. Digamos que ya sé cómo funciona el Photoshop. Es posible que prefiera pagar una actualización cara que comprar una alternativa barata pero que deberé aprender a usar. Por esta razón los vendedores de software ofrecen pruebas gratuitas,[9] y lo mismo hacen los bancos o las redes sociales cuando prometen precios especiales para atraer nuevos clientes: más tarde, al ir subiendo poco a poco el precio, muchos clientes no se molestarán en cambiar.

Los costes de cambio también pueden ser psicológicos, una consecuencia de la fidelidad a la marca.[10] Si el departamento de marketing de Gillette me convence de que las hojas genéricas no afeitan tan bien, entonces pagaré de buena gana las hojas de la marca Gillette. Esto podría explicar el curioso hecho de que los beneficios de esta empresa aumentaron cuando expiraron sus patentes y los competidores pudieron fabricar hojas compatibles.[11] Quizá, a aquellas alturas, los clientes se habían acostumbrado a pensar que Gillette era una marca prestigiosa.

Pero el modelo de la maquinilla y las hojas que comenzó Gillette es muy ineficiente, y los economistas se siguen preguntando por qué los clientes siguen aceptándolo. La explicación más plausible es que pagar el precio en dos partes los confunde. O no se dan cuenta de que acabarán pagando más, o sí pero no logran elegir la mejor opción entre una gran y confusa variedad de opciones. Es el tipo de situaciones en las que se podría esperar que los reguladores estatales mediaran y aclararan la situación —como lo han hecho en muchas otras ocasiones cuando los precios publicitados eran engañosos— cuando por ejemplo, hay costes añadidos obligatorios, o falsas ofertas de un falso precio más alto.

Reguladores de todo el mundo han intentado decretar reglas que impidan este tipo de confusas estrategias, pero es difícil establecer unas reglas que funcionen.[12] Quizá no sea sorprendente, dado que pagar el precio en dos partes no siempre resulta una táctica fraudulenta, sino que, a menudo, es una forma del todo razonable y eficiente para que una empresa pueda cubrir sus costes. Por ejemplo, una compañía que da servicio eléctrico puede cobrar una suma global por mantener la conexión a la red, o una unidad de precio más baja por cada kilovatio hora que suministra. Pero, aunque una estructuración de precios como esta es del todo legítima, aún puede confundir a los clientes sobre cuáles son las mejores opciones que tiene su disposición.

Lo paradójico es que el cínico modelo de las maquinillas y las hojas —cobrar a los clientes un precio de lujo por elementos básicos como la tinta o el café— es lo más cercano a la visión de King Camp Gillette de que una United Company satisfaga las necesidades vitales de la gente al menor precio posible. En su perorata, Gillette llegó a nuevas cotas de prosa grandilocuente: «Ven, venid todos y uníos a las filas de un impresionante Partido del Pueblo Unificado (…). Hagamos pedazos la crisálida que atenaza el intelecto del hombre y dejemos que la estrella polar de cada pensamiento encuentre su luz en las verdades de la naturaleza». Por supuesto, es mucho más fácil inspirar un nuevo modelo de negocio que un nuevo modelo para la sociedad.

39

Los paraísos fiscales

¿Queremos pagar menos impuestos? Una de las maneras es hacer un sándwich: en concreto, «un sándwich doble irlandés y holandés». Supongamos que somos estadounidenses. Fundamos una empresa en Bermudas y le vendemos nuestra propiedad intelectual; luego, esta empresa funda una compañía subsidiaria en Irlanda. Después, creamos otra empresa en Irlanda que facture nuestras operaciones en Europa por una cantidad similar a los beneficios, y a continuación creamos una empresa en Holanda. Ordenamos a nuestra segunda empresa irlandesa que envíe dinero a la holandesa, para que de inmediato lo envíe de vuelta a la primera empresa irlandesa. Exacto, la que tiene su sede en Bermudas.[1]

¿Ya es lo bastante confuso y aburrido? Es justo de lo que se trata. Si el modelo de la maquinilla y las hojas a veces confunde a los consumidores, es un dechado de sencillez si se compara con las leyes de tributación transfronterizas. Los paraísos fiscales dependen, en el mejor de los casos, de hacer imposible que se pueda descubrir cualquier cosa. Las técnicas de contabilidad que enmarañan la situación permiten que multinacionales como Google, eBay e Ikea minimicen sus pagos tributarios. Y es del todo legal.[2]

Es comprensible por qué esto provoca descontento entre la gente. Los impuestos son como la cuota de socio de un club: es injusto no pagarla y esperar beneficiarse de los servicios que ofrece este a sus miembros, como defensa, policía, carreteras, alcantarillado, educación…. Pero los paraísos fiscales no siempre han sufrido de tan mala imagen. A veces, su papel ha sido como el de cualquier otro refugio y ha permitido a las minorías perseguidas escapar de unas leyes opresivas. Los judíos de la Alemania nazi, por ejemplo, pudieron pedir a los discretos banqueros suizos que les guardaran el dinero. Por desgracia, esos discretos banqueros suizos pronto acabaron con su buena fama al mostrarse igual de dispuestos a ayudar a los nazis a ocultar el oro que habían logrado robar, y no mostraron mucho interés en devolvérselo a las personas a las que pertenecía legítimamente.[3]

Hoy en día los paraísos fiscales son controvertidos por dos razones: la elusión fiscal y la evasión fiscal. La elusión fiscal es legal. Es en lo que consiste el sándwich irlandés-holandés doble. Las leyes se aplican a todo el mundo: las pequeñas empresas e incluso individuos corrientes podrían montar estructuras legales transfronterizas. Pero el problema es que sencillamente no ganan suficiente dinero para justificar los honorarios de los contables que podrían urdir esa trama.

Si las personas corrientes quieren reducir la factura de sus impuestos, las opciones están limitadas a diferentes formas de evasión fiscal, que es ilegal: el fraude con el IVA, trabajar sin declarar los ingresos o llevar demasiados cigarrillos y salir por la puerta de NADA QUE DECLARAR de la aduana.[4] Las autoridades tributarias británicas calculan que gran parte de los impuestos evadidos provienen de este tipo de infracciones, delitos de poca monta, y mucho menos de los ricos que confían su dinero a banqueros que pueden guardar su secreto. Pero es difícil estar seguro. Si pudiéramos calibrar el problema con exactitud, no llegaría a existir.

Quizá no sea una sorpresa que el secreto bancario haya empezado en Suiza: las primeras regulaciones conocidas que limitaban la información que los banqueros podían compartir de sus clientes fue decretada en 1713 por el Consejo de Ginebra.[5] Pero el secretismo de la banca suiza comenzó de veras en la década de 1920, cuando muchas naciones europeas subieron los impuestos para pagar las deudas causadas por la Primera Guerra Mundial, y muchos europeos ricos buscaron formas de ocultar su dinero. Al darse cuenta de cuánto estaba ayudando eso a su economía, en 1934 los suizos redoblaron la credibilidad de su secreto bancario: hacer pública información bancaria se había convertido en un delito.[6]

En inglés, el eufemismo para referirse a los paraísos fiscales es «offshore», que significa literalmente «costa afuera», cuando Suiza ni siquiera tiene litoral. Poco a poco, los paraísos fiscales se han ido formando en islas como Jersey o Malta, o, sobre todo, en las islas del Caribe. Existe una razón logística para esto: una isla pequeña no es muy adecuada para la industria o la agricultura, de modo que los servicios financieros son una alternativa evidente. Pero la verdadera explicación de este aumento de paraísos fiscales en islas es histórica: el desmantelamiento de los imperios europeos en las décadas que siguieron a la Segunda Guerra Mundial. El Reino Unido, poco dispuesto a respaldar a las Bermudas o las Islas Vírgenes Británicas con subvenciones explícitas, les recomendó que se dedicaran a los servicios financieros vinculados a la City londinense. Los subsidios, pues, tuvieron lugar de todas formas, implícitos, quizá accidentales, en forma de ingresos tributarios que de forma regular acababan en estas islas.[7]

Al economista Gabriel Zucman se le ocurrió una forma ingeniosa de calcular la riqueza oculta en el sistema bancario de los paraísos fiscales. En teoría, si se suman los activos y los pasivos registrados en cada centro financiero global, las cuentas de los libros deberían quedarse a cero, pero no es así. Todos los centros financieros suelen tener más pasivos que activos. Zucman descubrió que, en todo el mundo, los pasivos totales eran un 8 por ciento superiores a los activos totales. Esto apunta a que al menos el 8 por ciento de la riqueza mundial está oculta de forma ilegal. Con otros métodos la estimación es todavía más alta.

El problema es especialmente agudo en los países en vías de desarrollo. Por ejemplo, Zucman descubrió que el 30 por ciento de la riqueza de África está oculta en paraísos fiscales, lo que, calcula, supone unas pérdidas anuales de 14.000 millones en ingresos tributarios. Con este dinero se podrían construir un montón de escuelas y hospitales.

La solución que propone Zucman es la transparencia: crear un registro global de quién es dueño de qué para acabar con el secreto bancario y el anonimato en el que se escudan las corporaciones y los fondos de inversiones. Sin duda, ayudaría a impedir la evasión fiscal. Pero la elusión fiscal es un problema más sutil y complejo.

Para saber por qué, imaginemos que somos propietarios de una panadería en Bélgica, una granja en Dinamarca y una tienda de bocadillos en Eslovenia. Vendemos un bocadillo de queso y obtenemos un euro de beneficio. ¿Dónde deberíamos pagar los impuestos de este beneficio?: ¿En Eslovenia, donde hemos vendido el bocadillo, en Dinamarca, donde hemos fabricado el queso, o en Bélgica, donde hemos hecho el pan? No hay una respuesta clara. Cuando el aumento de impuestos se conjugó con la incipiente globalización en la década de 1920, la Sociedad de Naciones instituyó unos protocolos para tratar estas cuestiones.[8] Permitieron que las empresas tuvieran cierta libertad sobre dónde debían declarar sus beneficios. Es una opción razonable, pero también dio pie a algunos trucos contables sospechosos: un ejemplo memorablemente descarado fue el de una empresa de Trinidad que vendía bolígrafos a una empresa asociada por 8.500 dólares cada uno.[9] El resultado: más beneficios que se declaraban en Trinidad, cuya fiscalidad era muy baja, y menos beneficios declarados en otros países, donde los impuestos son más altos.

La mayoría de estos tejemanejes son menos evidentes y, por lo tanto, más difíciles de cuantificar. Aun así, Zucman calcula que el 55 por ciento de los ingresos de las empresas con sede en Estados Unidos se gestionan a través de alguna jurisdicción insólita como Luxemburgo o Bermudas, lo que al contribuyente estadounidense le cuesta unos 130.000 millones al año. Otra estimación considera que las pérdidas de los países en vías de desarrollo superan con creces las cantidades que reciben como ayuda extranjera.[10]

Existen algunas soluciones: los beneficios podrían tributarse de forma global si los gobiernos nacionales encontraran maneras de determinar el lugar donde deben cobrarse los impuestos de los beneficios. Ya existe una fórmula similar para asignar los beneficios nacionales de las empresas estadounidenses a los diversos estados.[11]

Pero es necesaria la voluntad política para enfrentarse a los paraísos fiscales. Y, aunque en los últimos años han aparecido algunas iniciativas, sobre todo de la OCDE, por el momento les ha faltado empuje,[12] lo que tal vez no debiera sorprendernos si consideramos los beneficios que hay en juego. De hecho, las personas duchas en esto pueden ganar más dinero explotando las lagunas legales que intentando regularlas, y los gobiernos tienen grandes incentivos para competir con impuestos a la baja, pues un pequeño porcentaje de algo es mejor que un gran porcentaje de nada. Para las diminutas islas llenas de palmeras, incluso puede ser beneficioso fijar los impuestos al cero por ciento, puesto que la economía local crecerá por el impulso de las empresas legales y de contabilidad.

Quizá el mayor problema de todos es que los paraísos fiscales benefician en gran medida a las élites financieras, entre las que se encuentran algunos políticos y muchos de sus donantes. Mientras tanto, la presión de los votantes se ve limitada por la misma naturaleza confusa y aburrida del problema.

¿Alguien quiere un sándwich?

40

La gasolina con plomo

La gasolina con plomo era segura. Sus inventores estaban seguros de ello. Frente a unos periodistas escépticos en una conferencia de prensa, Thomas Midgley mostró un contenedor lleno de tetraetilo de plomo —un aditivo puesto en cuestión— y procedió a lavarse las manos en él. «No estoy tentando a la suerte de ninguna forma —declaró Midgley—. Y tampoco la tentaría si lo hiciera cada día.»

Tal vez Midgley no estuviera siendo del todo sincero. Podría haber mencionado que acababa de pasar varios meses en Florida recuperándose de un envenenamiento por plomo.

Algunos de los que habían estado produciendo la invención de Midgley no habían tenido tanta suerte, y por esta razón los periodistas estaban investigando. Un jueves, en octubre de 1924, en la planta de Standard Oil en New Jersey, un trabajador llamado Ernest Oelgert había empezado a sufrir alucinaciones. El viernes corría por todo el laboratorio y gritaba aterrorizado. El sábado, el trastorno de Oelgert obligó a su hermana a llamar a la policía. Lo llevaron al hospital y lo inmovilizaron a la fuerza. El domingo estaba muerto. En una semana, les ocurrió lo mismo a otros cuatro trabajadores del laboratorio, y treinta y cuatro más fueron ingresados en el hospital.

En el laboratorio trabajaban cuarenta y nueve personas.[1]

Nada de esto sorprendió al resto de trabajadores de la planta de Standard Oil. Sabían que había un problema con el tetraetilo de plomo. Se referían al laboratorio donde se producía como el «edificio del gas de los locos».[2] Y tampoco debió de sorprender a Standard Oil, ni a General Motors, ni a la corporación Du Pont, las tres empresas que estaban añadiendo tetraetilo de plomo a la gasolina.

La primera cadena de producción, en Ohio, debió clausurarse después de dos muertes.[3] En una tercera planta, en algún lugar de New Jersey, también hubo muertes. Los empleados veían insectos que trataban de sacarse de encima. Conocían este laboratorio como la «casa de las mariposas».[4]

La gasolina con plomo ahora está prohibida en casi todas partes. Es una de las muchas regulaciones que ha configurado la economía moderna. Y, aun así, «regulación» se ha convertido en una palabra maldita: los políticos a menudo prometen que van a acabar con ella, y pocas veces se oyen voces que pidan más. Consiste en llegar a un equilibrio entre la protección de las personas y los costes añadidos a las empresas. Y la invención de la gasolina con plomo fue uno de los primeros momentos en que este equilibrio suscitó una feroz controversia pública.

Los científicos estaban alarmados. ¿Era inteligente añadir plomo a la gasolina cuando los coches inundaban de humo las ciudades? Thomas Midgley comentó con total despreocupación que «en una calle normal habría tan poco plomo que sería imposible detectar su presencia o su absorción». ¿Se basaba esta despreocupación en datos? Parece que no. Los científicos pidieron que el gobierno investigara, y así lo hizo gracias a una ayuda de General Motors, que puso la condición de que debía aprobar los resultados.[5]

En medio de un frenesí de información sobre el envenenamiento de los compañeros de Ernest Oelgert, apareció el informe: otorgaba al tetraetilo de plomo un certificado según el cual era inocuo para la salud. La ciudadanía recibió con escepticismo esa noticia. Bajo presión, el gobierno organizó una conferencia en Washington en mayo de 1925.

Fue un momento decisivo. En una esquina, Frank Howard, vicepresidente de Ethyl Corporation, una empresa copropiedad de General Motors y Standard Oil, quien se refirió a la gasolina con plomo como un «regalo de Dios» y argumentó que «el desarrollo continuo de los combustibles para motor es esencial para nuestra civilización».[6] En la otra esquina, la doctora Alice Hamilton, la mayor autoridad del país en lo referido al plomo. Afirmó que la gasolina con plomo era una oportunidad que era mejor dejar pasar: «Allí donde hay plomo —declaró—, tarde o temprano se dan casos de envenenamiento, incluso bajo una estricta supervisión».

Hamilton sabía que el plomo había estado envenenando a la gente desde hacía miles de años. En 1678, los artesanos que fabricaban blanco de plomo —un pigmento para la pintura— sufrieron trastornos como «mareos, dolor continuo en la frente, ceguera, estupidez».[7] En Roma, las tuberías de plomo transportaban agua. La palabra latina para plomo, *plumbum*, ha evolucionado en inglés a *plumber*, fontanero. Incluso en aquellos tiempos algunos se dieron cuenta de los perjuicios: «Transportar el agua por tubería de arcilla es más saludable que por tuberías de plomo —escribió hace dos mil años un ingeniero civil llamado Vitruvio—. Esto se puede comprobar al observar a trabajadores del plomo, que tienen la tez muy pálida».[8]

Al final, el gobierno decidió ignorar a Alice Hamilton y a Vitruvio. La gasolina con plomo siguió utilizándose. Medio siglo después, cambiaron de opinión. Y, un par de décadas más tarde, la economista Jessica Reyes se dio cuenta de algo inquietante: los índices de crímenes violentos estaban descendiendo. Había muchas posibles causas de ello, pero Reyes sabía que los cerebros de los niños eran especialmente susceptibles a un envenenamiento crónico por plomo. ¿Era posible que los que no habían crecido respirando los gases de la gasolina con plomo cometieran menos crímenes violentos al ser adultos?

Diversos estados de Estados Unidos habían prohibido la gasolina con plomo en distintos momentos, así que Reyes comparó las fechas de la legislación sobre la contaminación del aire con los datos sobre los crímenes. Su conclusión fue que más de la mitad del descenso de los crímenes —el 56 por ciento— se debió a que los coches cambiaron a la gasolina sin plomo.[9]

Esto no significa que la gasolina con plomo sea negativa. Cuando los países son pobres, tal vez decidan que la contaminación es un precio que vale la pena pagar por el progreso. Más tarde, a medida que aumentan sus ingresos, pueden aprobar leyes que respeten el medioambiente. Los economistas tienen un nombre para este patrón: se llama «curva medioambiental de Kuznet».[10]

No obstante, por lo que respecta a la gasolina con plomo, su uso nunca salió a cuenta. Es verdad que el aditivo de plomo resolvía un problema: permitía que los motores utilizaran unos índices de presión más altos, lo cual confería más potencia a los coches; pero el etanol tenía más o menos el mismo efecto y no afectaba al cerebro a menos que se bebiera.[11] ¿Por qué General Motors apostó por el tetraetilo de plomo en lugar del etanol? Algún cínico afirmará que cualquier granjero podía destilar etanol del grano, es decir, que no podía patentarse ni obtenerse una rentabilidad gracias a una distribución controlada. Con el tetraetilo de plomo sí que se podía.[12]

Existe otra manera de calibrar el beneficio económico de la gasolina con plomo: consideremos cuánto costó adaptar los coches al combustible sin plomo cuando se aprobaron las leyes en contra de la contaminación. Jessica Reyes hizo los cálculos: era aproximadamente veinte veces menos que el coste de todos los crímenes que provocaba.[13] Y esto sin tener en cuenta otros costes relacionados con los perjuicios a los niños, como que aprendieran menos en el colegio.[14]

¿Cómo fue posible que Estados Unidos persistiera en su error durante tanto tiempo? Es la misma historia de desacuerdo científico y regulación tardía que se puede contar del amianto,[15] del tabaco[16] y de muchos otros productos que nos matan poco a poco. En la década de 1920, el gobierno exigió una investigación continua y durante las siguientes cuatro décadas se llevaron a cabo estudios científicos financiados por Ethyl Corporation y General Motors.[17] No fue hasta la década de 1960 cuando las universidades estadounidenses instituyeron políticas sobre el conflicto de intereses en la investigación.[18]

A la economía de hoy no le faltan alertas sanitarias. ¿Son seguros los alimentos transgénicos? ¿Y qué decir de las nanopartículas? ¿El wifi provoca cáncer? ¿Cómo podemos diferenciar las palabras fundamentadas de una Alice Hamilton de la información fraudulenta de un agente obstructivo? Hemos aprendido algo de las investigaciones y de cómo regular gracias a desastres como el de la gasolina con plomo, pero sería demasiado optimista pensar que el problema está del todo resuelto.

¿Y qué ocurre con los primeros científicos que añadieron el plomo a la gasolina? Se mire como se mire, Thomas Midgley fue un hombre genial. Tal vez incluso creyó su propia historia sobre la seguridad de lavarse cada día las manos con tetraetilo de plomo. Pero, como inventor, parece que sus ideas estaban malditas. Su segunda mayor contribución a la civilización fueron los clorofluorocarbonos, o CFC: mejoraba el funcionamiento de las neveras, pero destruía la capa de ozono.

Cuando a los cuarenta años cayó enfermo de polio, Midgley utilizó su mente de inventor para levantar su debilitado cuerpo de la cama. Diseñó un ingenioso sistema de poleas y cuerdas. Estas se le anudaron alrededor del cuello y acabaron con su vida.

41
Los antibióticos en la ganadería

En una destartalada granja de cerdos cerca de Wuxi, en la provincia de Jiangsu (China) un extranjero sale de un taxi. La familia que vive allí está sorprendida: su pequeña granja está al final de un camino lleno de baches que cruza un campo de arrozales. No suelen llegar muchos extranjeros en taxi para preguntar por un lavabo.

El nombre del extranjero es Philip Lymbery, y dirige un grupo de protección de los animales en granjas llamado Compassion in World Farming. No se encuentra allí para reprender a los granjeros sobre las condiciones de vida de los cerdos, aunque estas son terribles. Las cerdas están atestadas en jaulas, sin espacio para moverse. El estado en el que vive la familia no es mucho mejor: el lavabo, como pronto se da cuenta Lymbery, es un agujero en el suelo entre la casa y la pocilga. Pero Lymbery está allí para investigar si el estiércol que producen los cerdos está contaminando las vías fluviales. Ha intentado visitar las grandes granjas de los alrededores, pero no le han permitido el paso, así que se ha presentado en esta granja familiar.

La granjera está dispuesta a hablar. Sí, tiran los deshechos al río. No, no deberían hacerlo. Pero no pasa nada: ha sobornado al funcionario local. Después, Lymbery se da cuenta de algo. Son un montón de agujas. Se acerca: son antibióticos. ¿Los ha prescrito un veterinario? No, explica la granjera, no se necesita receta para comprar antibióticos. Y, de cualquier forma, los veterinarios son caros y los antibióticos baratos, así que se los inyecta a los animales de forma sistemática con la esperanza de que no se pongan enfermos.[1]

No es la única, ni de lejos. Las condiciones de hacinamiento y de falta de higiene en las granjas intensivas son el caldo de cultivo para las enfermedades, pero unas dosis bajas y periódicas de antibióticos pueden ayudar a controlarlas.[2] Además, los antibióticos también engordan a los animales. Los científicos están estudiando la flora microbiana intestinal para comprender por qué ocurre, pero los granjeros no necesitan saberlo: lo único que saben es que ganan más dinero si los animales están más gordos.[3] No sorprende, por lo tanto, que se inyecten más antibióticos en animales sanos que en humanos enfermos.[4] En las grandes economías emergentes, donde la demanda de carne crece a medida que aumentan los ingresos, se calcula que el uso de antibióticos en animales se doblará en veinte años.[5]

Pero el uso abusivo de estas medicinas cuando no son necesarias no se limita a la agricultura. Muchos médicos también son responsables de estas prácticas, y deberían tomar conciencia de ello.[6] Lo mismo se puede decir de los reguladores, que permiten que cualquiera pueda comprar antibióticos sin receta.[7] Pero a las bacterias no les importa quién tiene la culpa. Evolucionan sin descanso para desarrollar resistencia a los fármacos, y los expertos en salud pública temen que estemos comenzando una era posantibióticos. Un estudio reciente estimó que estas nuevas bacterias resistentes podrían llegar a matar en el 2050 a diez millones de personas, más de las que hoy en día mueren de cáncer. Es difícil valorar en términos económicos el hecho de que los antibióticos pierdan su efectividad, pero ese estudio lo intentó. La cifra que calcularon fue de cien billones de dólares.[8] Podríamos pensar que ya estamos haciendo todo lo posible para preservar el poder de salvar vidas de los antibióticos. Por desgracia, estaríamos equivocados.

La historia de los antibióticos comienza con una sana dosis de casualidad. Un joven llamado Alexander Fleming se ganaba la vida en un empleo aburrido en el transporte marítimo cuando su tío murió y le dejó en herencia suficiente dinero para abandonar el trabajo y ponerse a estudiar en la facultad de medicina del hospital St. Mary de Londres. Allí se convirtió en un miembro importante del club del rifle. El capitán del equipo de tiro no quería perder a Fleming cuando este acabó sus estudios, así que le buscó un empleo. De esta forma Fleming se convirtió en bacteriólogo.[9] Tiempo después, en 1928, decidió no limpiar sus placas de Petri antes de marcharse a su nativa Escocia de vacaciones. Al volver, se dio cuenta de que se habían cubierto de moho y de que este moho estaba matando las bacterias que había cultivado en el disco.[10]

Fleming intentó investigar generando más moho, pero no era químico, así que no logró averiguar cómo hacerlo. Publicó sus observaciones, pero nadie le prestó atención.[11] Pasó una década y, luego, se produjo otra casualidad: en Oxford, Ernst Chain estaba hojeando ejemplares de revistas médicas cuando se topó con el viejo artículo de Fleming.[12] Y Chain, un judío que había escapado de la Alemania nazi, sí que era químico; un químico brillante.

Chain y su colega Howard Florey se propusieron aislar y purificar la suficiente penicilina para hacer más experimentos. Para ello necesitaron cientos de litros de fluido mohoso, y su colega Norman Heatley armó un estrambótico sistema digno de Heath Robinson con lecheras, baños, bacinillas de cerámica que fabricaba una alfarería local, tubos de goma, botellas y un timbre. La hacían funcionar seis mujeres: las «chicas penicilina».[13]

El primer paciente que recibió una dosis experimental de penicilina fue un policía de 43 años que al rascarse la mejilla mientras podaba unas rosas había contraído una septicemia. El sistema improvisado de Heatley no podía producir penicilina con la suficiente rapidez, y el policía murió. Pero, en 1945, la penicilina —el primer antibiótico producido en masa— ya estaba saliendo de las cadenas de producción industriales. Chain, Florey y Fleming ganaron el premio Nobel, y este último aprovechó la oportunidad para hacer una advertencia.

«No es difícil —declaró— producir microbios resistentes a la penicilina en el laboratorio si se exponen a concentraciones mínimas que no los maten.»[14] A Fleming le preocupaba que un «hombre ignorante» se suministrara dosis insuficientes, lo cual permitiría que las bacterias resistentes al fármaco evolucionaran. Pero el problema no ha sido la ignorancia. Conocemos los riesgos, pero los incentivos que hay en juego hacen que los asumamos.

Supongamos que caemos enfermos: quizá se debe a un virus, con lo que los antibióticos serán inútiles; incluso si se debe a una bacteria, es posible que podamos recuperarnos. Pero si hay alguna posibilidad de que los antibióticos aceleren la recuperación, nuestro incentivo será tomarlos. Ahora supongamos que tenemos una granja de cerdos. Administrarles por sistema bajas dosis de antibióticos es la manera perfecta para crear bacterias resistentes a los antibióticos; pero ese no es nuestro problema. Nuestro único incentivo es que inyectarles dosis a los cerdos parece aumentar los ingresos por encima del coste de los fármacos. Es un ejemplo clásico de la tragedia de los bienes colectivos: individuos que buscan satisfacer sus propios intereses acaban creando un desastre colectivo.

Hasta la década de 1970, los científicos seguían descubriendo nuevos antibióticos: cuando las bacterias desarrollaban resistencia para uno, se podía crear otro. Pero después ese sistema paró en seco.[15] Aunque es probable que se vuelvan a producir nuevos antibióticos: por ejemplo, unos investigadores han ideado una prometedora técnica para encontrar compuestos antimicrobianos en el suelo.[16] Pero, otra vez, todo depende de los incentivos. Lo que de verdad necesita el mundo son nuevos antibióticos que podamos tener a nuestro alcance y usar solo en casos de extrema urgencia. Pero un producto que no se utiliza no le sale muy a cuenta a las farmacéuticas. Son precisos mayores incentivos que alienten nuevas investigaciones.*

También necesitamos regulaciones más inteligentes sobre cómo deben utilizarse los nuevos antibióticos, tanto por parte de los médicos como de los granjeros. Dinamarca ha demostrado que es factible: es conocida en el mundo por su panceta y por un estricto control de antibióticos en los cerdos.[17] Pero hay una cuestión que parece estar mejorando otras regulaciones: que los animales vivan con más espacio e higiene. De esta manera es menos posible que se propaguen enfermedades. Estudios recientes sugieren que cuando los animales viven en mejores condiciones, las dosis de antibióticos bajas y periódicas tienen muy poco impacto en su crecimiento.

---

* Una posibilidad sería promover premios a la innovación como los que hemos descrito en el capítulo 32 al hablar de los relojes; en particular, el «compromiso de mercado avanzado», financiado por cinco gobiernos y la Fundación Gates. Ya ha logrado que se distribuyan por el mundo las vacunas del neumococo.

La granjera de Wuxi no tenía mala intención. Estaba claro que no comprendía las implicaciones del abuso de antibióticos. Pero, aunque sí las hubiera comprendido, habría tenido los mismos incentivos económicos para abusar de ellos. En última instancia, es esto lo que debe cambiarse.

42

El M-Pesa

Cuando cincuenta y tres policías en Afganistán miraron sus móviles, no les cupo ninguna duda de que tenía que haber algún error. Sabían que formaban parte de un proyecto piloto, en 2009, para comprobar si los salarios del sector público se podían pagar a través de un nuevo servicio monetario en los móviles, el M-Paisa. Pero ¿se les podría haber escapado que su participación conllevaba un aumento de sueldo, o alguien se había equivocado en la cantidad que les habían asignado? El mensaje decía que su salario era significativamente mayor que el habitual.

De hecho, la cantidad era la que tendrían que haber recibido siempre. Antes recibían el salario en efectivo: provenía del ministerio y pasaba por las manos de sus superiores. Pero, en algún punto de este trayecto, parte del dinero desaparecía: alrededor de un 30 por ciento. El ministro pronto se dio cuenta de que uno de cada diez policías a los que había estado pagando como era debido, en realidad no existía.

Los policías estaban encantados de recibir el salario completo, pero los superiores no tanto, pues habían perdido su comisión. Según se dice, uno estaba tan enfadado que, con mucho optimismo, se ofreció para ahorrar a sus agentes la molestia de tener que visitar al agente de M-Paisa: les propuso que le dieran sus móviles y claves para que él mismo les recaudara el salario.[1]

Afganistán es una de las economías en vías de desarrollo que está siendo reconfigurada por el dinero móvil, es decir, por la posibilidad de enviar pagos con mensajes de texto. Unos ubicuos quioscos que venden tarjetas de prepago con internet, de hecho, funcionan como sucursales bancarias: las personas depositan dinero en efectivo y los agentes les envían un SMS que añade ese valor en sus cuentas; o envían un SMS al agente y este les da dinero en efectivo. También se puede enviar dinero a alguien con el mismo sistema.

Este es un invento que ha arraigado en muchos lugares, pero se puso en práctica por primera vez en Kenia, aunque esta historia comienza con una presentación que se hizo en Johannesburgo en 2002. El conferenciante era Nick Hughes, de Vodafone. El lugar, la Cumbre Mundial para el Desarrollo Sostenible. El tema del que venía a hablar Nick Hughes era sobre cómo animar a las grandes corporaciones a que financiaran investigaciones sobre ideas que parecían arriesgadas, pero que podían ayudar a los países pobres a desarrollarse.

Entre el público había un hombre con la respuesta: un funcionario del británico Departamento para el Desarrollo Internacional (DIFD, por sus siglas en inglés). El DIFD tenía dinero para invertir en un fondo de capital riesgo para mejorar el acceso a los servicios financieros de nuevas empresas. Y el mundo de los teléfonos parecía interesante: el DIFD se había dado cuenta de que los clientes de las redes telefónicas africanas se transferían tiempo de conexión prepagado casi como una suerte de moneda. Así que el hombre del DIFD tenía una propuesta para Hughes: si la DIFD invertía un millón de libras con la condición de que Vodafone invirtiera lo mismo, ¿ayudaría esto a los jefes de la compañía a que se interesaran por las ideas de Hughes?

Así fue. La idea inicial de Hughes no consistía en acabar con la corrupción en el sector público, ni tenía nada que ver con ninguno de los usos imaginativos que ahora se le dan al dinero móvil. Se trataba de algo mucho más limitado: la microfinanciación, una cuestión candente en el desarrollo internacional de aquellos años. Cientos de millones de potenciales emprendedores eran demasiado pobres para que el sistema bancario les prestara atención, por lo que no tenían posibilidad alguna de acceder a préstamos. Si pudieran recibir un pequeño crédito —lo suficiente para comprar una vaca o, quizá, una máquina de coser, o una moto—, podrían empezar un negocio próspero. Hughes quería investigar si los clientes de las microfinanzas podrían pagar sus préstamos vía SMS.

En 2005 Susie Lonie, una colega de Hughes, se instaló en Kenia para trabajar con Safaricom, una red de móviles que en parte pertenecía a Vodafone. El proyecto piloto no siempre tuvo visos de ser un éxito. Lonie recuerda estar dirigiendo una sesión formativa en un abrasador cobertizo con techo de hojalata, luchando contra el ruido de un partido de fútbol cercano y contra la incomprensión de los clientes sobre las microfinanzas. Antes de poder explicar en qué consistía el M-Pesa, tuvo que aclararles el funcionamiento básico de un móvil. («Pesa» significa «dinero» en Kenia, igual que «paisa» en Afganistán.)

Poco después la gente empezó a utilizar el servicio. Y pronto se hizo evidente que lo utilizaban para muchas más cosas que tan solo para pagar los préstamos a las instituciones microfinancieras. Intrigada, Lonie mandó a sus investigadores a averiguar qué estaba pasando.

Una mujer del proyecto piloto dijo que había enviado algo de dinero a su marido porque le habían robado y no podía comprar el billete de autobús. Otros dijeron que estaban utilizando el M-Pesa para que no pudieran atracarlos en la carretera: depositaban el dinero antes del partir y lo retiraban al llegar. Los comercios dejaban el dinero por la noche en lugar de guardarlo en una caja fuerte. Lo usaban también para pagarse servicios unos a otros. Y los trabajadores de la ciudad lo aprovechaban para enviar dinero a sus parientes que vivían en los pueblos.[2] Era más seguro que la opción disponible hasta entonces, que consistía en confiar un sobre con dinero en efectivo al conductor del autobús.

Lonie se dio cuenta de que aquello iba a ser grande.

Solo ocho meses después de que se lanzara el M-Pesa, un millón de kenianos lo usaban. Ahora son unos veinte millones. En dos años, las transferencias de M-Pesa representan el 10 por ciento del PIB de Kenia, y hoy en día ya son casi la mitad. Pronto los quioscos de M-Pesa en Kenia serán cien veces más numerosos que los cajeros automáticos.[3]

El M-Pesa es una tecnología «leapfrogging» de manual: es decir, una invención que arraiga muy deprisa porque el desarrollo de las alternativas es muy precario. Los teléfonos móviles han permitido a los africanos saltarse una red de comunicaciones terrestres terriblemente inadecuada. El M-Pesa ha dejado en evidencia un sistema bancario que, en el pasado, ha sido demasiado ineficiente para obtener rentabilidad de los servicios que ofrece a la población con ingresos bajos. Si estamos conectados al sistema financiero, es fácil comprender que pagar la factura por los servicios que nos prestan no requiere pasarse horas de camino para llegar a una oficina en la que tenemos que hacer cola; o que tenemos un lugar más seguro en el que guardar el dinero que debajo del colchón. Alrededor de dos millones de personas todavía carecen de estas facilidades, aunque el número está descendiendo con rapidez, en gran medida debido al dinero móvil.[4] La mayoría de los kenianos más pobres —los que ganan menos de 1 euro al día— se han suscrito al M-Pesa en pocos años.[5]

En 2014, el dinero móvil se había implantado en un 60 por ciento de los mercados de los países en vías de desarrollo.[6] Algunos de ellos, como Afganistán, han adoptado en muy poco tiempo esta tecnología, pero muchos otros todavía no. Los clientes de los países del primer mundo tampoco tienen la opción de enviar dinero vía SMS, aunque es más sencillo que cualquier aplicación bancaria. ¿Por qué el M-Pesa comenzó su historia de éxito en Kenia? Una de las razones más importantes fue la visión laxa de los reguladores bancarios y de las telecomunicaciones.[7] En otros lugares, los burócratas no siempre han tenido esta visión de futuro.[8]

Según un estudio, lo que más atrae del M-Pesa a los hogares kenianos es la facilidad con que se puede mandar dinero a los familiares.[9] Pero hay dos beneficios que podrían ser incluso más importantes.

El primero lo descubrieron aquellos policías afganos: permitía luchar contra la corrupción. De la misma manera, en Kenia, los conductores pronto se dieron cuenta de que los policías que los paraban no aceptarían sobornos con el M-Pesa, porque estos estarían vinculados a su número de teléfono y eso se podría utilizar como prueba.[10] En muchos lugares, la corrupción es endémica. En Afganistán, los sobornos representan una cuarta parte del PIB.[11] Los *matatus* de Kenia, unos minibuses que transportan a la gente por las ciudades, pierden un tercio de sus ingresos por los robos y la extorsión.[12]

Podríamos pensar, por lo tanto, que los propietarios de los *matatus* darían la bienvenida al anuncio del gobierno para obligar a que se pagaran los trayectos con dinero móvil. Después de todo, si el conductor no tiene dinero en efectivo, no le podrán pedir sobornos. Pero muchos se han resistido, y la razón es difícil de discernir.[13] Las transacciones en efectivo no solo favorecen la corrupción, sino también la evasión de impuestos. Los conductores de *matatus* cayeron en la cuenta de que cuando los ingresos se pueden rastrear, también se deben tributar.

Esta es la otra gran ventaja del dinero móvil: aumentar la base tributaria al poner al descubierto la economía sumergida. Desde los comandantes de policía corruptos a los conductores de taxi que evaden impuestos, el dinero móvil podría generar un cambio sustancial en la cultura económica.

43
El registro de la propiedad

Algunas de las partes más importantes de la economía moderna son invisibles. No podemos ver las ondas de radio. No podemos ver la responsabilidad limitada.

Y, algo que quizá es todavía más fundamental, no podemos ver los derechos sobre la propiedad. Pero podemos oírlos.

Esta es la conclusión a la que llegó un economista peruano hace unos veinticinco años mientras paseaba por los idílicos campos de arroz de Bali (Indonesia).[1] Pasando por delante de una plantación, apareció un perro para ladrarle. Luego, de repente, el perro dejó de ladrar y apareció otro aullando. El límite entre una plantación y otra era invisible, pero los perros sabían a la perfección dónde estaba. Este economista, Hernando de Soto, volvió a la capital de Indonesia, Yakarta, para reunirse con cinco ministros del gobierno y debatir un nuevo sistema formal de derechos sobre la propiedad. Ya sabían todo lo que tenían que saber, dijo el economista con cierto descaro: solo tenían que preguntarles a los perros de Bali quién era el dueño de qué.

Hernando de Soto es una figura importante en las políticas de desarrollo económico. Su firme oposición a los terroristas maoístas de Perú del grupo Sendero Luminoso lo convirtió en un objetivo, por lo que intentaron asesinarlo hasta en tres ocasiones.[2] Su gran idea era que el sistema legal pueda saber tanto como los perros de Bali.

Pero no nos adelantemos. El gobierno indonesio estaba intentando formalizar los derechos sobre la propiedad, a pesar de que muchos otros gobiernos habían tomado el camino opuesto. En China, durante la década de 1970, cuando los maoístas no eran los rebeldes sino que estaban en el gobierno, la idea misma de que alguien pudiera ser dueño de algo era un pensamiento burgués y sedicioso. Los funcionarios del Partido Comunista les decían a los campesinos de las granjas colectivizadas: no poseéis nada, todo pertenece al colectivo. ¿Y mis dientes?, preguntó un campesino. Tampoco, contestó el funcionario: incluso tus dientes pertenecen al colectivo.[3]

Pero esta estrategia fue nefasta. Si no poseemos nada, ¿qué incentivos tenemos para trabajar, invertir en la tierra o mejorarla? La agricultura colectivizada dejó a los campesinos en un estado de pobreza constante y desesperado. En 1978, en el pueblo de Xiaogang, un grupo de campesinos se reunió en secreto y acordó abandonar la granja colectivizada, dividir la tierra y que cada uno se quedase con los excedentes de su producción después de satisfacer las cuotas colectivas. A ojos de los comunistas, era un acuerdo traicionero, así que los campesinos deberían ocultar ese contrato secreto a los funcionarios.

No obstante, al final los descubrieron: los delató el hecho de que sus granjas habían producido más en un año que en los cinco anteriores juntos. Fue un movimiento tremendamente arriesgado: vejaron a los campesinos y los trataron como criminales. Pero, por avatares de la fortuna, China tenía un nuevo líder: Deng Xiaoping. Y, cuando Deng hizo saber que aquel era un tipo de experimento que tenía su bendición, 1978 se convirtió en el año en que empezó la vertiginosa transformación de una economía pobre en extremo a una de las más importantes del planeta.

La experiencia de China demuestra que los derechos sobre la propiedad poseen una gran fuerza, y que, hasta cierto punto, una comunidad los puede gestionar por sí misma de manera informal. Pero, según Hernando de Soto, hay un límite en los acuerdos comunitarios informales. Si todos en mi vecindario reconocen que somos los dueños de nuestra casa, significa que podemos utilizarla de muchas maneras significativas: podemos dormir en ella, darle una nueva capa de pintura a la cocina o reformarla por completo; y si un ladrón intenta entrar para robar, podemos pedir socorro y los vecinos acudirán.

Pero, en un aspecto determinante, no nos será de ayuda que estos vecinos reconozcan que la casa es nuestra: cuando queramos, por ejemplo, que nos den un préstamo.

La forma habitual en la que pedimos una línea de crédito es ofreciendo una propiedad como garantía. La tierra y las viviendas suelen ser unas garantías particularmente buenas, puesto que tienden a aumentar de valor y es difícil ocultarlas a los acreedores.

Pero si queremos utilizar nuestra casa como fianza para pedir un préstamo bancario, para emprender un negocio o reformar la cocina, tenemos que demostrar que la casa es nuestra de verdad. El banco debe tener la seguridad de que podría apropiarse de ella si no devolvemos el préstamo. Y para hacer que una casa en la que duermo se convierta en una casa que garantiza un préstamo se requiere una red invisible de información que puedan utilizar tanto el sistema legal como el sistema bancario.

Para Hernando de Soto, esta red invisible es la diferencia entre que una casa sea un activo —algo útil que poseo— o un capital, es decir, un activo que el sistema financiero reconoce.

Es evidente que muchos activos de países pobres solo tienen ese estatuto de forma no oficial. De Soto los denominó «capital muerto», esto es, inútil para garantizar un préstamo. Calculó que, a principios del siglo xxi, había al menos un capital muerto de unos diez billones de dólares en los países en vías de desarrollo, más de cuatro mil dólares por persona. Otros investigadores creen que eso es una exageración, y que la cifra exacta se encuentra entre los tres y los cuatro billones. Aun así, sigue siendo una cantidad muy considerable.[4]

Pero ¿cómo se convierten los activos en capital? ¿Cómo se teje esta red invisible? A veces el asunto viene de arriba. Quizá el primer registro de la propiedad reconocible sea el de la Francia napoleónica. Napoleón debía crear impuestos para financiar sus incesantes guerras, y la propiedad era un objetivo atractivo, así que decretó que todas las propiedades se debían identificar y registrar hasta el último detalle. Este mapa de propiedades se llama «catastro»; Napoleón proclamó con orgullo que «un buen catastro de las parcelas será el complemento de mi código civil». Después de conquistar Suiza,

Holanda y Bélgica, Napoleón también instituyó allí los mapas catastrales.[5]

A mediados del siglo xix, la idea de un registro de la tierra se extendió veloz por el Imperio británico; los supervisores estatales confeccionaron mapas, y el departamento de la tierra otorgó títulos de propiedad. Fue un proceso rápido y bastante eficiente, y, por descontado, en aquella época nadie con poder mostró demasiada preocupación por el hecho de que la mayoría de las asignaciones eran confiscaciones de los pueblos indígenas que también reclamaban su derecho sobre esa misma tierra.[6]

En Estados Unidos, el proceso empezó desde abajo. Después de décadas tratando a los ocupantes del oeste como criminales, el Estado empezó a considerarlos pioneros aventureros. El gobierno de Estados Unidos intentó formalizar sus reclamaciones informales sobre la propiedad con la Ley de Preferencia de 1842 y la Ley de Asentamientos Rurales de 1862. También allí los derechos de los nativos que habían estado viviendo allí durante miles de años se consideraron irrelevantes.[7]

No se puede decir que fuera justo. Pero sí fue muy rentable. El proceso de convertir el acaparamiento de tierras en un derecho de propiedad reconocido por la ley desencadenó décadas de inversiones y desarrollo. De hecho, algunos economistas —en especial, el mismo Hernando de Soto— defienden que la mejor manera de crear registros sobre la propiedad y mapas catastrales en los países en vías de desarrollo es empleando el proceso de reconocer primero los derechos informales sobre la propiedad.

No obstante, ¿de veras los registros liberan lo que de Soto llama «capital muerto»? La respuesta, por supuesto, es que «depende». Depende de que haya un sistema bancario capaz de conceder préstamos y de que haya una economía en la que valga la pena pedir dinero prestado para invertir.

Y también depende del buen funcionamiento del registro de la propiedad. De Soto descubrió que en Egipto registrar legalmente la propiedad requería 77 procedimientos y acudir a 31 agencias diferentes. Se necesitaban entre cinco y trece años para completar el proceso. En Filipinas todo era el doble de complicado: 168 procedimientos, 53 agencias y una lista de espera de trece a veinticinco años. Con todos estos obstáculos por delante, incluso las propiedades formalmente registradas volverán pronto a ser informales: la próxima vez que la propiedad se venda, tanto el comprador como el vendedor decidirán que formalizar el acuerdo les supone demasiadas molestias.[8]

Sin embargo, si se hace bien, los resultados pueden ser impresionantes. Por ejemplo, en Ghana, los campesinos que tenían un derecho reconocido para transferir sus propiedades invertían más en la tierra.[9] Por todo el mundo, el Banco Mundial ha comprobado que, después de unos ingresos y un crecimiento estable, los países con unos registros de la propiedad más sencillos y rápidos tienen menos corrupción, menos mercado negro y más créditos e inversiones privadas.[10]

Los registros de la propiedad ocupan un lugar extraño en el espectro político. En la derecha, se exige al gobierno que se eche a un lado y deje sitio a los emprendedores. En la izquierda, se pide al gobierno que dé un paso al frente y se implique en la economía. Crear y mantener un registro de la propiedad es una actividad que se ubica en la intersección del diagrama de Venn: si De Soto está en lo cierto, el gobierno tiene que actuar, pero lo tiene que hacer con el mínimo de burocracia posible.

Mientras tanto, los registros de la propiedad son anticuados, aborrecidos e incluso desconocidos. Pero sin ellos muchas economías se irían al garete.

VII

INVENTAR LA RUEDA

Como he escrito en la introducción, este libro es un intento de identificar cincuenta historias ilustrativas sobre cómo los inventos han configurado la economía moderna, y en ningún caso un intento de establecer los cincuenta inventos más significativos de la historia económica. Nadie se pondría de acuerdo en algo así. Pero, si lo intentáramos, uno que con seguridad estaría en todas las listas sería la rueda.

Si la rueda no aparece en este libro, es en parte porque se necesitaría uno entero para hacerle justicia. En el mundo moderno estamos rodeados de ruedas, desde las más obvias (coches, bicis y tres) a las más sutiles (el tambor de la lavadora, el ventilador para refrigerar el ordenador). Los arqueólogos creen que las primeras ruedas tal vez no se utilizaron para el transporte —como cabría esperar—, sino para hacer cerámica. De este modo, podríamos afirmar razonablemente que la vajilla que guardamos en el armario se la debemos a la rueda.

No obstante, en este libro aparecen varias «ruedas» metafóricas: inventos sencillos que cumplen tan bien su función que «reinventar la rueda» sería una estupidez. Ya hemos visto algunas de estas «ruedas»: el arado, el contenedor de mercancías, el alambre de púas. Una de las «ruedas» por antonomasia es la idea de la escritura. Siempre podemos tratar de mejorar estas invenciones, pero en todos los casos el concepto básico ha sido brillantemente efectivo.

Tengo que admitir que, escribiendo este libro, mis inventos favoritos han sido las ruedas.

44

El papel

La imprenta, inventada en la década de 1440 por Johannes Gutenberg, un orfebre de Mainz, se suele considerar como uno de los inventos que ha definido a la humanidad. Gutenberg halló la forma de fabricar grandes cantidades de tipos de metal duraderos, y cómo fijar estos tipos con la suficiente firmeza para imprimir cientos de copias de una página, pero con la suficiente flexibilidad para que el mismo tipo se pudiera reutilizar en una página completamente diferente. Las famosas biblias de Gutenberg eran objetos tan bellos como las caligrafiadas por los monjes. Es posible imaginar una de ellas si cerramos los ojos: la nítida y negra escritura en latín está compuesta a la perfección en dos densos bloques de texto que, en ocasiones, está resaltado con unas líneas de tinta roja.

De hecho, se puede poner en cuestión el lugar que Gutenberg ocupa en la historia. No fue el primer inventor de la imprenta de tipos móviles, pues esta se desarrolló primero en China. Incluso cuando Gutenberg inventaba su imprenta en el corazón de Europa (en la actual Mainz, al oeste de Alemania), los coreanos estaban desechando todo su sistema de escritura para imprimir con más facilidad, y redujeron decenas de miles de caracteres a solo veintiocho.[1] A menudo se dice que Gutenberg causó sin ayuda de nadie la alfabetización de las masas, pero esto tampoco es verdad: la alfabetización era común seiscientos o setecientos años antes en el califato abasí, que se extendía desde Oriente Medio hasta el norte de África.[2]

Aun así, la imprenta de Gutenberg cambió el mundo. Provocó la reforma europea y favoreció la ciencia, la aparición de diarios, la novela, el libro de texto y muchas más novedades.[3] Pero no habría podido hacerlo sin otro invento, igual de esencial pero que suele pasarse por alto: el papel.

El papel era otra idea que provenía de China, donde se inventó hace poco más de dos mil años. Al principio, los chinos lo utilizaron para envolver regalos, pero pronto empezaron a escribir en él: era más ligero que el bambú y más barato que la seda. Poco tiempo después el mundo árabe también lo adoptó.* Pero, en Europa, los cristianos no los imitaron hasta mucho más tarde: el papel llegó a Alemania unas pocas décadas antes de que Gutenberg inventara la imprenta.

¿Por qué tardó tanto? Los europeos, dado que vivían en un clima más húmedo, necesitaban un papel un poco diferente del que producían los árabes. Pero el verdadero obstáculo fue la falta de demanda. Durante siglos, los europeos sencillamente no lo necesitaron. Tenían el pergamino, que se produce con piel de animal, pero era caro: para una Biblia completa se precisaba la piel de 250 ovejas.[4] Dado que había muy poca gente que supiera leer o escribir, esto no tenía importancia; pero, a medida que fue creciendo la clase comercial y sus necesidades cotidianas, como la redacción de contratos y el mantenimiento de libros de cuentas, ese material más barato que utilizaban los árabes para escribir empezó a suscitar interés. Y la existencia de un papel barato también provocó que los beneficios de imprimir también se volvieran atractivos: el coste de colocar los tipos se podía rentabilizar con facilidad con una tirada larga. Esto significaba sacrificar a un millón de ovejas o… utilizar papel.

La impresión fue solo el primer uso que se dio al papel.[5] Decoramos nuestras paredes con él, ya sea empapelándolas o colgando pósters y fotografías. Con él filtramos el café y el té. Lo utilizamos para empaquetar la leche y el zumo. En forma de cartón ondulado,

---

* La palabra «resma» —quinientos pliegos de papel— proviene de la palabra árabe «rízma», que significa 'paquete, bala'. No obstante, la mayoría de las palabras que tenemos para el papel no son muy fieles a sus orígenes: tanto la latina «papyrus» como la griega «khartes» (de la que provienen 'cartón', 'cartografía', 'carta') se refieren a una planta egipcia, no al verdadero papel. El papiro no sirve para hacer libros porque se deshilacha y se rompe por los bordes.

hacemos cajas e, incluso, edificios. Una arquitecta llamada Tina Hovsepian construye edificios «Cardborigami»: estructuras de cartón resistentes a las inclemencias del tiempo que se pueden doblar, transportar y luego montar en solo una hora en el lugar donde hay una emergencia humanitaria.[6]

Existe el papel de embalar, el papel encerado y el papel de lija. Hay servilletas de papel, recetas en papel y billetes en papel. Y, en la década de 1870, cuando también se inventó el teléfono y la bombilla, la British Perforated Paper Company fabricó un papel que era suave, fuerte y absorbente: el primer papel higiénico del mundo.

Es posible que el papel nos parezca atractivo y artesanal, pero en realidad es la quintaesencia de los productos industriales, pues se produce a una escala enorme. De hecho, cuando los cristianos europeos por fin lo adoptaron, crearon la que se puede considerar la primera industria pesada del continente. Al principio, fabricaban papel a partir de la pulpa del algodón. Pero se necesita un tratamiento químico para descomponerlo: el amoníaco de la orina funciona muy bien para ello, de modo que durante siglos las fábricas de papel apestaban cuando los tejidos brutos se deshacían en un baño de orina humana. La obtención de la pulpa también requiere una cantidad tremenda de energía mecánica: una de las primeras fábricas de papel, en Fabriano, Italia, utilizaba las vías fluviales de las montañas para dar energía a los martillos pilones.[7]

Cuando había macerado bastante, la celulosa del algodón se desprendía y flotaba como en una especie de sopa espesa. Luego se filtraba esta sopa y se dejaba secar para que la celulosa formase una fibra sólida y flexible.[8] Con los años, hubo una innovación tras otra en el proceso: trilladores, blanqueantes, aditivos… Cada una de ellas estuvo diseñada para fabricar papel más rápido y más barato, aunque el resultado a menudo fuera una superficie más frágil que amarilleaba y se agrietaba con el tiempo. El papel se convirtió en un producto muy barato, ideal para que la gente de clase media pudiera escribir en él en su día a día. En 1702, el papel era tan barato que se usó para hacer un producto explícitamente diseñado para tirarlo al cabo de veinticuatro horas: el *Daily Courant*, el primer diario del mundo.[9]

Poco después sobrevino una crisis industrial casi inevitable: la demanda de papel en Europa y Estados Unidos era tan importante que empezaron a quedarse sin las fibras necesarias. La situación era tan desesperada que había gente que recorría los campos de batalla después de las guerras para arrebatarles a los muertos la ropa llena de sangre y venderla a las fábricas de papel.[10] Apareció un recurso alternativo para obtener la celulosa: la madera. Hacía mucho tiempo que los chinos ya lo sabían, pero en Europa costó que arraigara la idea. En 1719, un biólogo francés, René-Antoine Ferchault de Réaumur, escribió un ensayo científico en el que se preguntaba que, si las avispas podían hacer avisperos de papel masticando trozos de madera, ¿por qué no iban a poder hacerlo los humanos? No le prestaron atención durante años y, cuando se redescubrió su idea, los fabricantes de papel se dieron cuenta de que la madera no era un material bruto fácil de tratar, y ni de lejos tiene tanta celulosa como el algodón. No fue hasta mediados del siglo xix cuando la madera se convirtió en un recurso significativo para producir papel en Occidente.[11]

Hoy en día, el papel cada vez más se hace de papel: con frecuencia se recicla debidamente en China. Una caja de cartón sale de las fábricas de papel de Ningbo, a doscientos kilómetros al sur de Shangai y se utiliza para empaquetar un ordenador portátil. La caja cruza el Pacífico. Se extrae de ella el ordenador y se tira la caja en un contenedor de reciclaje de Seattle o Vancouver. Luego se manda de nuevo a Ningbo, para aprovechar la pulpa y fabricar otra caja.[12] El proceso se puede repetir seis o siete veces antes de que las fibras del papel se debiliten y ya no se puedan usar.[13]

Pero si hablamos de escritura, algunos dicen que los días del papel están contados y que el ordenador precipitará la era de las «oficinas sin papeles». El problema es que la oficina sin papeles se viene augurando desde los tiempos de Thomas Edison, a finales del siglo xix. ¿Recordamos aquellos cilindros de cera, la tecnología que permitió la aparición de la música grabada y dio pie a una era de gran desigualdad en los ingresos de los músicos? Edison pensaba que se utilizarían para sustituir el papel: los informes ya no se escribirían, sino que se grabarían en estos cilindros. Ni siquiera Edison tenía razón en todo y, en lo que respecta a la muerte del papel, el tiempo ha demostrado que muchos otros pronosticadores estaban equivocados.

La idea de la oficina sin papel empezó a arraigar de verdad cuando aparecieron los ordenadores, en la década de 1970, y se repitió en los apasionantes informes de los futurólogos durante el siguiente cuarto de siglo.[14] Mientras tanto, las ventas de papel siguieron aumentando sin descanso: sí, los ordenadores facilitaban la distribución de documentos sin usar papel, pero las impresoras también propiciaron que los receptores los imprimieran de todas maneras. Las fotocopiadoras, las máquinas de fax y las impresoras han seguido empleando suficiente papel de oficina para cubrir todo el Reino Unido cada cinco años.[15] Después de un tiempo, la idea de la oficina sin papel ha dejado de ser una predicción para convertirse más bien en una broma.

Tal vez ahora por fin estén cambiando las cosas: en 2013, el mundo llegó al punto culminante en la producción de papel, y a partir de ahí el consumo ha empezado a declinar.[16] Muchos de nosotros seguimos prefiriendo el tacto de un libro o de un diario físico a tener que pulsar una pantalla, pero el coste de la distribución digital es tan bajo que nos decantamos por la opción más barata. Al final, lo digital le está haciendo al papel lo que el papel le hizo al pergamino con ayuda de la imprenta de Gutenberg: no lo está superando por la calidad, sino por el precio.

Puede que el papel esté en declive, pero es difícil imaginar que vaya a desaparecer, de la misma forma que es difícil imaginar que vaya a desaparecer la rueda. Sobrevivirán no solo en las estanterías de los supermercados o en los lavabos, sino también en las oficinas. Las viejas tecnologías tienen la costumbre de ser duraderas: seguimos utilizando lápices y velas, y en el mundo se siguen produciendo más bicicletas que coches.[17] El papel nunca fue tan solo el receptor de los bellos tipos de la Biblia de Gutenberg: es un producto que utilizamos a diario. Y para hacer anotaciones, listas y garabatos, sigue sin haber nada mejor que el dorso de un sobre.

45

Los fondos cotizados

He aquí una pregunta: ¿Cuál es la mejor inversión financiera del mundo?

Si alguien sabe la respuesta, esa persona es Warren Buffet, el inversor más rico del mundo y una las personas más ricas del planeta, punto. Posee decenas de miles de millones de dólares que ha acumulado con el correr de las décadas gracias a sus inteligentes inversiones. ¿Y cuál es el consejo de Warren Buffet? Se encuentra en una carta a su mujer en la que le aconsejaba cómo invertir cuando él muriera. Y está publicada en la red para que la lea quien quiera.

Las instrucciones: escojamos la inversión más mediocre que podamos imaginar. Es decir, invirtamos casi todo lo que tengamos en «un fondo cotizado muy barato de s&p 500».[1]

Sí, un fondo cotizado. La idea de fondo cotizado es mediocre por definición: invertir en el mercado en su conjunto de forma pasiva comprando un poco de todo, en lugar de querer sacar partido invirtiendo con eficacia en acciones específicas, lo que Warren Buffet ha hecho durante más de medio siglo.

Hoy en día, los fondos cotizados nos parecen completamente naturales, una parte esencial del lenguaje de inversión. Pero en una fecha tan reciente como 1976 no existían.

Antes de tener un fondo cotizado se necesita un índice bursátil. En 1884, un periodista financiero llamado Charles Dow tuvo la brillante idea de que podía tomar el precio de las acciones de alguna empresa famosa y calcular la media, y luego publicar los ascensos y descensos de esta media. Acabó fundando no solo la empresa Dow Jones, sino también el *Wall Street Journal*.[2]

El Promedio Industrial Dow Jones no pretendía mucho más que registrar la evolución de las acciones en su conjunto. Pero, gracias a Charles Dow, los expertos pudieron empezar a analizar que el mercado de acciones había subido un 2,3 por ciento o que caía 114 puntos. Otros índices más sofisticados le siguieron: el Nikkei, el Hang Seng, el Nasdaq, el FTSE y, el más famoso, el s&p 500. Pronto se convirtieron en el medio de vida de los periodistas económicos de todo el mundo.

Después, en el otoño de 1974, el economista más famoso del planeta se interesó en ellos. Su nombre era Paul Samuelson. Había revolucionado la forma en que se practicaba y se enseñaba la economía haciendo que esta fuera más matemática, es decir, que se pareciera más a la ingeniería que a un club de debate. Su libro *Economía* fue el manual más vendido de Estados Unidos durante casi treinta años. Fue consejero del presidente Kennedy y galardonado con uno de los primeros premios Nobel en ciencias económicas.[3]

Samuelson ya había probado la idea más importante de la economía financiera: si los inversores piensan racionalmente en el futuro, el precio de los activos, como acciones y obligaciones, fluctuará de forma aleatoria. Parece paradójico, pero la idea que subyace es que todos los movimientos previsibles ya han ocurrido: mucha gente comprará una acción que claramente sea una ganga, y luego el precio subirá y dejará de ser una ganga.

Esta idea se conoce como la «hipótesis de los mercados eficientes». Tal vez no sea del todo verdad, puesto que los inversores no son perfectamente racionales, y algunos están más interesados en cubrirse las espaldas que en asumir riesgos bien ponderados. Pero la hipótesis de los mercados eficientes tiene algo de verdad, y, cuanto más cierta sea, más difícil será para cualquier persona ganar dinero por encima de los beneficios del mercado.

Samuelson analizó los datos y descubrió que, a largo plazo, la mayoría de los inversores profesionales no obtenían beneficios en el mercado, lo cual era bastante embarazoso para la industria de inversiones. Y, aunque algunos inversores ganaban dinero, las buenas rachas no solían durar. Hay mucha incidencia de la suerte y es difícil distinguir esta de la pericia.

Samuelson expuso estas ideas en un artículo llamado «Desafío al juicio», en el que afirmaba que la mayoría de los inversores profesionales deberían dejar su trabajo y dedicarse a algo útil, como la fontanería. E incluso fue más allá: escribió que, dado que los inversores profesionales no parecían capaces de ganar dinero por encima de los beneficios del mercado, alguien debería crear un fondo cotizado: una forma para que la gente normal pudiera invertir en la rentabilidad del mercado en su conjunto, sin tener que pagar una fortuna en facturas de profesionales que intentarían ser eficaces con sus inversiones, pero fracasarían.

En este punto ocurrió algo interesante: un pragmático empresario prestó atención a lo que este economista académico había escrito. John Bogle acababa de crear una empresa llamada Vanguard, cuya misión era proveer de fondos de inversión simples a inversores corrientes: nada de promesas grandilocuentes, nada de productos maravillosos, y unos honorarios inusualmente bajos. ¿Y qué podía ser más simple o barato que un índice cotizado, tal y como había recomendado el economista más respetado del mundo? Así que Bogle decidió cumplir el sueño de Samuelson. Creó el primer fondo cotizado del mundo y esperó a que los inversores hicieran cola en la puerta.[4]

Pero eso no sucedió. Cuando Bogle lanzó el First Index Investment Trust, en agosto de 1976, fue un fracaso. Los inversores no estaban interesados en un fondo que garantizaba ser mediocre, y los profesionales financieros detestaban la idea: algunos incluso le acusaron de ser antiestadounidense. Sin duda era una bofetada en la cara para ellos, pues Bogle, en efecto, afirmaba: «No paguéis a estos tipos para que compren acciones porque no lo harán mejor que un método aleatorio. Yo tampoco, pero cobro menos». Llamaron al fondo cotizado Vanguard la Locura de Bogle.

Pero Bogle mantuvo su fe y poco a poco fue progresando. Los fondos activos, después de todo, son caros. Suelen comerciar mucho, comprando y vendiendo acciones en busca de gangas, y pagan a los analistas generosamente para que frecuenten a los directores de las empresas. Los honorarios anuales tal vez parezcan modestos —solo un 1 o un 2 por ciento—, pero pronto aumentan: si estamos ahorrando para la jubilación, un 1 por ciento anual puede engullir con facilidad una cuarta parte o más de nuestro fondo de pensiones. Ahora bien, si los analistas se adelantan al mercado, incluso estos honorarios son dinero bien invertido. El problema es que Samuelson mostró que, a largo plazo, la mayoría de ellos no son efectivos.

Los fondos cotizados superbaratos, con el tiempo, fueron una alternativa perfectamente creíble a los fondos activos, y sin ningún coste. Así que, con paso lento pero seguro, los fondos de Bogle crecieron y fomentaron la aparición de más y más imitadores: todos se basaban en un factor financiero u otro, y todos confiaban en la afirmación de Samuelson de que, si al mercado le iba bien, no había problema en quedarse sentado con tranquilidad y dejarse llevar. Cuarenta años después de que Bogle lanzara su fondo cotizado, el 40 por ciento de los fondos del mercado de acciones estadounidenses, en lugar de ser activos compradores de acciones, son pasivos.[5] Se podría afirmar que el 60 por ciento restante confía más en la esperanza que en la experiencia.

La inversión en los fondos cotizados es un símbolo del poder que tienen los economistas para cambiar el mundo que estudian. Cuando Samuelson y sus sucesores desarrollaron la hipótesis de los mercados eficientes, cambiaron la manera de funcionar de los mercados, para bien o para mal. Pero no se trató solo de los fondos cotizados. Otros productos financieros, como los derivados, empezaron a despuntar después de que los economistas encontraran una forma de valorarlos.[6] Algunos académicos creen que la hipótesis de Samuelson desempeñó un papel en la crisis financiera al alentar algo llamado contabilidad «mark-to-market», según la cual los contables de los bancos analizaban qué activos eran valiosos fijándose en el valor que tenían en los mercados financieros. Existe el riesgo de que estas informaciones contables creen burbujas y sus estallidos, dado que todos los libros de contabilidad parecen maravillosos y terribles, de golpe y a la vez, cuando los mercados financieros cambian.[7]

El mismo Samuelson pensó, con razón, que el fondo cotizado había cambiado el mundo para mejor. Ha ahorrado cientos de miles de millones, literalmente, a los inversores corrientes.[8] Esta es una gran hazaña: para muchos, supone la diferencia entre apretarse el cinturón y ahorrar o vivir relativamente cómodos en la vejez. En una conferencia en 2005, cuando Samuelson contaba noventa años, le atribuyó el mérito a Bogle. Declaró: «Considero que la invención de Bogle está al mismo nivel que la rueda, el alfabeto, la imprenta de Gutenberg, el vino y el queso: un fondo de inversión que nunca hizo rico a Bogle pero que incrementó los beneficios a largo plazo de los dueños de los fondos de inversión. Algo nuevo bajo el sol».[9]

46

El sifón en «S»

«Se han acabado las palabras elegantes —bramó un editorial del londinense *City Press* en 1858—. La ciudad apesta.»[1]

El mal olor en cuestión era metafórico solo en parte: los políticos no lograban resolver un problema grave. A medida que crecía la población londinense, el sistema de la ciudad para eliminar los desechos humanos se estaba volviendo terriblemente anticuado. Para no saturar los pozos negros —en los que se filtraban los líquidos, rebosaban y desprendían metano explosivo—, las autoridades habían empezado a verter las aguas residuales en los arroyos, pero, en principio, estos estaban destinados solo para recoger el agua de la lluvia, y desembocaban directamente en el río Támesis.[2]

Este era el hedor literal: el hecho de que el Támesis se hubiera convertido en una cloaca a cielo abierto. El distinguido científico Michael Faraday hizo un trayecto en barco para *The Times*, y describió el agua del río como «un fluido opaco, de color marrón pálido (…), cerca de los puentes los efluvios feculentos formaban brumas tan densas que se veían a simple vista sobre la superficie». El olor, afirmó, «era nefasto (…), el mismo que ahora sale de los sumideros de las calles».

El cólera era común. Un brote mató a catorce mil londinenses, casi a uno de cada cien. El ingeniero civil Joseph Bazalgette diseñó un plan para construir un nuevo alcantarillado cubierto que canalizara las aguas residuales fuera de la ciudad. Fue este proyecto el que los políticos se vieron obligados a aprobar bajo presión.

Las últimas palabras de la carta de Faraday rogaban a «aquellos que ejercen el poder o tienen un cargo de responsabilidad» que dejaran de ignorar el problema o «un verano caluroso pondrá en evidencia este descuido imprudente».[3] Y, tres años después, eso fue exactamente lo que ocurrió. El abrasador verano de 1858 hizo que el maloliente río de Londres no se pudiera ignorar o hablar de él, tangencialmente, con «palabras elegantes». La ola de calor se conoció entre el pueblo como el Gran Hedor.

Puesto que vivimos en una ciudad con un sistema moderno de alcantarillado, es difícil imaginarse la vida diaria impregnada del hedor sofocante de excrementos humanos. Hay varias personas a las que debemos agradecérselo, pero quizá a quien más es a Alexander Cumming. Este relojero que vivió en Londres un siglo antes del Gran Hedor era conocido por su maestría con los sistemas mecánicos complejos: fue juez en el premio Longitud, que promovió el desarrollo por parte de John Harrison del mejor dispositivo del mundo para medir el tiempo. El rey Jorge III encargó a Cumming que fabricara un instrumento para registrar la presión atmosférica, y también inventó el micrótomo, un aparato para cortar astillas de madera extremadamente finas y poder analizarlas con microscopio.

Pero la gran invención de Cumming no le debió nada a la ingeniería de precisión. Es un trozo de tubería con una curva.

En 1775, Cumming patentó el sifón en forma de «S». Se convirtió en el elemento que faltaba para crear el lavabo con cisterna y, con él, el sistema de alcantarillado público tal y como lo conocemos. Los lavabos con cisterna ya habían fracasado a la hora de acabar con los olores: la tubería que conectaba el lavabo al alcantarillado, que permitía que la orina y las heces desaparecieran al tirar de la cadena, también dejaba que los olores ascendieran, a menos que se cerrara herméticamente de alguna forma.

La solución de Cumming era el colmo de la sencillez: doblar la tubería. El agua tapaba la tubería en la curva, de modo que no dejaba pasar los olores, y, al tirar de la cadena, el lavabo la volvía a rellenar. Aunque hemos pasado, en orden alfabético, del sifón en forma de «S» al sifón en forma de «U», los lavabos con cisterna se siguen basando en el mismo principio: el invento de Cumming era casi inmejorable.

La implantación del sistema, no obstante, fue lenta: en 1851, los lavabos con cisterna eran aún lo bastante escasos en Londres como para que causaran sensación general cuando se mostraron en el Crystal Palace durante la Gran Exposición.[4] Usarlo costaba un penique, lo cual dio a la lengua inglesa uno de sus eufemismos más duraderos cuando uno quería vaciar la vejiga: «gastarse un penique». Cientos de miles de londinenses hicieron cola para tener la oportunidad de aliviar sus necesidades al tiempo que se maravillaban con los milagros de la fontanería moderna.

Si la Gran Exposición dio una idea de en lo que convertirse el alcantarillado público —limpio y sin olores—, esta se sumó al descontento popular con los políticos, que daban largas a la cuestión de encontrar fondos para los alcantarillados que había planificado Bazalgette. No eran perfectos. En aquella época, se creía de forma equivocada que el olor provocaba enfermedades, así que Bazalgette dio por supuesto que sería suficiente con bombear los desechos a un lugar más lejano del Támesis. En gran medida, resolvió el origen del cólera —el agua para beber contaminada—, pero no ayudaba si alguien quería pescar en el estuario o bañarse en alguna playa cercana. Las ciudades que ahora deben expandir sus infraestructuras para afrontar el crecimiento de la población tienen muchos más conocimientos para ello que el Londres de mediados del siglo xix.

Pero aún seguimos sin saber gestionar el problema de la acción colectiva, es decir, cómo hacer que «aquellos que ejercen el poder o tienen un cargo de responsabilidad», como dijo Faraday, se organicen. Aunque hemos progresado mucho. Según la Organización Mundial de la Salud, el porcentaje de población que tiene acceso a lo que se llama «mejora del saneamiento» ha aumentado desde un cuarto en 1980 a casi dos tercios hoy en día. Es un gran paso adelante.[5]

Aun así, 2.500 millones de personas siguen sin un saneamiento decente, aunque los requisitos no sean muy exigentes: la definición es «evita higiénicamente el contacto entre los excrementos y los seres humanos», pero no precisa tratar las aguas residuales. Menos de la mitad de la población mundial tiene acceso a sistemas de saneamiento que lo hagan.[6]

Los costes económicos de este fracaso continuado para implantar un sistema de saneamiento son muchos y variados, desde la cura de enfermedades diarreicas a la pérdida de ingresos de los turistas preocupados por la higiene. La «Economía para una iniciativa de saneamiento» del Banco Mundial ha intentado calcular el coste. En varios países africanos, por ejemplo, considera que un saneamiento inadecuado cuesta el 1 o el 2 por ciento del PIB; en India y Bangladesh, más del 6 por ciento; en Camboya, el 7 por ciento.[7] Pronto estas pérdidas se acumulan: los países que han hecho un buen uso del invento de Cumming, ahora son mucho más ricos.

El problema es que el saneamiento público no es algo que el mercado necesariamente va a aportar. Los lavabos cuestan dinero, pero defecar en la calle es gratis. Si instalo un lavabo, cargo con todos los costes, mientras que los beneficios de una calle limpia son para todos. En lenguaje económico, es lo que se conoce como «externalidad positiva», y los bienes que conllevan externalidades positivas se suelen comprar a un ritmo más bajo que el que preferiría la sociedad en su conjunto.

El ejemplo más sorprendente es el sistema del «lavabo volador» de Kiberia, un famoso suburbio de Nairobi (Kenia). El lavabo volador funciona de la siguiente manera: se defeca en una bolsa de plástico y luego, en mitad de la noche, se le da impulso como una onda y se arroja tan lejos como sea posible. Sustituir el lavabo volador por un lavabo con cisterna beneficia al propietario del lavabo, pero no cabe duda de que los vecinos también lo apreciarán.[8]

Comparémoslo, por ejemplo, con el teléfono móvil. No conlleva tantas externalidades positivas, pero sí algunas: si compramos uno, los vecinos con móvil podrán contactarnos con más facilidad, lo cual les beneficia. (Aunque, si se les da la opción, seguramente preferirán que dejemos de tirar excrementos por todas partes.) Pero la mayoría de los beneficios de poseer un teléfono móvil recaen en nosotros. Supongamos, entonces, que estamos decidiendo si comprar un móvil o ahorrar el dinero para un lavabo: si por motivos altruistas decidimos sumar los beneficios que cada uno nos aporta a nosotros y a los vecinos, nos decidiremos por el lavabo. Si solo consideramos los beneficios para nosotros mismos, lo más probable es que optemos por el móvil. Esta es una de las razones por las que, aunque el sifón con forma de «S» existe desde hace mucho más tiempo que el móvil, hoy en día hay muchas más personas con este último que con un lavabo con cisterna.[9]

En Kiberia, los planes para eliminar los lavabos voladores se han centrado en un reducido número de bloques de baños comunales y en la distribución de unas bolsas especialmente diseñadas para llenarlas de excrementos, agruparlas y utilizarlas como compost.[10] Es una solución *ad hoc* para la situación específica de Kiberia.

Por descontado, el saneamiento moderno requiere más que un lavabo con cisterna. Ayuda que haya un sistema de alcantarillado para canalizar las aguas residuales, y crear uno es un proyecto considerable, tanto por lo económico como por lo logístico. Cuando Bazalgette por fin logró la financiación para construir el alcantarillado de Londres, las obras tardaron diez años en completarse y fue necesario extraer 2,5 millones de metros cúbicos de tierra.[11] Puesto que está presente el problema de la externalidad, un proyecto de tales características no atrae demasiado a los inversores: suele requerir la determinación de los políticos, de los contribuyentes y de un gobierno municipal efectivo para llevarlo a cabo, y no siempre están disponibles estos elementos. En India, por ejemplo, hay 5.161 ciudades o pueblos, según el último censo. ¿Cuántas han tenido éxito a la hora de construir, aunque solo sea una red parcial de alcantarillado? Menos del 6 por ciento.[12]

Los legisladores londinenses pospusieron el proyecto de forma parecida, pero, cuando al fin actuaron, no perdieron el tiempo. Les costó unos dieciocho días redactar la legislación necesaria para llevar a la práctica los planes de Bazalgette. Como hemos visto, ya se trate de desregular la industria de camiones de Estados Unidos, reformar los registros de propiedad en Perú o asegurarse de que el sistema bancario no desestabilice la economía, no es fácil lograr que los políticos actúen con rapidez e inteligencia. Entonces, ¿qué explica esta celeridad?

Una peculiaridad geográfica: el Parlamento está ubicado al lado del río Támesis, en Londres. Los funcionarios intentaron proteger del Gran Hedor a los legisladores empapando las cortinas del edificio con cal clorada para disimular el mal olor. Pero fue inútil: por mucho que lo intentaran, los políticos no fueron capaces de ignorarlo. *The Times* describió, con una nota de sombría satisfacción, cómo se había visto a miembros del Parlamento abandonar la biblioteca del edificio «con un pañuelo en la nariz».[13] Ojalá siempre fuera tan fácil llamar la atención de la mente de los políticos.

47

El papel moneda

Hace casi 750 años, un mercader veneciano llamado Marco Polo escribió un excelente libro sobre sus viajes por China. Se llamaba *Libro de las maravillas del mundo* y estaba repleto de extrañas costumbres extranjeras que el autor afirmaba haber visto. Pero había una en particular tan extraordinaria que apenas podía creer: «La cuente como la cuente —escribió—, nunca convencería al lector de que me estoy ateniendo a la verdad y a la razón».

¿Qué sorprendió tanto a Marco Polo? Fue uno de los primeros europeos en presenciar un invento que sigue siendo un pilar de la economía moderna: el papel moneda.

Por supuesto, el papel en sí no es lo sorprendente. De hecho, el papel moneda actual no es papel: está compuesto de fibras de algodón o de un flexible tejido plástico. Y el dinero de papel que tanto fascinó a Marco Polo tampoco era papel propiamente hablando: consistía en una hoja negra, extraída de la corteza de una morera, firmada por varios funcionarios y, gracias a un sello de reluciente color bermellón, validada por el mismo emperador chino Gengis Kan. El título del capítulo al que se refiere Marco Polo casi deja sin aliento: «Cómo el gran Kan consigue que la corteza de los árboles, transformada en algo parecido al papel, sea considerada dinero por todo su país».

La cuestión es que, fuera cual fuera el material, el valor de estos papeles no residía en su precio, como en el caso de las monedas de oro o plata: el valor se lo atribuía completamente la autoridad del gobierno. De hecho, el papel moneda a veces se denomina dinero fíat (en latín, *fiat* significa «hágase»): el Gran Kan anuncia oficialmente que la corteza de morera estampada con su sello es dinero: hágase. Y el dinero se hizo.

La genialidad de este sistema maravilló a Marco Polo, que relataba cómo el papel moneda circulaba como si fuera oro o plata. Pero ¿dónde estaba todo el oro? El emperador ya se encargaba de tenerlo a buen recaudo.

El dinero de morera no era nuevo cuando Marco Polo oyó hablar de él. Había aparecido unos trescientos años antes, alrededor del año 1000, en Sichuán (China), una región que hoy en día se conoce por su cocina picante. Sichuán era una provincia fronteriza que colindaba con estados extranjeros, algunos de ellos hostiles. Los gobernantes de China no querían que las valiosas monedas de oro y plata pudieran cruzar las fronteras, así que ordenaron que utilizaran monedas de hierro.[1]

Las monedas de hierro no eran especialmente prácticas. Por un puñado de monedas de plata —de unos cincuenta gramos de peso—, a uno le podían dar su propio peso en sus equivalentes de hierro.[2] Incluso la sal, gramo por gramo, valía más que ese metal, de manera que, para quien iba al mercado a comprar comida, el saco de monedas que debería llevar pesaría más que el saco de productos que traería de vuelta a casa.

En efecto, no tardaron mucho en experimentar con alternativas.

La alternativa se llamó *jiaozi*, o «letras de cambio». Eran simples pagarés. En lugar de llevar de un lado a otro un carro lleno de monedas de hierro, un mercader conocido y de confianza redactaba un pagaré, y prometía pagar su deuda más tarde, cuando fuera más conveniente para todos.

Pero entonces ocurrió algo inesperado.

Estos pagarés, estos *jiaozi*, empezaron a circular con libertad. Supongamos que suministramos algunos productos al eminentemente acreditado señor Zhang y este nos entrega un pagaré. Cuando acudamos a otra tienda, en lugar de pagar con monedas de hierro —¿quién sigue haciéndolo?—, podemos redactar un pagaré. Pero quizá sea más sencillo, y puede que el vendedor lo prefiera, entregar el pagaré del señor Zhang. Al fin y al cabo, todos saben que este es un hombre solvente.

Entonces, entre nosotros, el vendedor y el señor Zhang hemos creado una especie de papel moneda primitivo: es una promesa de pago que tiene un valor notable por sí misma y que se puede transferir de persona a persona sin que se deprecie. La idea en sí es un poco desconcertante, pero, como hemos visto en el capítulo 20, este tipo de deuda comerciable ha aparecido en otras épocas: los cheques que se intercambiaron en Irlanda durante la huelga de los bancos en la década de 1970 durante los años cincuenta en Hong Kong, o, incluso, los palos tallados de la Edad Media tardía en Inglaterra.

El sistema de promesas comerciables es una muy buena noticia para el señor Zhang, pues, mientras las demás personas acepten de buena gana comprar cosas con sus pagarés, él no tendrá que utilizar monedas de hierro. De hecho, disfruta de un préstamo sin interés mientras sus pagarés sigan circulando. Y, lo que es aún mejor, es posible que nadie le pida que devuelva este préstamo.

No es de extrañar, por lo tanto, que las autoridades chinas empezaran a pensar que estos beneficios deberían recaer en ellas en lugar de en hombres como Zhang. Al principio, regularon las emisiones de *jiaozi* y decretaron reglas sobre qué aspecto debían tener. Muy poco después, prohibieron los *jiaozi* privados y se encargaron ellas mismas de todo el sistema. El *jiaozi* oficial fue un gran éxito; circulaba por todas las regiones chinas e incluso por todo el mundo. De hecho, los *jiaozi* hasta tenían un recargo porque eran mucho más fáciles de transportar que las monedas de metal.

Al principio, los *jiaozi* que emitía el gobierno se podían canjear por monedas si alguien lo pedía, igual que los *jiaozi* privados. Es un sistema totalmente lógico: considera que los billetes de papel representan algo con valor real. Pero pronto el gobierno cambió en silencio a un sistema fíat, y mantuvo los principios pero abandonó la práctica de canjear los *jiaozi* por monedas. Si alguien llevaba un *jiaozi* viejo al tesoro del gobierno para que se lo canjearan, le daban… un *jiaozi* nuevo y reluciente.

Fue un cambio muy moderno. El dinero que utilizamos hoy en todo el mundo lo crean los bancos centrales y no lo sustenta nada más que la promesa de reemplazar los billetes viejos por otros nuevos.

Hemos pasado de una situación en la que los pagarés del señor Zhang circulaban sin que nadie los canjeara, una increíble situación en la que los pagarés del gobierno circulan a pesar del hecho de que no se pueden canjear.

Para los gobiernos, el dinero fíat es una tentación: si tienen que pagar facturas, sencillamente pueden imprimir más dinero. Y, cuando hay más dinero para comprar la misma cantidad de bienes y servicios, los precios suben. Pronto se demostró que esta tentación era muy difícil de resistir. Pocas décadas después de que se inventara, a principios del siglo xi, el *jiaozi* se devaluó, perdió crédito y acabó con el noventa por ciento de su valor.

Desde entonces, a otros países les ha ido mucho peor. La Alemania de Weimar y Zimbabue son dos ejemplos famosos de economías que han caído en el caos porque una excesiva emisión de dinero disparó los precios hasta límites absurdos. En Hungría, en 1946, los precios se triplicaban cada día. En un café de Budapest de aquella época, era mejor pagar el café al llegar, no al marcharse.[3]

Estos episodios, raros pero aterradores, han convencido a algunos economistas radicales de que el dinero fíat nunca será estable: anhelan una vuelta a los días del patrón oro, cuando el dinero se podía canjear por una pieza diminuta de este precioso metal. Pero el pensamiento dominante cree que vincular el dinero en circulación a ese metal precioso es una idea terrible. La mayoría creen que una inflación baja y predecible en absoluto representa un problema, y que quizá sea además un útil lubricante para la actividad económica porque evita la posibilidad de la deflación, que puede ser desastrosa para cualquier economía. Y, aunque no siempre podamos creer en que los bancos centrales vayan a emitir la cantidad correcta de dinero nuevo, seguramente tiene más sentido que confiar en que los mineros extraigan la cantidad exacta de oro.

La capacidad para aumentar las emisiones de dinero es especialmente útil en las situaciones de crisis. Después de la crisis económica de 2007, la Reserva Federal estadounidense inyectó billones de dólares en la economía sin crear inflación. De hecho, no hicieron falta ni siquiera imprentas: esos billones se crearon pulsando teclas de ordenador en el sistema bancario global. El cándido Marco Polo podría haber escrito: «El Gran Banco Central consigue que los dígitos de una pantalla de ordenador, hechos de algo parecido a hojas de cálculo, se consideren dinero». La tecnología ha cambiado, pero aquello que consideramos dinero sigue siendo sorprendente.

48
El hormigón

A principios del siglo xxi, las familias pobres que vivían en el estado de Coahuila (México) recibieron un inusual folleto de cierto programa social llamado Piso Firme. No ofrecía una plaza en el colegio, una vacuna, comida ni dinero: se trataba de hormigón ya mezclado por un valor de 150 dólares. Los obreros llevaban hormigoneras por los barrios pobres, se detenían frente al hogar de alguna familia necesitada y, por la puerta, vertían la mezcla blanquecina en la sala de estar.[1] Después les mostraban cómo esparcir y aplanar el emplasto y les decían cuánto tiempo necesitaba para secarse. Luego, continuaban hacia el siguiente hogar.

Cuando los economistas estudiaron el programa Piso Firme se dieron cuenta de que el hormigón mejoraba de forma espectacular los resultados educativos de los niños. ¿Cómo era posible? Antes, la mayoría de los suelos de las casas eran de tierra. Los gusanos parasitarios crecen en ella y propagan enfermedades que obstaculizan el crecimiento de los niños. Es mucho más fácil mantener limpios los suelos de hormigón, de modo que los niños tenían mejor salud, iban al colegio con más regularidad y mejoraban las notas. Vivir con un suelo de tierra es desagradable en otros muchos aspectos: los economistas también constataron que los padres que se habían beneficiado de este programa eran más felices, sufrían menos estrés y caían en menos depresiones si vivían en casas con suelos de hormigón. Parece que eran 150 dólares bien invertidos.

Más allá de los barrios del estado de Coahuila, con frecuencia el hormigón no goza de una reputación tan buena. Es un sinónimo de la despreocupación medioambiental: está hecho de arena, agua y cemento, y la producción del cemento requiere mucha energía, y el proceso de fabricación también emite dióxido de carbono, un gas de efecto invernadero. Esto no sería un problema por sí mismo —después de todo, la producción del acero requiere mucha más energía— si no fuera porque el mundo consume cantidades ingentes de hormigón: 5 toneladas por persona y año. A consecuencia de esto, la industria cementera emite tantos gases de efecto invernadero como la aviación.[2] En lo que se refiere a la arquitectura, el hormigón se utiliza para construir estructuras desangeladas y monótonas: bloques de oficinas feos para burócratas o aparcamientos de varios pisos con escaleras que apestan a orín. Aun así, se le pueden dar formas que muchas personas encuentran bellas: pensemos en la ópera de Sidney o la catedral de Oscar Niemeyer en Brasilia.

Quizá no sea una sorpresa que el hormigón despierte unas emociones tan encontradas. Su misma naturaleza es difícil de determinar: «¿Es piedra? Sí y no —opinó el gran arquitecto estadounidense Frank Lloyd en 1927—. ¿Es yeso? Sí y no. ¿Es ladrillo, es teja? Sí y no. ¿Es hierro forjado? Sí y no».[3]

Que se trata de un muy buen material de construcción es algo en lo que todos están de acuerdo desde hace milenios, quizá incluso desde los albores de la civilización. Existe la teoría de que el primer poblado urbano, la primera vez que los seres humanos se juntaron por razones más allá del parentesco —hace casi doce mil años, en Göbekli Tepe, al sur de Turquía—, se debió a que alguien había averiguado cómo hacer cemento y, por lo tanto, hormigón.[4] Es indudable que ya se utilizaba hace ocho mil años por los comerciantes del desierto, que construían cisternas subterráneas secretas para almacenar agua. Algunas de estas siguen existiendo hoy en día en Jordania y Siria. Y los micénicos lo utilizaron hace más de tres mil años para erigir tumbas que todavía se pueden ver en el Peloponeso (Grecia).

Los romanos se lo tomaron en serio. Emplearon un cemento de origen natural que extraían de los depósitos de ceniza volcánica de Puteoli, cerca de Pompeya, y del Vesubio para construir con hormigón acueductos y termas. Si entramos en el Panteón de Roma, un edificio que pronto cumplirá mil novecientos años, podemos alzar la vista y contemplar la cúpula más grande que existió en el planeta durante siglos, quizá hasta 1881.[5] Lo que vemos es hormigón: resulta sorprendentemente moderno.

Hace mucho tiempo que han desaparecido los edificios romanos hechos de ladrillo, pero no porque se hayan deteriorado. Los ladrillos romanos se pueden utilizar para construir edificios modernos. ¿Y el Panteón? Una de las razones de que haya sobrevivido durante tanto tiempo es que la sólida estructura de hormigón no se puede utilizar para ningún otro propósito. Los ladrillos son reutilizables, pero el hormigón no.[6] Solo se puede reducir a escombros. Y la probabilidad de que se convierta en escombros depende de lo bien que se haya hecho. El hormigón de mala calidad —demasiada arena, poco cemento— es una trampa mortal en caso de terremoto; pero el hormigón de buena calidad es resistente al agua, a las tormentas y a los incendios: es sólido y barato.

Esta es la contradicción fundamental del hormigón: flexible hasta lo maravilloso cuando lo fabricas, duro en extremo cuando está seco. En las manos de un arquitecto o de un ingeniero estructural es un material excelente: se puede verter en un molde y lograr que sea delgado, rígido y sólido en casi cualquier forma que imaginemos. Se puede teñir o dejarlo con su color gris. Puede ser basto o pulido como el mármol. Pero, en cuanto se levanta el edificio, se acaba la flexibilidad: el cemento seco es firme e inamovible.

Tal vez por ello este material se ha relacionado tanto con arquitectos arrogantes y clientes autocráticos, personas que creen que sus visiones son eternas en lugar de pensar que se deberían poder desmontar y reconstruir a medida que cambiaran el tiempo y las circunstancias. En 1954, el por entonces líder soviético Nikita Jrushchov dio un discurso de dos horas elogiando las virtudes del hormigón y planteando sus ideas para estandarizarlo todavía más. Quería adoptar «un solo sistema de construcción para todo el país».[7] Es lógico, por lo tanto, que consideremos el hormigón como algo que se impone a las personas, no algo que escogemos con libertad.

El hormigón es permanente, pero también desechable. Dura para siempre. Dentro de un millón de años, cuando al acero se haya oxidado y la madera se haya podrido, el hormigón seguirá allí, aunque muchas de las estructuras que estamos construyendo hoy serán inservibles dentro de unas décadas. Esto se debe a que hace un siglo se implantó una mejora revolucionaria en el hormigón, pero esta tiene un defecto fatal.

A mediados del siglo XIX, un jardinero francés, Joseph Monier, estaba insatisfecho con la poca oferta de parterres para flores. Los parterres de hormigón se habían puesto de moda, pero eran frágiles o demasiado voluminosos. A los clientes les encantaba su aspecto moderno, pero Monier no quería tener que estar arrastrando unos parterres tan pesados, así que experimentó con verter hormigón sobre una malla de acero. Funcionó a la perfección.[8]

Monier fue bastante afortunado. Limitarse a reforzar el hormigón con acero no debería haber funcionado, pues los diversos materiales tienden a expandirse en diferente medida cuando sube la temperatura. Un parterre de hormigón bajo el sol se debería resquebrajar si el hormigón y el acero se expandieran en una medida diferente. Pero, gracias a una espléndida coincidencia, ambos materiales se expanden de forma muy similar cuando se calientan: son la pareja perfecta.[9]

Monier aprovechó su suerte: con el tiempo, se dio cuenta de que el hormigón armado tenía muchas más aplicaciones aparte de los parterres: traviesas ferroviarias, losas y tuberías para la construcción... Patentó diferentes variantes de la invención, que mostró en la Exposición Universal de París de 1867.

Otros inventores adoptaron la idea, pusieron a prueba los límites del hormigón armado e investigaron formas de mejorarlo. Menos de veinte años después de la primera patente de Monier, la elegante idea de pretensar el acero también se patentó. El pretensado hace que el hormigón sea más fuerte, porque contrarresta en parte las fuerzas que actúan sobre él cuando se utiliza, y permite que los ingenieros utilicen mucho menos acero y también menos hormigón. Y sigue tan sólido como siempre ciento treinta años después.[10]

El hormigón armado es más fuerte y práctico que cualquier otro material armado. Puede extenderse distancias más largas, lo que le permite adecuarse a la forma de puentes y rascacielos. Pero he aquí el problema: si los materiales no son de buena calidad, se puede pudrir por dentro a medida que se filtra el agua, pues esta crea grietas diminutas y oxida el acero. Este proceso es el responsable del deterioro de muchas infraestructuras en Estados Unidos;* dentro de veinte o treinta años, a China le ocurrirá lo mismo. China vertió más hormigón en los tres años anteriores a 2008 que Estados Unidos durante todo el siglo xx, y nadie cree que todo ese hormigón fuera de la calidad necesaria.

Hay varias fórmulas para mejorar el hormigón, entre ellas un tratamiento especial para evitar que el agua contacte con el acero; el hormigón «que se cura a sí mismo», lleno de bacterias que secretan cal para sellar las grietas; y también el hormigón que «se limpia a sí mismo», con dióxido de titanio inyectado, lo cual elimina los restos de contaminación y lo deja blanco y reluciente. Versiones mejoradas de esta tecnología incluso generarán superficies urbanas que filtrarán los gases que emiten los coches.[11]

Los científicos están buscando maneras de reducir el uso de energía y las emisiones de carbono al fabricar el hormigón. Si tienen éxito, los efectos medioambientales serán importantes.[12]

Sin embargo, en última instancia, todavía podríamos hacer mucho más con la tecnología simple y segura que tenemos hoy en día. Cientos de millones de personas por todo el mundo viven en casas con suelos de tierra; cientos de millones de personas podrían mejorar sus condiciones de vida con un programa como Piso Firme. Otros estudios han demostrado que asfaltar las carreteras con hormigón en las zonas rurales de Bangladesh mejora la asistencia a los colegios, la productividad agrícola y los salarios de los campesinos.[13]

Tal vez el hormigón nos pueda ayudar más si lo utilizamos con sencillez.

* La Sociedad Estadounidense de Ingenieros Civiles señaló en su *Boletín de las infraestructuras estadounidenses* de 2013 que «uno de cada nueve puentes nacionales se considera estructuralmente deficiente» y que la «Administración Federal de Autopistas calcula que, para resolver este problema en 2028, será necesario invertir 20.500 millones anuales, cuando hoy en día solo se están dedicando 12.800 millones».

49
Los seguros

Hace diez años, como parte de un programa radiofónico, llamé a una de las casas de apuestas más importantes del Reino Unido y propuse que aceptaran la apuesta de que yo iba a morir. La rechazaron, lo cual les ha hecho perder dinero, dado que, después de todo, sigo vivo. Pero una casa de apuestas no juega con la vida y la muerte. Una empresa de seguros de vida, no obstante, sí que juega un poco con ellas.

En términos legales y culturales, hay una distinción clara entre las apuestas y los seguros. En términos económicos, la diferencia es más difícil de ver. Tanto el apostador como el asegurador están de acuerdo en que el dinero cambiará de manos según lo que ocurra en un futuro desconocido.

Es una idea vieja, casi primaria. Los objetos para apostar, como los dados, se remontan a milenios atrás, tal vez al Egipto de hace cinco mil años. En India, hace 25 siglos, estos eran lo bastante populares como para que los incluyeran en la lista de juegos a los que Buda no jugaba.[1] Es posible que los seguros sean igual de antiguos. El Código de Hammurabi —una legislación de Babilonia, en lo que hoy en día es Irak— es de hace casi cuatro mil años. Dedica mucha atención a la cuestión del «préstamo a la gruesa ventura», que era una especie de seguro marítimo mezclado con un préstamo comercial: un mercader prestaba dinero para financiar un viaje marítimo, pero, si el barco se hundía, el préstamo no debía devolverse.[2]

Por la misma época, los mercaderes chinos minimizaban los riesgos repartiendo los productos en diferentes barcos: si alguno de ellos se hundía, lo haría con productos de diferentes mercaderes.[3]

Pero toda aquella repartición era un jaleo; era más eficiente estructurar los seguros con un contrato financiero. Dos mil años después, es precisamente lo que hicieron los romanos, con un activo mercado de seguros marítimos. Más tarde, ciudades-estado como Génova o Venecia seguían con la misma práctica, y desarrollaron maneras cada vez más sofisticadas de asegurar los barcos que surcaban el Mediterráneo.

Poco después, en 1687, se abrió una cafetería en Tower Street, cerca de los muelles de Londres. Era cómoda y espaciosa, y se convirtió en un lugar predilecto para hacer negocios. Los patrones disfrutaban de la chimenea, del té, del café y de los sorbetes y, por supuesto, de los chismorreos. Había muchos cotilleos en aquel momento: Londres había padecido hacía poco un brote de peste y el Gran Incendio, la marina holandesa había remontado el río Támesis y una revolución había derrocado al rey.

Pero, por encima de todo, a los asistentes de la cafetería les encantaba el cotilleo sobre los barcos: qué barco partía de dónde, con qué cargamento, y si llegaría sano y salvo o no. Y allí donde había cotilleos había la oportunidad de apostar. A los patrones les encantaba apostar. Apostaban, por ejemplo, si acabarían fusilando al almirante John Byng por su incompetencia en la batalla naval contra los franceses. Así fue. Los patrones de esta cafetería no habrían tenido ningún problema en aceptar que yo apostase mi propia vida.

El dueño de la cafetería se dio cuenta de que sus clientes estaban tan sedientos de apuestas y cotilleo como de café, así que empezó a organizar una red de informantes y publicó un boletín lleno de datos sobre los puertos extranjeros, las mareas y las idas y venidas de los barcos. Su nombre era Edward Lloyd. El boletín acabó llamándose la *Lloyd's List*. Su cafetería organizaba subastas de barcos y reuniones de capitanes que querían compartir sus historias. Y, si alguien quería asegurar un barco, también podía hacerlo: se redactaba un contrato y el asegurador firmaba con su nombre en la parte inferior. Se volvió bastante difícil saber dónde acababan las apuestas y dónde empezaban los seguros.

Por supuesto, los aseguradores se congregaban donde pudieran obtener la mejor información porque necesitaban calibrar con tanta exactitud como fuera posible los riesgos de lo que compraban y vendían. Ocho décadas después de que Lloyd fundara su cafetería, un grupo de aseguradores que se reunían allí formaron la Society of Lloyd's. Hoy en día, Lloyd es uno de los nombres más famosos entre las aseguradoras.[4]

Pero no todo este tipo de empresas modernas tienen su origen en las apuestas. Otras formas de asegurar se desarrollaron en las montañas, no en los puertos. En lugar de capitalismo de casino, era un capitalismo comunitario. Los campesinos de las zonas montañosas organizaron sociedades de ayuda mutua a principios del siglo XVI, y acordaron compartir los gastos si una vaca —o un niño— se ponían enfermos. Mientras que los aseguradores de Lloyd consideraban que había que analizar y comerciar con los riesgos, las sociedades de seguros de los Alpes veían el riesgo como algo que debían compartir: una visión de los seguros algo sentimental, quizá; pero, cuando los campesinos descendieron de las montañas a Zurich y Munich, crearon algunas de las empresas aseguradoras más importantes del mundo.[5]

Las sociedades que comparten los riesgos se encuentran entre las organizaciones más grandes y mejor financiadas del planeta: las llamamos «gobiernos». Al principio, los gobiernos se introdujeron en el negocio de los seguros para ganar dinero, a menudo para luchar en una guerra o aplacar alguna de las rebeliones europeas de los siglos XVII y XVIII. En lugar de vender obligaciones corrientes que cobraban en forma de cuotas hasta que aquellas expiraban, los gobiernos vendían rentas vitalicias que se pagaban con cuotas regulares hasta que *el receptor* expiraba. Un gobierno podía suministrar sin problemas un producto de este tipo, y había mucha demanda.[6] Las rentas vitalicias también eran populares porque eran una forma de seguro: evitaban el riesgo de que un individuo viviera tanto tiempo que acabara quedándose sin dinero.

Los seguros ya no son tan solo una forma de ganar dinero para los gobiernos. Se consideran una prioridad básica para ayudar a los ciudadanos a gestionar algunos de los mayores riesgos de la vida: el desempleo, la enfermedad, la discapacidad y el envejecimiento. Gran parte del estado del bienestar, del que hemos hablado en el capítulo 8, es en realidad una forma de seguro. En principio, algunos de estos seguros los puede proporcionar el mercado, pero, con unos riesgos tan grandes, las aseguradoras privadas prefieren no inmiscuirse. Y, en los países pobres, los gobiernos no cubren los riesgos que pueden poner en peligro las vidas de las personas, como las malas cosechas o las enfermedades, cosas que tampoco interesan demasiado a las aseguradoras privadas. Los posibles beneficios son bajos y los costes demasiado altos.

Es una lástima. Cada vez hay más pruebas de que los seguros no solo nos brindan paz mental, sino que son un elemento vital para una economía saneada. Por ejemplo, en un estudio reciente que se llevó a cabo en Lesoto se demostró que los campesinos altamente productivos no se especializaban ni se expandían por el riesgo de sequía, un riesgo al que no podían hacer frente por sí mismos. Cuando los investigadores crearon una aseguradora y empezaron a vender seguros para las cosechas, los campesinos se adhirieron y expandieron sus negocios.[7]

No obstante, para las aseguradoras privadas no es un gran negocio ofrecer seguros de cosechas en países pequeños como Lesoto. Ganan mucho más dinero exagerando las adversidades de la vida y vendiendo a consumidores ricos seguros caros para riesgos improbables, como que se rompa la pantalla del móvil.

Hoy en día, el mayor mercado de seguros tiene una frontera muy difusa entre el seguro y la apuesta: el mercado de los derivados financieros. Los derivados son contratos financieros que permiten que dos partes apuesten por algo, quizá las fluctuaciones de precios, o si una deuda acabará pagándose o no. Pueden ser una forma de seguro, como para un exportador que se protege de un aumento en los precios de cambio; o para una empresa que cultiva trigo y que decide cubrirse las espaldas apostando a que el precio del trigo caerá. Para estas empresas, la capacidad de comprar derivados les permite especializarse en un mercado en particular. Si no, tendrían que diversificarse, como los mercaderes chinos de hace mil años, que no querían tener todos sus productos en un solo barco. Y cuanto más se especializa una economía, más suele producir.

Pero, al contrario que los aburridos y viejos seguros, para los derivados no es necesario encontrar a alguien que quiera protegerse de un riesgo: solo es necesario que esté dispuesto a apostar sobre un acontecimiento incierto en cualquier lugar del mundo. Es fácil doblar las apuestas, o multiplicarlas por cien. A medida que aumentan los beneficios, solo se necesita la voluntad de asumir riesgos. En 2007, antes de la quiebra bancaria internacional, el valor nominal total de los contratos sobre derivados multiplicaba varias veces el valor de la economía mundial. La economía real era una atracción secundaria, y las apuestas eran el espectáculo principal. Esta historia no acabó bien.[8]

Conclusión

Mirar hacia delante

Las calamidades económicas como la crisis económica de 2008 no deberían ensombrecer el panorama general: para la mayoría de las personas, la vida hoy es mucho mejor que en el pasado.

Hace un siglo, por ejemplo, la esperanza de vida media global era de treinta y cinco años. Cuando yo nací, era de sesenta. Recientemente, ha aumentado por encima de los setenta.[1] Un bebé que nazca en países poco desarrollados como Birmania, Haití o la República Democrática del Congo tiene más posibilidades de sobrevivir a su infancia que un bebé nacido en 1900.[2] La proporción de población mundial que vive en extrema pobreza ha caído del 95 por ciento hace dos siglos a un 60 por ciento hace cincuenta años, y a un 10 por ciento hoy en día.[3]

En última instancia, la causa de este progreso reside en los inventos e ideas nuevas que hemos descrito en este libro. Y, aun así, pocas de las historias que hemos contado de estos inventos son del todo positivas. Algunos inventos causaron grandes daños. Otros habrían sido mucho más beneficiosos si los hubiéramos utilizado con inteligencia.

Es razonable asumir que los inventos futuros tendrán un patrón parecido: a grandes rasgos, resolverán problemas y nos harán más ricos y sanos; pero los beneficios serán desiguales, y habrá errores y oportunidades perdidas.

Es divertido especular sobre qué inventos nos van a deparar los años venideros, pero la historia nos demuestra que no se pueden poner muchas esperanzas en la futurología. Hace cincuenta años,

Herman Kahn y Anthony J. Wiener publicaron *The Year 2000: A Framework for Speculation*. Con su bola de cristal acertaron bastante en los campos de la informática y la comunicación. Predijeron las fotocopias en color, los múltiples usos del láser, «teléfonos de bolsillo con emisor y receptor» y transacciones bancarias automáticas en tiempo real. Es impresionante. Pero Kahn y Wiener también especularon con que existirían colinas bajo el mar, helicópteros-taxi silenciosos y ciudades iluminadas por lunas artificiales.[4] Nada parece más caduco que los programas sobre tecnología y ciencia ficción del pasado.

Pero podemos hacer dos predicciones. En primer lugar, cuanto más apoyemos el ingenio humano, más probable será que aparezcan nuevos inventos. Y, en segundo lugar, con cada nuevo invento, al menos vale la pena preguntarnos cómo podemos maximizar los beneficios y mitigar los riesgos.

Hasta ahora, ¿qué hemos aprendido de los cuarenta y nueve inventos de los que hemos hablado?

Nos encontramos ya en una buena posición para aprender una lección importante sobre cómo alentar la inventiva: la mayoría de las sociedades se han dado cuenta de que no es inteligente desperdiciar la mitad de las personas con talento de su población. Seguro que no ha pasado desapercibido que la mayoría de los inventores que aparecen en este libro son hombres. ¡Quién sabe cuántas mujeres brillantes, como Clara Immerwahr, se han perdido en la historia porque les han cortado las alas!

La educación también es importante; si no, que se lo pregunten a la madre de Leo Baekeland o al padre de Grace Hopper. En este aspecto, de nuevo, tenemos razones para ser optimistas. Quizá todavía podríamos hacer más para mejorar la educación con la tecnología: de hecho, es uno de los mayores campos para futuros inventos que incidan en la economía. Y eso que hoy en día cualquier niño de un barrio urbano con una conexión a internet tiene un mayor acceso potencial al conocimiento del que yo tuve en la biblioteca de la universidad durante la década de 1990.

Otras lecciones parecen más fáciles de olvidar, como el valor de permitir que las personas inteligentes se dejen llevar por su curiosidad intelectual sin una idea clara de adónde van. En el pasado, esto implicaba que hombres ricos como Leo Baekeland experimentaran en sus laboratorios. Hace menos tiempo, los gobiernos financiaban investigaciones básicas que produjeron el tipo de tecnologías que permitieron a Steve Jobs y su equipo inventar el iPhone. Pero la investigación básica es inherentemente imprevisible. Pueden pasar décadas antes de que alguien gane dinero al aplicar lo que se ha aprendido. Esto conlleva que sea difícil convencer a los inversores para que aporten su capital, y es un blanco fácil cuando los gobiernos deben hacer recortes en tiempos de austeridad.[5]

A veces, los inventos no tienen al principio ningún uso específico. El láser es un ejemplo famoso, y el papel primero se utilizó para envolver regalos, no para escribir. Pero la mayoría de los inventos de los que hemos hablado han sido el resultado de querer resolver un problema particular, desde el aire acondicionado de Willis Carrier al camión con remolque refrigerado de Frederick McKinley. Esto podría indicar que, si queremos favorecer la aparición de buenas ideas, ofrecer premios para resolver problemas podría ser una buena solución. ¿Recordamos cómo el premio Longitud inspiró a Harrison para crear sus excelentes relojes?

Desde hace poco tiempo hay un renovado interés por esta idea: por ejemplo, el DARPA Grand Challenge, que comenzó en 2004, fue el marco de los primeros avances en los coches autónomos; al cumplirse los trescientos años del premio Longitud original, la agencia británica de innovación Nesta ha instituido el nuevo premio Longitud para profundizar en las pruebas de resistencia de los microbios a los antibióticos. Quizá el premio más importante de todos sea el «compromiso por un mercado futuro del neumococo», que ha premiado el desarrollo de vacunas con 1.500 millones de dólares que han aportado cinco países donantes y la Fundación Gates.

La perspectiva de obtener beneficios es una motivación constante, por supuesto. Y hemos visto cómo los derechos sobre la propiedad intelectual pueden aportar credibilidad a esta perspectiva, al recompensar al inventor exitoso con un monopolio provisional. Pero también hemos comprobado que es un arma de doble filo, y, al parecer, hay una tendencia inexorable a que los derechos de propiedad intelectual sean cada vez más amplios y duraderos, a pesar de la opinión generalizada entre los economistas de que ya son tan protectores que están limitando la innovación.

En un aspecto más amplio, seguimos sin tener una respuesta clara sobre a qué tipo de regulaciones y leyes favorece la innovación. La suposición más natural es que los burócratas deberían dar un paso al lado para no entorpecer a los inventores, y la historia nos ha mostrado que esta actitud genera dividendos. Una estrategia de «laissez-faire» permitió la aparición del M-Pesa, pero también propició el prolongado desastre de la gasolina con plomo. Por lo tanto, hay algunos inventos que los gobiernos deberían impedir. Y la tecnología que sustenta el iPhone no se debió en absoluto al «laissez-faire».

Algunos focos de investigación y desarrollo, como la medicina, dependen de estructuras de gobierno muy inmóviles que en ocasiones han sido demasiado prudentes. En otros ámbitos, del espacio al ciberespacio, los reguladores apenas pueden seguir el ritmo. Y no es solo una regulación prematura o restrictiva la que puede socavar el desarrollo de una tecnología emergente: también puede ser nefasta una absoluta falta de regulación. Por ejemplo, si estamos invirtiendo en drones, querremos asegurarnos de que los competidores irresponsables no puedan lanzar a toda prisa al mercado sus productos a medio acabar con el riesgo de que causen accidentes y una reacción negativa del público que provoque que el gobierno prohíba esa tecnología.

La labor de los reguladores es complicada porque, como hemos visto con la criptografía asimétrica, la mayoría de los inventos se pueden utilizar para hacer el bien o el mal. Cómo gestionar los riesgos de un «uso dual» de la tecnología es un dilema cada vez más acuciante: solo los grandes Estados se pueden permitir programas de grandes misiles nucleares, pero pronto casi cualquier persona podrá montar un laboratorio doméstico en el que podría diseñar genéticamente armas bacteriológicas o crear nuevas medicinas.[6]

Otra dificultad añadida es que el potencial de los inventos a menudo solo queda claro cuando se combina con otros: pensemos en el ascensor, en el aire acondicionado o en el hormigón armado, que al unirse crearon los rascacielos. Ahora imaginemos que combinamos un dron cuadricóptero de recreo, el reconocimiento facial, el software de geolocalización y una impresora 3D con la plantilla digital de una pistola: tendremos, tachán, un dron sicario autónomo hecho en casa. ¿Cómo se supone que debemos anticipar las innumerables formas posibles en las que pueden converger los futuros inventos? Es fácil pedir a los políticos que lo hagan bien, pero es un poco ingenuo esperar que así sea de verdad.

No obstante, quizá el mayor reto que suponen los inventos futuros para los gobiernos es que las nuevas ideas suelen crear ganadores y perdedores. A menudo, lo atribuimos a la mala suerte: nadie exigió una compensación para los músicos profesionales de segundo nivel que se quedaron sin trabajo por culpa del gramófono; y tampoco el código de barras ni el contenedor de mercancías dieron pie a subvenciones para que los precios de las tiendas familiares pudieran competir con Wal-Mart.

Pero cuando los perdedores son una parte considerable de la población, el impacto social y político puede provocar rebeliones. En última instancia, la revolución industrial mejoró las condiciones de vida hasta un punto que nadie hubiera soñado en el siglo XVIII, pero se necesitó al ejército para someter a los luditas, que con buen tino se dieron cuenta de que iba a ser desastrosa para ellos. No es muy difícil ver semejanzas entre Ned Ludd y las sorpresas electorales de 2016, desde el Brexit a Donald Trump. Las tecnologías que han favorecido la globalización han sacado a millones de personas de la pobreza en países como China, que hasta hace cincuenta años era uno de los lugares más pobres y ahora es una economía sólida con ingresos medios. Sin embargo, también ha provocado que comunidades enteras en regiones posindustriales de los países occidentales tengan que buscar nuevas formas de empleo estable y bien pagado.

Mientras los populistas tratan de encaramarse a la cresta de la ola echando la culpa a los inmigrantes y al libre comercio, los cambios tecnológicos supondrán nuevos retos en el futuro. ¿Qué hará el presidente Trump si —'cuando'— los vehículos autónomos sustituyen a los 3,5 millones de camioneros en Estados Unidos?[7] No lo sabe. Y en verdad pocos políticos lo saben.

Ya hemos analizado una posible solución: la renta básica universal que recibirían todos los ciudadanos. Este es el tipo de pensamiento radical que necesitaremos si la inteligencia artificial y los robots están a la altura de las expectativas y empiezan a superar a los humanos en cualquier trabajo que nos podamos imaginar. Pero, como cualquier idea nueva, generará nuevos problemas: en concreto, ¿quién la recibirá y quién no? El estado del bienestar y el pasaporte se complementaron y, aunque la renta básica universal es una idea atractiva en algunos aspectos, parece menos utópica si se mezcla con muros fronterizos impenetrables.

En cualquier caso, creo que es prematuro preocuparse por un apocalipsis laboral causado por los robots. Ahora esto lo tenemos muy presente, pero una última lección de estos cincuenta inventos es que no debemos entusiasmarnos demasiado con la última novedad: en 2006, por ejemplo, MySpace superó a Google como página web más visitada de Estados Unidos.[8] Hoy en día, no se encuentra ni entre las mil primeras.[9] En 1967, Kahn y Wiener tenían muchas esperanzas en el futuro del fax. No se equivocaron del todo, pero hoy en día el fax es más probable que se convierta en un objeto de museo.

Muchos de los inventos que hemos descrito en estas páginas no eran nuevos ni especialmente sofisticados, empezando por el arado: ya no es el núcleo tecnológico de nuestra civilización, pero sigue siendo importante y su diseño ha cambiado menos de lo que creemos. Esta vieja tecnología sigue funcionando y continúa siendo importante.

Esta no es solo una reivindicación para apreciar el valor de las viejas ideas, aunque en parte sí: un ingeniero alienígena que nos visitara desde Alpha Centauri quizá señalara que deberíamos tener el mismo entusiasmo por el sifón en «S» o los suelos de hormigón que por algunas invenciones más llamativas.

Es también un recordatorio de que los sistemas mantienen su propia inercia, una idea que hemos visto con el motor de Rudolf Diesel: una vez que los motores de combustión interna alimentados por combustibles fósiles llegaron a una masa crítica, no había muchas probabilidades de que se popularizara el motor con aceite de cacahuete o que los inversores quisieran invertir en mejorar el motor de vapor. Algunos sistemas funcionan tan bien que no es fácil pensar en alguien que quiera remodelarlos, como ocurre en el caso del contenedor de mercancías. Pero incluso aquellos sistemas en los que casi todo el mundo está de acuerdo en que se podrían haber hecho mejor, como el teclado QWERTY, son notablemente resistentes al cambio.[10]

Así pues, las malas decisiones proyectan una sombra alargada, pero los beneficios de las buenas pueden durar un tiempo sorprendentemente largo. Y, a pesar de todas consecuencias no intencionadas y los efectos secundarios perjudiciales de los inventos que hemos analizado en estas páginas, en general han tenido más efectos positivos que negativos.

A veces, como va a demostrar nuestro último invento, han mejorado nuestras vidas hasta un nivel que es difícil de comprender.

50

Epílogo

La bombilla

A mediados de la década de 1990, el economista William Nordhaus llevó a cabo una serie de simples experimentos. Un día, por ejemplo, utilizó una tecnología prehistórica: encendió un fuego de leña. Los humanos han recogido, cortado y quemado leña durante decenas de miles de años. Pero Nordhaus también tenía a su disposición un objeto de alta tecnología: un exposímetro de Minolta. Quemó diez kilos de leña, anotó cuánto tiempo ardían y registró con cuidado la luz tenue y parpadeante con el exposímetro.

En otra ocasión, Nordhaus compró una lámpara romana de aceite —una verdadera antigüedad, según le aseguraron—, le puso una mecha y la llenó de aceite de sésamo prensado en frío. Encendió la lámpara y contempló cómo se quemaba el aceite mientras, de nuevo, medía su resplandor suave y estable. El fuego de Nordhaus con diez kilos de madera ardió durante tres horas, pero con solo una huevera de aceite la luz duró todo el día, y fue más brillante y estable.[1]

¿Por qué hizo estos experimentos? Quería comprender la importancia económica de la bombilla. Pero esto solo era una parte de un proyecto más ambicioso. Nordhaus se proponía, si se me permite el juego de palabras, arrojar luz sobre una cuestión complicada para los economistas: cómo hacer un seguimiento de la inflación, del cambio en los costes de los bienes y servicios.

Para comprender por qué esto es tan difícil, consideremos el precio de viajar, por ejemplo, de Lisboa, en Portugal, a Luanda, en Angola. Cuando los primeros exploradores portugueses hicieron este viaje, debió de ser una expedición épica de meses de duración. Más tarde, con el barco de vapor, serían necesarios tan solo algunos días. Luego, con el avión, unas horas. Un historiador económico que quisiera medir la inflación podría comenzar con el precio de un billete en barco de vapor. Pero, después, cuando se abre una ruta aérea, ¿en qué precio se debe fijar? Quizá sencillamente adopta el coste del billete de avión cuando hay más gente que prefiere ir volando que navegando. Pero los vuelos son un servicio diferente, más rápido, más cómodo. Si más viajeros están dispuestos a pagar el doble por volar, no tiene mucho sentido para las estadísticas de la inflación considerar que el coste del viaje se ha doblado. Entonces, ¿cómo medimos la inflación cuando lo que somos capaces de comprar cambia tan radicalmente con el tiempo?

Esta pregunta no es una mera curiosidad técnica. La respuesta determinará nuestra visión del progreso humano a lo largo de los siglos. El economista Timothy Taylor comienza sus clases de introducción a la economía preguntado a sus alumnos: ¿qué preferirían: ganar setenta mil dólares ahora o en 1900?

A primera vista, la respuesta es evidente. Setenta mil dólares en 1900 es una opción mucho mejor. Al cambio actual, serían unos dos millones de dólares, después de ajustar la inflación. En 1900, con un dólar se podían comprar muchas más cosas: suficientes filetes para alimentar a una familia y pan para dos semanas. Por un dólar se podía contratar a un hombre para que trabajara todo el día. Con un salario de setenta mil dólares, fácilmente se podía sufragar una mansión, criadas y un mayordomo.

No obstante, desde otra perspectiva, en 1900 con un dólar se podían comprar muchas menos cosas que ahora. Hoy se puede hacer una llamada internacional por móvil, pagar un día de acceso a internet con banda ancha o comprar una caja de antibióticos. En 1900, nada de esto estaba disponible ni para el hombre más rico del planeta.[2]

Todo esto explica por qué la mayoría de los alumnos de Timothy Taylor prefieren tener un sueldo decente hoy que una fortuna hace un siglo. Y no se trata solo de la alta tecnología. También saben que con este dinero tendrán una mejor calefacción, un mejor aire acondicionado, un mejor coche, aunque no disfruten de un mayordomo y coman filete mucho menos a menudo. Las estadísticas de la inflación nos dicen que setenta mil dólares hoy en día valen mucho menos que en 1900, pero los que han vivido con la tecnología moderna no lo ven igual.

Dado que no tenemos una forma fiable de comparar un iPod de hoy con un gramófono de hace un siglo, no sabemos cómo cuantificar en qué medida todos los inventos que describimos en este libro han ampliado las opciones que tenemos disponibles. Y tal vez no lo sabremos nunca.

Pero podemos intentarlo, y esto es lo que hacía Bill Nordhaus cuando experimentaba con fuegos de leña, viejas lámparas de aceite y exposímetros de Minolta. Quería desentrañar el coste de un elemento simple por el que los humanos se han preocupado profundamente desde tiempos inmemoriales, y para ello empleó la última innovación de diferentes épocas: la iluminación. Se mide en lúmenes o lúmenes por hora. Una vela, por ejemplo, emite trece lúmenes mientras arde y, una bombilla moderna normal es casi cien veces más brillante.

Imaginemos una semana de duro trabajo recogiendo leña y cortándola, seis días durante diez horas. Estas sesenta horas de trabajo generarían mil lúmenes por hora. Es el equivalente a una bombilla moderna que está encendida durante solo cincuenta y cuatro minutos, aunque lo que conseguiremos con la leña son muchas más horas de una luz más tenue y parpadeante. Por descontado, la luz no es la única razón para encender un fuego: calentarse, cocinar y espantar animales salvajes también deben contarse como beneficios. Aun así, si quisiéramos luz, y el fuego con leña fuera nuestra única opción, es posible que prefiriéramos esperar a que saliera el sol para hacer aquello que quisiéramos.

Hace miles de años aparecieron mejores opciones: velas de Egipto y Creta, lámparas de aceite de Babilonia. La luz que proporcionaban era más regular y controlable, pero seguía siendo prohibitivamente cara. En una entrada de su diario de mayo de 1743, el rector de la Universidad de Harvard, el reverendo Holyoake anotó que en su casa se habían pasado dos días fabricando cuarenta kilos de velas de sebo.[3] Seis meses más tarde anotó en taquigrafía: «Sin velas». Y habían sido los meses de verano.

No se trataba de las románticas velas de hoy en día, hechas de una parafina que arde de forma limpia. Los ricos podían permitirse la cera de abeja, pero la mayoría de las personas —entre ellas, el rector de Harvard— utilizaban velas de sebo: apestosas y humeantes velas de grasa animal. Fabricarlas comportaba calentar la grasa y sumergir con paciencia las mechas una y otra vez en la manteca fundida. Era un trabajo laborioso y pesado. Según la investigación de Nordhaus, si se dedicaba una semana al año, unas sesenta horas, solo a hacer velas —o ganar el dinero suficiente para comprarlas—, tan solo se conseguía poder encender una vela durante dos horas y veinte minutos cada noche.

Con la llegada de los siglos XVIII y XIX, las cosas mejoraron ligeramente. Las velas se hacían con esperma de ballena, un emplasto blanquecino y aceitoso. A Ben Franklin le encantaban la luz potente y blanca que generaba y el hecho de que pudiera «cogerla con la mano, incluso cuando hacía calor, sin que se ablandara; que las gotas que se derramaban no manchaban y que duraban mucho más». Aunque estas velas nuevas eran más agradables, también eran más caras. George Washington calculó que quemar una sola vela de este tipo durante cinco horas cada noche le costaba 8 libras anuales, que al cambio actual serían más de mil dólares.[4] Unas décadas después, las lámparas de gas y queroseno redujeron los costes y contribuyeron a que las ballenas no se extinguieran.[5] Pero también eran caras. Además, goteaban, olían y provocaban incendios.

Pero luego algo cambió. Y ese algo fue la bombilla.

En 1900, una de las bombillas con filamentos de carbón de Thomas Edison proporcionaba una iluminación continuada durante diez días, cien veces más brillante que una vela y por el dinero que se ganaba trabajando durante sesenta horas en una semana. En 1920, esta misma semana de trabajo era suficiente para pagar cinco meses de luz continuada con bombillas con filamento de tungsteno. En 1990, ya eran diez años. Un par de años después, gracias a los fluorescentes, se multiplicaba por cinco. El trabajo que antes producía el equivalente a cincuenta y cuatro minutos de luz de calidad produce ahora cincuenta y dos años. Y las modernas luces LED siguen haciendo que sea cada vez más barato.[6]

Si apagamos una bombilla durante una hora, habremos ahorrado una iluminación que a nuestros ancestros les costaba toda una semana de trabajo y a los contemporáneos de Benjamin Franklin les habría costado toda la tarde. Pero algunos, en la rica economía industrial actual, pueden ganar el dinero necesario para comprar esta iluminación en una fracción de segundo. Y, por descontado, las bombillas son limpias, no provocan incendios y se pueden controlar: no parpadean, no apestan a grasa de cerdo, no son peligrosas. No tendremos problema alguno en dejar a un niño solo con una bombilla.[7]

Nada de esto se ha reflejado en las mediciones tradicionales de la inflación. Nordhaus calcula que se ha sobrestimado el precio de la luz en un factor de un millar desde 1800. Parece que la luz se haya vuelto más cara con el tiempo, pero de hecho es mucho más barata. Los estudiantes de Timothy Taylor sabían instintivamente que podían comprar más cosas con setenta mil dólares hoy que con la misma cantidad en 1900. Las investigaciones de Nordhaus sugieren que —al menos en lo que respecta a la luz— estaban en lo cierto.

Por esta razón quería acabar el libro con la historia de la luz. No con el conocido proceso de Thomas Edison y Joseph Swan que culminó con la invención de la bombilla incandescente, sino con la historia de cómo, con el correr de los siglos, la humanidad ha creado una innovación tras otra para revolucionar profundamente nuestro acceso a la luz.

Estas innovaciones han transformado la sociedad en un mundo en el que podemos trabajar a la hora que queramos, leer, coser o jugar siempre que lo deseemos, sin que importe lo oscura que sea la noche.

No es de extrañar que la bombilla siga siendo el cliché visual para representar una idea. Es un icono de la invención. Pero incluso este estatus se le queda corto. La investigación de Nordhaus apunta a que, por mucho que la veneremos, no es suficiente. Solo el precio de la luz ya sustenta esta afirmación: ha caído por un factor de quinientos mil, mucho más rápido de lo que sugieren las estadísticas oficiales, y tan rápido que nuestra intuición no puede comprender realmente el milagro que supone.

La luz hecha por el hombre antaño era demasiado preciosa para usarla. Ahora es demasiado barata para que reparemos en ella. Si alguna vez ha existido una prueba de que el progreso es posible —de que, entre todos los problemas y obstáculos de la vida moderna, hay algo por lo que debemos estar agradecidos—, esa prueba es la bombilla.

Notas

1. EL ARADO

1. Para un análisis más profundo de esta situación, véase Lewis Dartnell, *The Knowledge: How To Rebuild Our World After An Apocalypse*, Londres, Vintage, 2015. [Hay trad. cast.: *Abrir en caso de apocalipsis: guía rápida para reconstruir la civilización*, Barcelona, Debate, Barcelona, 2015.]

2. James Burke, *Connections*, documental de la BBC.

3. James Burke, *Connections*, Londres, MacMillan, 1978; Ian Morris, *Foragers, Farmers and Fossil Fuels*, Oxford, Princeton University Press, 2015. [Hay trad. cast.: *Cazadores, campesinos y carbón: una historia de los valores de las sociedades humanas*, Barcelona, Ático de los Libros, 2016.]

4. Morris, *op. cit.*, p. 153.

5. *Ibid.*, p. 52. Morris utiliza el consumo de energía (como comida u otras formas) para medir los ingresos: es reduccionista, pero, dado que estamos hablando de la era prehistórica, no resulta del todo descabellado.

6. Burke, *Connections*, *op. cit.* En *La economía de las ciudades*, Jane Jacobs plantea una visión alternativa: lo primero fueron los asentamientos, en la forma de una colonia comercial que poco a poco se convirtió en algo más complejo y permanente. Solo entonces aparecieron las técnicas agrícolas como el arado, la domesticación de los animales y los cultivos. Sea como sea, el arado apareció al principio de la civilización y desde entonces ha sido fundamental.

7. Branko Milanovic, Peter H. Lindert y Jeffrey G. Williamson, «Measuring Ancient Inequality», NBER, documento de trabajo n.º 3550, octubre de 2007.

8. Dartnell, *op. cit.*, pp. 60-62.

9. Lynn White, *Medieval Technology and Social Change*, Oxford University Press, 1962, pp. 39-57.

10. Morris, *op. cit.*, p. 59.

11. Jared Diamond, «The Worst Mistake in the History of the Human Race», *Discover*, mayo de 1987, <http://discovermagazine.com/1987/may/02-the-worst-mistake-in-the-history-of-the-human-race>.

12. Morris, *op. cit.*, p. 60.

13. Diamond, *op. cit.*

INTRODUCCIÓN

1. <https://www.evitamins.com/uk/mongongohair-oil-shea-terra-organics-108013>, consultado el 17 de enero de 2017.

2. Esta es una fundamentada suposición cortesía de Eric Beinhocker, director del Institute for New Economic Thinking de la Universidad de Oxford.

I. GANADORES Y PERDEDORES

1. Walter Isaacson, «Luddites Fear Humanity Will Make Short Work of Finite Wants», *Financial Times*, 3 de marzo de 2015, <https://www.ft.com/content/9e9b7134-c1a0-11e4-bd24-00144feab7de>.

2. Tim Harford, «Man vs. Machine (Again)», *Financial Times*, 13 de marzo de 2015, <https://www.ft.com/content/f1b39a64-c762-11e4-8e1f-00144feab7de>; Clive Thompson, «When Robots Take All of Our Jobs, Remember the Luddites», *Smithsonian Magazine*, enero de 2017, <http://www.smithsonianmag.com/innovation/when-robots-take-jobs-remember-luddites-180961423/>.

3. Evan Andrews, «Who Were the Luddites?», *History*, 7 de agosto de 2015, <http://www.history.com/news/ask-history/who-were-the-luddites>.

2. EL GRAMÓFONO

1. «The World's 25 Highest-Paid Musicians», *Forbes*, <http://www.forbes.com/pictures/eegi45lfkk/the-worlds-25-highest-paid-musicians/>.

2. *Mrs Billington, as St Cecilia*, British Museum Collection, <http://www.britishmuseum.org/research/collection_online/collection_object_details.aspx?objectId=1597608&partId=1>; Chrystia Freeland, «What a Nineteenth-Century English Soprano Can Teach Us About the Income Gap», Penguin Press Blog, 1 de abril de 2013, <http://thepenguinpress.com/2013/04/elizabeth-billington/>.

3. W. B. Squire, «Elizabeth Billington», *The Dictionary of National Biography 1895-1900*, <https://en.wikisource.org/wiki/Billington,_Elizabeth_(DNB00)>.

4. Alfred Marshall, *Principles of Economics*, 1890, citado en Sherwin Rosen, «The Economics of Superstars», *American Economic Review*, n.° 71, vol. 5, diciembre de 1981.

5. «Oldest Recorded Voices Sing Again», BBC News, 28 de marzo de 2008, <http://news.bbc.co.uk/1/hi/technology/7318180.stm>.

6. Tim Brooks, *Lost Sounds: Blacks and the Birth of the Recording Industry, 1890-1919*, Chicago, University of Illinois Press, 2004, p. 35.

7. Richard Osborne, *Vinyl: A History of the Analogue Record*, Farnham, Ashgate, 2012.

8. Sherwin Rosen, *op. cit.*

9. «Mind the Gap», *Daily Mail*, 20 de febrero de 2016, <http://www.dailymail.co.uk/sport/football/article-3456453/Mind-gap-Premier-League-wages-soar-average-salaries-2014-15-season-1-7million-rest-creepalong.html>.

10. Citado en Alan Krueger, «The Economics of Real Superstars: The Market for Rock Concerts in the Material World», documento de trabajo, abril de 2004.

11. Alan B. Krueger, «Land of Hope and Dreams: Rock and Roll, Economics and Rebuilding the Middle Class», discurso del 12 de junio de 2013 en Cleveland, Ohio, <https://obamawhitehouse.archives.gov/blog/2013/06/12/rock-and-roll-economics-and-rebuilding-middle-class>.

3. EL ALAMBRE DE PÚAS

1. Alan Krell, *The Devil's Rope: A Cultural History of Barbed Wire*, Londres, Reaktion Books, 2002, p. 27.

2. Ian Marchant, *The Devil's Rope*, documental de BBC Radio 4, <http://www.bbc.co.uk/programmes/b048l0s1>, 19 de enero de 2015.

3. Olivier Razac, *Barbed Wire: A Political History*, Londres, Profile Books, 2002.

4. <http://www.historynet.com/homestead-act> y <http://plainshu manities.unl.edu/encyclopedia/doc/egp.ag.011>.

5. Véase el mapa de Joanne Liu en la web 99% *Invisible*: <http://99 percentinvisible.org/episode/devils-rope/>.

6. «The Devil's Rope», 99% *Invisible* (podcast), n.º 157, 17 de marzo de 2015, <http://99percentinvisible.org/episode/devils-rope/>.

7. Razac, *op. cit.*, pp. 5-6.

8. Texas State Historical Association, «Fence Cutting», <https://www. tshaonline.org/handbook/online/articles/auf01>.

9. Alex E. Sweet y J. Armoy Knox, *On an American Mustang, Through Texas, From the Gulf to the Rio Grande*, 1883, <https://archive.org/stream/ onmexicanmustang00swee/onmexicanmustang00swee_djvu.txt>.

10. Barbara Arneil, «All the World Was America», tesis doctoral, University College, Londres, 1992, <http://discovery.ucl.ac.uk/1317765/1/ 283910.pdf>.

11. Cory Doctorow, «Lockdown: The Coming War on General-Purpose Computing», <http://boingboing.net/2012/01/10/lockdown.html>; «Matt Lieber Goes To Dinner», *Reply All* (podcast), n.º 90, <https:// gimletmedia.com/episode/90-matt-lieber-goes-to-dinner/>.

12. Marchant, *op. cit.*

4. La información del vendedor

1. <http://www.bloomberg.com/news/articles/2015-06-28/one-driver-explains-how-he-is-helping-to-rip-off-uber-in-china>.

2. <https://www.ebayinc.com/stories/news/meet-the-buyer-of-the-broken-laser-pointer/>.

3. <http://www.socresonline.org.uk/6/3/chesters.html>.

4. <https://player.vimeo.com/video/130787986>.

5. Tim Harford, «From Airbnb to eBay, the Best Ways to Combat Bias», *Financial Times*, 16 de noviembre de 2016, <https://www.ft.com/content/ 7a170330-ab84-11e6-9cb3-bb8207902122>; y Benjamin G. Edelman, Michael Luca y Daniel Svirsky, «Racial Discrimination in the Sharing Economy: Evidence from a Field Experiment», *American Economic Journal: Applied Economics* (de próxima aparición).

5. La búsqueda en google

1. <http://www.bbc.co.uk/news/magazine-36131495>.
2. John Battelle, *The Search: How Google and Its Rivals Rewrote the Rules of Business and Transformed Our Culture*, Londres, Nicholas Brealey Publishing, 2006.
3. *Ibid.*, p. 78.
4. <http://www.statista.com/statistics/266472/googles-net-income/>.
5. Battelle, *op. cit.*, capítulo 5.
6. <https://www.techdirt.com/articles/20120916/14454920395/news paper-ad-revenue-fell-off-quite-cliff-now-par-with-1950-revenue.shtml>.
7. «The Impact of Internet Technologies: Search», McKinsey, julio de 2011, <https://www.mckinsey.com/~/media/McKinsey/dotcom/client_ service/High%20Tech/PDFs/Impact_of_Internet_technologies_search_ final2.ashx>.
8. <https://www.nytimes.com/2016/01/31/business/fake-online-lock smiths-may-be-out-to-pick-your-pocket-too.html>.
9. Véase «Lost In A Cab» *Reply All* (podcast), n.° 76, <https://gimlet media.com/episode/76-lost-in-a-cab/>.
10. <http://www.statista.com/statistics/216573/worldwide-market-share-of-search-engines/>.
11. <http://seo2.0.onreact.com/10-things-the-unnatural-links-penalty-taught-me-about-google-and-seo>.
12. <https://hbr.org/2015/03/data-monopolists-like-google-are-threa tening-the-economy>.

6. El pasaporte

1. Martin Lloyd, *The Passport: The history of Man's Most Travelled Document*, Canterbury, Queen Anne's Fan, 2008, p. 63.
2. Craig Robertson, *The Passport in America: The History of a Document*, Oxford University Press, 2010, p. 3.
3. Lloyd, *op. cit.*, p. 200.
4. *Ibid.*, p. 3.
5. *Ibid.*, pp. 18 y 95.
6. *Ibid.*, pp. 18, 95-96.
7. Jane Doulman y David Lee, *Every Assistance and Protection: A History of the Australian Passport*, Sidney, Federation Press, 2008, p. 34.

8. Lloyd, *op. cit.*, p. 95.

9. *Ibid.*, pp. 70-71.

10. *Ibid.*, pp. 96-97.

11. <http://time.com/4162306/alan-kurdi-syria-drowned-boy-refugee-crisis/>.

12. <http://www.independent.co.uk/news/world/europe/aylan-kurdis-story-how-a-small-syrian-child-came-to-be-washed-up-on-a-beach-in-turkey-10484588.html>.

13. <http://www.bbc.co.uk/news/world-europe-34141716>.

14. <http://www.cic.gc.ca/english/visit/visas-all.asp>.

15. <http://www.bbc.co.uk/news/business-27674135>.

16. <http://www.independent.co.uk/news/world/europe/six-out-of-10-migrants-to-europe-come-for-economic-reasons-and-arenot-refugees-eu-vice-president-a6836306.html>.

17. Amandine Aubrya, Michał Burzynskia y Frédéric Docquiera, «The Welfare Impact of Global Migration in OECD Countries», *Journal of International Economics*, n.º 101, 2016, <http://www.sciencedirect.com/science/article/pii/S002219961630040X>.

18. En realidad, Tebbit estaba relatando una historia sobre la búsqueda de trabajo de su padre, pero la mayoría de personas supusieron que estaba diciendo a todos los desempleados que se montaran en bici. <http://news.bbc.co.uk/1/hi/programmes/politics_show/6660723.stm>.

19. <http://openborders.info/double-world-gdp/>.

20. Lloyd, *op. cit.*, pp. 97-101.

7. Los robots

1. <https://www.youtube.com/watch?v=aA12i3ODFyM>.

2. <http://spectrum.ieee.org/automaton/robotics/industrial-robots/hitachi-developing-dual-armed-robot-for-warehouse-picking>.

3. <https://www.technologyreview.com/s/538601/inside-amazons-warehouse-human-robot-symbiosis/>.

4. <http://news.nationalgeographic.com/2015/06/150603-science-technology-robots-economics-unemployment-automation-ngbook talk/>.

5. <http://www.robotics.org/joseph-engelberger/unimate.cfm>.

6. <http://newatlas.com/baxter-industrial-robot-positioningsystem/34561/>.

7. <http://www.ifr.org/news/ifr-press-release/world-robotics-report-2016-832/>.

8. <http://foreignpolicy.com/2014/03/28/made-in-the-u-s-aagain/>.

9. <http://www.techinsider.io/companies-that-use-robots-instead-of-humans-2016-2/#quiet-logistics-robots-quickly-find-package-and-shiponline-orders-in-warehouses-2>.

10. <http://www.marketwatch.com/story/9-jobs-robots-already-do-better-than-you-2014-01-27>.

11. <https://www.wired.com/2015/02/incredible-hospital-robot-saving-lives-also-hate/>.

12. <http://fortune.com/2016/06/24/rosie-the-robot-data-sheet/>.

13. <https://www.weforum.org/agenda/2015/04/qa-the-future-of-sense-and-avoid-drones>.

14. Nick Bostrom, *Superintelligence: Paths, Dangers, Strategies*, Oxford University Press, 2014.

15. <http://fortune.com/2015/02/25/5-jobs-that-robots-already-are-taking/>.

16. <https://www.technologyreview.com/s/515926/how-technology-is-destroying-jobs/>.

17. Klaus Schwab, *The Fourth Industrial Revolution*, Foro Económico Mundial, 2016.

18. <http://news.nationalgeographic.com/2015/06/150603-science-technology-robots-economics-unemployment-automation-ngbooktalk/>.

19. <https://www.ft.com/content/da557b66-b09c-11e5-993b-c425a3d2b65a>.

8. EL ESTADO DEL BIENESTAR

1. <http://www.nytimes.com/2006/02/12/books/review/women-warriors.html>.

2. Kirstin Downey, *The Woman Behind the New Deal. The Life and Legacy of Frances Perkins: Social Security, Unemployment Insurance, and the Minimum Wage*, Nueva York, Anchor Books, 2010.

3. <http://www.cato.org/publications/policy-analysis/work-versus-welfare-trade-europe>.

4. <http://economics.mit.edu/files/732>.

5. <https://inclusivegrowth.be/visitinggrants/outputvisitis/c01-06-paper.pdf>.

6. Lane Kenworthy, *Do Social Welfare Policies Reduce Poverty? A Cross-National Assessment*, East Carolina University, <https://lanekenworthy. files.wordpress.com/2014/07/1999sf-poverty.pdf>.

7. Koen Caminada, Kees Goudswaard y Chen Wang, *Disentangling Income Inequality and the Redistributive Effect of Taxes and Transfers in 20 LIS Countries Over Time*, septiembre de 2012, <http://www.lisdatacenter. org/wps/liswps/581.pdf>.

8. En el Reino Unido, por ejemplo, véase la presentación del Institute for Fiscal Studies en *Living Standards, Poverty and Inequality 2016*, <https:// www.ifs.org.uk/uploads/publications/conferences/hbai2016/ahood_in come%20inequality2016.pdf>. La Base de Datos de Riqueza e Ingresos Mundiales (http://www.wid.world/) reúne datos sobre los ingresos del 10 por ciento y el 1 por ciento más ricos de varios países.

9. <https://www.chathamhouse.org/sites/files/chathamhouse/field/ field_document/20150917WelfareStateEuropeNiblettBeggMushovel. pdf>.

10. Benedict Dellot y Howard Reed, *Boosting the Living Standards of the Self-Employed*, RSA, marzo de 2015, <https://www.thersa.org/discover/ publications-and-articles/reports/boosting-the-living-standards-of-the-self-employed>.

11. <http://www.telegraph.co.uk/news/2016/05/19/eu-deal-what-david-cameron-asked-for-and-what-he-actually-got/>.

12. <https://www.dissentmagazine.org/online_articles/bruce-bartlett-conservative-case-for-welfare-state>.

13. Martin Clark, *Mussolini*, Londres, Routledge, 2014.

14. <http://www.ft.com/cms/s/0/7c7ba87e-229f-11e6-9d4d-c1177 6a5124d.html>.

15. Evelyn L. Forget, *The Town With No Poverty: Using Health Administration Data to Revisit Outcomes of a Canadian Guaranteed Annual Income Field Experiment*, Universidad de Manitoba, febrero de 2011, <https://public.econ.duke.edu/~erw/197/forget-cea%20(2).pdf>.

16. <http://www.ft.com/cms/s/0/7c7ba87e-229f-11e6-9d4d-c1177 6a5124d.html>.

17. <http://www.bloomberg.com/view/articles/2016-06-06/universal-basic-income-is-ahead-of-its-time-to-say-the-least>.

18. <http://www.newyorker.com/magazine/2016/06/20/why-dont-we-have-universal-basic-income>.

II. Reinventar cómo vivimos

1. Luke Lewis, «17 Majestically Useless Items from the Innovations Catalogue», *Buzzfeed*, <https://www.buzzfeed.com/lukelewis/majestically-useless-items-from-the-innovations-catalogue?utm_term=.rjJpZjxz4Y#.fjJXKxp6y7>.

9. La leche de fórmula

1. <http://www.scientificamerican.com/article/1816-the-year-without-summer-excerpt/>.
2. <http://jn.nutrition.org/content/132/7/2092S.full>.
3. William H. Brock, *Justus von Liebig: The Chemical Gatekeeper*, Cambridge Science Biographies, Cambridge University Press, 2002.
4. Harvey A. Levenstein, *Revolution at the Table: The Transformation of the American Diet*, Berkeley, University of California Press, 2003.
5. <http://www.ft.com/cms/s/2/6a6660e6-e88a-11e1-8ffc-00144feab49a.html>.
6. <http://www.ncbi.nlm.nih.gov/pmc/articles/PMC2684040/>.
7. <http://ajcn.nutrition.org/content/72/1/241s.full.pdf>.
8. <http://data.worldbank.org/indicator/SH.STA.MMRT>.
9. Marianne R. Neifert, *Dr. Mom's Guide to Breastfeeding*, Nueva York, Plume, 1998.
10. <http://www.ncbi.nlm.nih.gov/pmc/articles/PMC2684040/>.
11. <http://www.ncbi.nlm.nih.gov/pmc/articles/PMC2379896/pdf/canfamphys00115-0164.pdf>.
12. Geoff Talbot, *Specialty Oils and Fats in Food and Nutrition: Properties, Processing and Applications*, Cambridge, Woodhead Publishing, 2015, p. 287.
13. Marianne Bertrand, Claudia Goldin y Lawrence F. Katz, «Dynamics of the Gender Gap for Young Professionals in the Financial and Corporate Sectors», *American Economic Journal: Applied Economics*, n.° 2, vol. 3, 2010, pp. 228-255.
14. <https://www.theguardian.com/money/shortcuts/2013/nov/29/parental-leave-rights-around-world>.
15. <https://www.washingtonpost.com/news/on-leadership/wp/2015/11/23/why-mark-zuckerberg-taking-paternity-leave-really-matters/?utm_term=.c36a3cbfe8c0>.

16. <http://www.ncbi.nlm.nih.gov/pmc/articles/PMC3387873/>.

17. <http://www.who.int/pmnch/media/news/2016/lancet_breast fee ding_partner_release.pdf ?ua=1>.

18. <http://www.who.int/pmnch/media/news/2016/lancet_breastfee ding_partner_release.pdf ?ua=1>.

19. <http://www.slideshare.net/Euromonitor/market-oveview-iden tifying-new-trends-and-opportunities-in-the-globalinfant-formula-market>.

20. Levenstein, *op. cit.*

21. <http://www.businessinsider.com/nestles-infant-formula-scandal-2012-6?IR=T#the-baby-killer-blew-the-lid-off-the-formulaindustry-in-1974-1>.

22. BBC News, «Timeline: China Milk Scandal», 25 de enero de 2010, <http://news.bbc.co.uk/1/hi/7720404.stm>.

23. <http://www.sltrib.com/news/3340606-155/got-breast-milk-if-not-a>.

10. La comida precocinada

1. Alison Wolf, *The XX Factor*, Londres, Profile Books, 2013, pp. 80-85.

2. Jim Gladstone, «Celebrating (?) 35 years of TV dinners», *Philly*, 2 de noviembre de 1989, <http://articles.philly.com/1989-11-02/entertainment/26137683_1_tv-dinner-frozen-dinner-clarke-swanson>.

3. <http://www.ers.usda.gov/topics/food-choices-health/food-consumption-demand/food-away-from-home.aspx>.

4. Matt Philips, «No One Cooks Any More», *Quartz*, 14 de junio de 2016, <http://qz.com/706550/no-one-cooks-anymore/>.

5. Wolf, *op. cit.*, p. 83.

6. Ruth Schwartz Cowan, *More Work for Mother*, Londres, Free Association Books, 1989, pp. 48-49, y especialmente pp. 72-73. (La profesora Cowan también nos ofrece un emotivo epílogo sobre sus propias experiencias con la ropa sucia.)

7. Wolf, *op. cit.*, p. 84; Valerie Ramey, «Time Spent in Home Production in the 20th Century», NBER, documento n.° 13985, 2008; y «A Century of Work and Leisure», NBER, documento de trabajo n.° 12264, 2006.

8. Wolf, *op. cit.*, p. 85.

9. David Cutler, Edward Glaeser y Jesse Shapiro, «Why Have Americans Become More Obese?», *Journal of Economic Perspectives*, n.° 17, vol. 3, 2003, pp. 93-118.

11. La píldora anticonceptiva

1. Jonathan Eig, *The Birth of the Pill*, Londres, Macmillan, 2014, p. 7.
2. James Trussell, «Contraceptive Failure in the United States», *Contraception*, n.º 83, vol. 5, mayo de 2011, pp. 397-404.
3. A menos que se diga lo contrario, el argumento y las estadísticas de esta cuestión provienen de Claudia Goldin y Lawrence Katz, «The Power of the Pill: Oral Contraceptives and Women's Career and Marriage Decisions», *Journal of Political Economy*, n.º 110, vol. 4, 2002.
4. Un estudio posterior de la economista Martha Bailey llevó a cabo un análisis similar estado por estado para examinar el impacto de los anticonceptivos orales en los salarios de las mujeres. Ella también descubrió un efecto importante: las mujeres que habían tenido acceso a ellos entre los dieciocho y los veintitrés años ganaban un 8 por ciento más que las que no habían tenido acceso.
5. Steven E. Landsburg, «How Much Does Motherhood Cost?», *Slate*, 9 de diciembre de 2005, <http://www.slate.com/articles/arts/everyday_economics/2005/12/the_price_of_motherhood.html>; y Amalia R. Miller, «The Effects of Motherhood Timing on Career Path», *Journal of Population Economics*, n.º 24, vol. 3, julio de 2011, pp. 1071-1100, <http://www.jstor.org/stable/41488341>.
6. Carl Djerassi, uno de los padres de la píldora, dedicó un capítulo al caso japonés en *This Man's Pill*, Oxford University Press, 2001.
7. Véase por ejemplo el informe y clasificación sobre la diferencia de género del Foro Económico Mundial: <https://www.weforum.org/reports/global-gender-gap-report-2015/>; y <http://www.japantimes.co.jp/news/2014/10/29/national/japan-remains-near-bottom-of-gender-gap-ranking/#.V0cFlJErI2w>.

12. Los videojuegos

1. Steven Levy, *Hackers: Heroes of the Computer Revolution*, Cambridge, O'Reilly, 2010, p. 55.
2. J.M. Graetz, «The Origin of Spacewar», *Creative Computing*, n.º 7, vol. 8, agosto de 1981.
3. En 1972, Stewart Brand escribió un texto visionario en *Rolling Stone*, «Fanatic Life and Symbolic Death Among the Computer Bums», sobre cómo Spacewar iba a transformar nuestra relación con los ordena-

dores. Estas fueron las primeras y brillantes líneas: «Esté o no preparada, los ordenadores van a llegar a la gente. Son buenas noticias, quizá las mejores desde las drogas psicodélicas». <http://www.wheels.org/spa cewar/stone/rolling_stone.html>. No hace mucho tiempo, Steven Johnson ha defendido que el artículo de Brand ha sido casi tan influyente como el mismo Spacewar, porque ayudó a la gente a comprender que los ordenadores llegarían a ser estas fuentes de entretenimiento o enriquecimiento que son ahora para todos nosotros, no solo para los grises especuladores corporativos. En Steven Johnson, *Wonderland: How Play Made the Modern World*, Nueva York, Riverhead, 2016.

4. Graetz, *op. cit.*

5. A menudo se dice que los videojuegos generan más ingresos que las películas, pero esta afirmación solo se sostiene si consideramos el negocio de los videojuegos en toda su amplitud —incluyendo el gasto en las consolas— y el negocio de las películas de forma reduccionista, es decir, excluyendo los alquileres, el *streaming* y las ventas de DVD. Esto no quita que los videojuegos generen unos ingresos impresionantes que siguen creciendo. Para más información útil sobre este asunto, véase <http://www.game soundcon.com/single-post/2015/06/14/Video-Games-Bigger-than-the-Movies-Dont-be-so-certain>.

6. Edward Castronova, «Virtual Worlds: A First-Hand Account of Market and Society on the Cyberian Frontier», CESifo, documento de trabajo n.º 618, diciembre de 2001.

7. Vili Lehdonvirta, «Geographies of Gold Farming», blog del Oxford Internet Institute, 29 de octubre de 2014, <https://www.oii.ox.ac.uk/blog/ geographies-of-gold-farming-new-research-on-the-third-party-gaming-services-industry/>, y la entrevista de Vili Lehdonvirta con el autor el 9 de diciembre de 2016.

8. BBC News, «Virtual Gaming Worlds Overtake Namibia», 19 de agosto de 2004, <http://news.bbc.co.uk/2/hi/technology/3570224.stm>; y «Virtual Kingdom Richer than Bulgaria», 29 de marzo de 2002, <http:// news.bbc.co.uk/1/hi/sci/tech/1899420.stm>.

9. Jane McGonigal, *Reality is Broken*, Londres, Vintage, 2011, p. 3. Las estimaciones de McGonigal incluyen 183 millones en Estados Unidos, 105 millones en India, 200 millones en China y 100 millones en Europa.

10. Ana Swanson, «Why Amazing Video Games Could Be Causing a Big Problem for America', *The Washington Post*, 23 de septiembre de 2016, <https://www.washingtonpost.com/news/wonk/wp/2016/09/23/why-amazing-video-games-could-be-causing-a-big-problem-for-america/>.

13. El estudio de mercado

1. Charles Coolidge Parlin, «The Merchandising of Automobiles: An Address to Retailers by Charles Coolidge Parlin, Manager, Division of Commercial Research», The Curtis Publishing Company, 1915, <http://babel.hathitrust.org/cgi/pt?id=wu.89097464051;view=1up;seq=1>.
2. <http://www.bls.gov/ooh/business-and-financial/market-research-analysts.htm/>.
3. <http://www.bbc.com/news/magazine-23990211>.
4. Douglas Ward, *A New Brand of Business: Charles Coolidge Parlin, Curtis Publishing Company, and the Origins of Market Research*, Filadelfia, Temple University Press, 2010.
5. Charles Coolidge Parlin, *op. cit.*
6. Tom Collins, *The Legendary Model T Ford: The Ultimate History of America's First Great Automobile*, Iola, Krause Publications, 2007, pp. 78, 155.
7. Mansel G. Blackford y Austin K. Kerr, *Business Enterprise in American History*, Boston, Houghton Mifflin, 1993.
8. <http://www.economist.com/node/1632004>.
9. *Ibid.*
10. Blackford y Kerr, *op. cit.*
11. <http://www.nytimes.com/2009/03/01/business/01marissa.html>.
12. Geoffrey Miller, *Must Have: The Hidden Instincts Behind Everything We Buy*, Londres, Vintage, 2010.
13. <http://dwight-historical-society.org/Star_and_Herald_Images/1914_Star_and_Herald_images/019_0001.pdf>.

14. El aire acondicionado

1. <http://www.economist.com/node/17414216>.
2. <https://www.scientificamerican.com/article/rain-how-to-try-to-make-it-rain/>.
3. <http://content.time.com/time/nation/article/0,8599,2003081,00.html>.
4. Steven Johnson, *How We Got to Now*, Londres, Particular Books, 2014.
5. <http://www.williscarrier.com/1903-1914.php>.
6. Bernard Nagengast, «The First Century of Air Conditioning», *AS-*

HRAE Journal, febrero de 1999, <https://www.ashrae.org/File%20Library/doclib/Public/200362710047_326.pdf>.

7. <http://www.theatlantic.com/technology/archive/2011/07/keepin-it-cool-how-the-air-conditioner-made-modern-america/241892/>.

8. Johnson, *op. cit.*

9. <http://content.time.com/time/nation/article/0,8599,2003081,00.html>.

10. <https://www.theguardian.com/environment/2012/jul/10/climate-heat-world-air-conditioning>.

11. <http://www.economist.com/news/international/21569017-artifi cial-cooling-makes-hot-places-bearablebut-worryingly-high-cost-no-sweat>.

12. <https://www.washingtonpost.com/news/energy-environment/wp/2016/05/31/the-world-is-about-to-install-700-million-air-conditioners-heres-what-that-means-for-the-climate/>.

13. <http://www.nytimes.com/2014/07/12/business/for-biggest-cities-of-2030-look-toward-the-tropics.html>.

14. <http://www.economist.com/news/international/21569017-artifi cial-cooling-makes-hot-places-bearablebut-worryingly-high-cost-no-sweat>.

15. <http://journaltimes.com/news/local/violence-can-rise-with-the-heat-experts-say/article_d5f5f268-d911-556b-98b0-123bd9c6cc7c.html>.

16. Geoffrey M. Heal y Jisung Park, «Feeling the Heat: Temperature, Physiology & the Wealth of Nations», propuesta de documento 14-60, enero de 2014, <http://live.belfercenter.org/files/dp60_heal-park.pdf>.

17. <http://content.time.com/time/nation/article/0,8599,2003081,00.html>.

18. <http://www.pnas.org/content/103/10/3510.full.pdf>.

19. Heal y Park, *op. cit.*

20. <https://www.theguardian.com/environment/2015/oct/26/how-america-became-addicted-to-air-conditioning>.

21. <http://www.economist.com/news/international/21569017-artifi cial-cooling-makes-hot-places-bearablebut-worryingly-high-cost-nosweat>.

22. <https://www.theguardian.com/environment/2012/jul/10/climate-heat-world-air-conditioning>.

15. LOS GRANDES ALMACENES

1. Lindy Woodhead, *Shopping, Seduction & Mr Selfridge*, Londres, Profile Books, 2007.

2. Frank Trentmann, *Empire of Things*, Londres, Allen Lane, 2016, p. 192.

3. Steven Johnson, *Wonderland*, Nueva York, Riverhead Books, 2016; Trentmann, *op. cit.*, p. 192.

4. Woodhead, *op. cit.*

5. Harry E. Resseguie, «Alexander Turney Stewart and the Development of the Department Store, 1823-1876», *The Business History Review*, n.º 39, vol. 3, otoño de 1965, pp. 301-322.

6. Trentmann, *op. cit.*, pp. 191-197.

7. *Ibid.*

8. La encuesta del uso del tiempo de los estadounidenses de 2015, tabla 1, muestra que las mujeres dedican una media de 53 minutos al día a comprar bienes y servicios, mientras que los hombres, solo 36. <https://www.bls.gov/news.release/pdf/atus.pdf>.

9. «"Men Buy, Women Shop": The Sexes Have Different Priorities When Walking Down the Aisles», *Knowledge@Wharton*, <http://knowledge.wharton.upenn.edu/article/men-buy-women-shop-the-sexes-have-different-priorities-when-walking-down-the-aisles/>.

10. Woodhead, *op. cit.*

III. INVENTANDO NUEVOS SISTEMAS

1. Véase *Friendship Among Equals*, una historia oficial del ISO publicada en 1997, <http://www.iso.org/iso/2012_friendship_among_equals.pdf>.

16. LA DINAMO

1. Robert M. Solow, «We'd Better Watch Out», *New York Times Book Review*, 12 de julio de 1987.

2. Robert Gordon, *The Rise and Fall of American Growth*, Oxford, Princeton University Press, 2016, pp. 546-547.

3. Las referencias clave son: Paul David, «The Computer and the Dynamo: An Historical Perspective», *American Economic Review*, mayo de 1990, pp. 355-361, que popularizó el paralelismo entre la informática del siglo xx y la electricidad del siglo xix; y Warren Devine, «From Shafts to Wires: Historical Perspective on Electrification», *Journal of Economic History*, 1983, pp. 347-372, que da muchos más detalles sobre cómo funcio-

naban las fábricas alimentadas por vapor y por electricidad, y sobre la demanda de esta tecnología con el tiempo.

4. Paul A. David y Mark Thomas, *The Economic Future in Historical Perspective*, Oxford, OUP/British Academy, 2006, pp. 134-143.

5. Erik Brynjolfsson y Lorin M. Hitt, «Beyond Computation: Information Technology, Organizational Transformation and Business Performance», *Journal of Economic Perspectives*, otoño de 2000, pp. 23-48.

17. El contenedor de mercancías

1. Banco Mundial, Indicadores del desarrollo global de 2016, <http://data.worldbank.org/indicator/TG.VAL.TOTL.GD.ZS>.

2. Wikipedia, «Intermodal Container», <https://en.wikipedia.org/wiki/Intermodal_container>, consultado el 4 de julio de 2016.

3. «Maritime Cargo Transportation Conference (U.S.)», The S. S. Warrior Washington, National Academy of Sciences-National Research Council, 1954.

4. Marc Levinson, *The Box*, Oxford, Princeton University Press, 2008, en especial el capítulo 2; también Alexander Klose, *The Container Principle*, Londres, MIT Press, 2015.

5. Levinson, *op. cit.*, pp. 129-130.

6. *Ibid.*, p. 38.

7. *Ibid.*, p. 45.

8. *Ibid.*, Véase también G. Van Den Burg, *Containerisation: A Modern Transport System*, Londres, Hutchinson and Co., 1969.

9. Nuno Limao y Anthony Venables, «Infrastructure, Geographical Disadvantage and Transport Costs», Banco Mundial, document de investigación n.º 2257, 1999, <http://siteresources.worldbank.org/EXTEXP COMNET/Resources/2463593-1213975515123/09_Limao.pdf>.

10. Al menos así lo afirma la calculadora de precios de cargamentos de <http://www.worldfreightrates.com/en/freight>: 1500 dólares por un contenedor, y un contenedor puede llegar a pesar más de 30 toneladas.

18. El código de barras

1. Margalit Fox, «N. Joseph Woodland, Inventor of the Barcode, Dies at 91», *New York Times*, 12 de diciembre de 2012, <http://www.nytimes.

com/2012/12/13/business/n-joseph-woodland-inventor-of-the-bar-code-dies-at-91.html?hp&_r=0>.

2. Charles Gerena, «Reading Between the Lines», *Econ Focus*, segundo cuatrimestre de 2014, Banco de la Reserva Federal de Richmond.

3. Guru Madhavan, *Think Like an Engineer*, Londres, OneWorld, 2015.

4. Stephen A. Brown, *Revolution at the Checkout Counter*, Cambridge, Harvard University Press, 1997.

5. Alistair Milne, *The Rise and Success of the Barcode: Some Lessons for Financial Services*, documento de trabajo de la Universidad Loughborough, febrero de 2013.

6. *Ibid.*

7. Thomas J. Holmes, «Barcodes Lead to Frequent Deliveries and Superstores», *The RAND Journal of Economics*, n.º 32, vol. 4, invierno de 2001.

8. National Retail Federation, 2016, <https://nrf.com/2016/global 250-table>: los ingresos de Wal-Mart en 2014 fueron de 486.000 millones de dólares. Costco, Krogre, el grupo matriz de Lidl Schwartz, Tesco y Carrefour lograron unos ingresos de unos 100.000 millones cada uno.

9. Emek Basker, «The Causes and Consequences of Wal-Mart's Growth», *Journal of Economic Perspectives*, n.º 21, vol. 3, verano de 2007.

10. David Warsh, «Big Box Ecology», *Economic Principals*, 19 de febrero de 2006; Emek Basker y Van H. Pham, «Putting a Smiley Face on the Dragon: Wal-Mart as Catalyst to U.S.-China Trade», documento de trabajo de la Universidad de Missouri-Columbia, julio de 2005, <http://dx.doi.org/10.2139/ssrn.765564>.

11. «Barcodes», *99% Invisible* (podcast), n.º 108, <http://99percentinvisible.org/episode/barcodes/>.

19. La cadena de frío

1. Dan Koeppel, *Banana: The Fate of the Fruit That Changed the World*, Nueva York, Hudson Street Press, 2008.

2. *Ibid.*

3. *Ibid.*

4. *Ibid.*

5. Tom Jackson, *Chilled: How Refrigeration Changed the World and Might Do So Again*, Londres, Bloomsbury, 2015.

6. *Ibid.*

7. <http://www.msthalloffame.org/frederick_mckinley_jones.htm>.

8. <http://www.bbc.co.uk/newsbeat/article/37306334/thisinvention-by-a-british-student-could-save-millions-of-lives-across-the-world>.

9. Jackson, *op. cit.*

10. *Ibid.*

11. <http://www.bbc.co.uk/news/magazine-30925252>.

12. Annika Carlson, «Greenhouse Gas Emissions in the Life Cycle of Carrots and Tomatoes», informe n.º 24 del IMES/EESS, Universidad de Lund, 1997, <http://ntl.bts.gov/lib/15000/15100/15145/DE97763079.pdf>.

13. <http://www.telegraph.co.uk/news/uknews/1553456/Greener-by-miles.html>.

14. <http://www.trademap.org/Product_SelProductCountry.aspx?nvpm=1|320||||TOTAL|||2|1|1|2|1||1||>.

15. <https://www.cia.gov/library/publications/the-world-factbook/geos/gt.html>.

16. <https://www.usaid.gov/guatemala/food-assistance>.

17. <http://www3.weforum.org/docs/GCR2016-2017/05FullReport/TheGlobalCompetitivenessReport2016-2017_FINAL.pdf>.

20. LA DEUDA NEGOCIABLE Y LOS PALOS TALLADOS

1. Hilary Jenkinson, «Exchequer Tallies», *Archaeologia*, n.º 62, vol. 2, enero de 1911, pp. 367-380, <https://doi.org/10.1017/S0261340900008213>; William N. Goetzmann y Laura Williams, «From Tallies and Chirographs to Franklin's Printing Press at Passy», en William N. Goetzmann y K. Geert Rouwenhorst, *The Origins of Value*, Oxford University Press, 2005; y Felix Martin, *Money: The Unauthorised Biography*, Londres, Bodley Head, 2013, en especial el capítulo 1. [Hay trad. cast.: *Dinero: qué es, de dónde viene, cómo funciona*, Barcelona, RBA, 2016.]

2. David Graeber, *Debt: The First 5000 Years*, Londres, Melville House, 2014, p. 47. [Hay trad. cast.: *En deuda, una historia alternativa de la economía*, Ariel, Barcelona, 2014.]

21. LA LIBRERÍA BILLY

1. <http://www.dailymail.co.uk/news/article-2660005/What-great-IKEA-Handyman-makes-living-building-flatpack-furniture-30-hour-dont-know-nuts-bolts.html>.

2. <http://www.dezeen.com/2016/03/14/ikea-billy-bookcase-designer-gillis-lundgren-dies-aged-86/>.

3. <http://www.adweek.com/news/advertising-branding/billy-book case-stands-everything-thats-great-and-frustrating-aboutikea-173642>.

4. <http://www.bloomberg.com/news/articles/2015-10-15/ikea-s-billy-bookcase-is-cheap-in-slovakia-while-the-u-s-price-is-surging>.

5. <http://www.apartmenttherapy.com/the-making-of-an-ikea-billy-bookcase-factory-tour-205339>.

6. <http://www.nyteknik.se/automation/bokhyllan-billy-haller-liv-i-byn-6401585>.

7. <http://www.apartmenttherapy.com/the-making-of-an-ikea-billy-bookcase-factory-tour-205339>.

8. <http://www.ikea.com/ms/en_JP/about_ikea/facts_and_figures/ikea_group_stores/index.html>.

9. <https://sweden.se/business/ingvar-kamprad-founder-of-ikea/>.

10. <http://www.dezeen.com/2016/03/14/ikea-billy-bookcase-designer-gillis-lundgren-dies-aged-86/>.

11. <https://sweden.se/business/ingvar-kamprad-founder-of-ikea/>.

12. <http://www.wsj.com/articles/ikea-cant-stop-obsessing-about-its-packaging-1434533401>.

13. Rolf G. Larsson, «Ikea's Almost Fabless Global Supply Chain. A Rightsourcing Strategy for Profit, Planet, and People», capítulo 3 en Yasuhiro Monden y Yoshiteru Minagawa, eds., *Lean Management of Global Supply Chain*, Singapur, World Scientific, 2015.

14. Larsson, *op. cit.*

15. <http://highered.mheducation.com/sites/0070700893/student_view0/ebook2/chapter1/chbody1/how_ikea_designs_its_sexy_prices.html>.

16. <http://www.ikea.com/ms/en_CA/img/pdf/Billy_Anniv_en.pdf>.

17. <http://www.nyteknik.se/automation/bokhyllan-billy-haller-liv-i-byn-6401585>.

18. *Ibid.*

19. Larsson, *op. cit.*

20. <https://www.theguardian.com/business/2016/mar/10/ikea-billionaire-ingvar-kamprad-buys-his-clothes-at-second-hand-stalls>.

21. <https://sweden.se/business/ingvar-kamprad-founder-of-ikea/>.

22. <http://www.forbes.com/sites/robertwood/2015/11/02/how-ikea-billionaire-legally-avoided-taxes-from-1973-until-2015/#6b2b40d91bb4>.

23. <http://www.adweek.com/news/advertising-branding/billy-book case-stands-everything-thats-great-and-frustrating-about-ikea-173642>.

24. <http://news.bbc.co.uk/1/hi/8264572.stm>.

25. <http://www.adweek.com/news/advertising-branding/billy-book case-stands-everything-thats-great-and-frustrating-about-ikea-173642>.

26. <http://www.ikeahackers.net/category/billy/>.

27. <http://www.dailymail.co.uk/news/article-2660005/What-great-IKEA-Handyman-makes-living-building-flatpack-furniture-30-hour-dont-know-nuts-bolts.html>.

22. El ascensor

1. Este acertijo proviene del podcast *Futility Closet*, <www.futilitycloset. com>.

2. El número exacto de viajes que se hacen en ascensor no está claro. Según el informe «Fun Facts» de la National Elevator Industry, serían unos dieciocho millones solo en Estados Unidos. Otra fuente creíble es más alcista (Glen Pederick, «How Vertical Transportation is Helping Transform the City», documento de trabajo del Council on Tall Buildings and Urban Habitat, 2013. Pederick estima que se trata de unos siete mil millones de pasajeros al día en todo el mundo, aunque esto produce un número sospechosamente conveniente de movimientos en ascensor igual a toda la población mundial cada día. El hecho de que no lo sepamos con precisión demuestra lo subestimado que está el ascensor. La estadística de las instalaciones de ascensores en China proviene de Andreas Schierenbeck, presidente de thyssenkrupp AG, extraída de *The Daily Telegraph*, 23 de mayo de 2015, que sostiene que son setecientos mil cada año.

3. The Skyscraper Center (Consejo sobre Rascacielos y Hábitat Urbano), <http://skyscrapercenter.com/building/burj-khalifa/3> y <http:// skyscrapercenter.com/building/willis-tower/169>.

4. Eric A. Taub, «Elevator Technology: Inspiring Many Everyday Leaps of Faith», *New York Times*, 3 de diciembre de 1998, <http://www. nytimes.com/1998/12/03/technology/elevator-technology-inspiring-many-everyday-leaps-of-faith.html?_r=0>.

5. <http://99percentinvisible.org/episode/six-stories/>.

6. Ed Glaeser, *Triumph of the City*, Londres, Pan, 2012.

7. <http://99percentinvisible.org/episode/six-stories/>; Glaeser, *op. cit.*, p. 138; Jason Goodwin, *Otis: Giving Rise to the Modern City*, Chicago, Ivan R. Dee, 2001.

8. David Owen, «Green Manhattan», *The New Yorker*, 18 de octubre

de 2004; Richard Florida, «The World Is Spiky», *The Atlantic Monthly*, octubre de 2005.

9. Nick Paumgarten, «Up and Then Down», *The New Yorker*, 21 de abril de 2008. Paumgarten señala que no hay estadísticas verdaderamente fiables sobre los accidentes de ascensores, pero que son del todo seguros. En ascensores mueren unas dos personas al mes en Estados Unidos, pero casi siempre son personas que trabajan en su mantenimiento y no pasajeros. En cualquier caso, en carretera mueren dos personas también en Estados Unidos cada media hora, lo cual pone en perspectiva el índice de accidentes de los ascensores.

10. Kheir Al-Kodmany, «Tall Buildings and Elevators: A Review of Recent Technological Advances», *Buildings*, n.º 5, 2015, pp. 1070-1104.

11. Kheir Al-Kodmany, *op. cit.*; y Molly Miller, «RMI Retrofits America's Favorite Skyscraper», Rocky Mountain Institute Press Release, <http://www.rmi.org/RMI+Retrofits+America's+Favorite+Skyscraper>.

12. Owen, *op. cit.* En 2004, Owen afirmó que el RMI estaba ubicado en dos lugares separados por un kilómetro y medio. En 2015, el RMI abrió otro centro de innovación a ocho kilómetros de su ubicación original.

13. Guía del visitante de las Montañas Rocosas: <http://www.rmi.org/Content/Files/Locations_LovinsHome_Visitors_Guide_2007.pdf>.

IV. IDEAS SOBRE IDEAS

1. George M. Shaw, «Sketch of Thomas Alva Edison», *Popular Science Monthly*, n.º 13, agosto de 1878, p. 489, <https://en.wikisource.org/wiki/Popular_Science_Monthly/Volume_13/August_1878/Sketch_of_Thomas_Alva_Edison>.

2. Universidad de Rutgers, «Edison and Innovation Series»: «The Invention Factory», <http://edison.rutgers.edu/inventionfactory.htm>.

23. LA ESCRITURA CUNEIFORME

1. Felix Martin, *Money: The Unauthorised Biography*, Bodley Head, Londres, 2013, pp. 39-42. [Hay trad. cast.: *Dinero: qué es, de dónde viene, cómo funciona*, RBA, Barcelona, 2016.]

2. William N. Goetzmann, *Money Changes Everything: How Finance Made Civilization Possible*, Oxford, Princeton University Press, 2016, pp. 19-30.

3. Jane Gleeson-White, *Double Entry: How the Merchants of Venice Created Modern Finance*, Londres, Allen & Unwin, 2012, pp. 11-12.

4. Goetzmann, *op. cit.*

24. LA CRIPTOGRAFÍA ASIMÉTRICA

1. <http://alumni.stanford.edu/get/page/magazine/article/?article_id=74801>.

2. <http://www.eng.utah.edu/~nmcdonal/Tutorials/Encryption ResearchReview.pdf>.

3. <http://www.theatlantic.com/magazine/archive/2002/09/a-primer-on-public-key-encryption/302574/>.

4. <http://www.eng.utah.edu/~nmcdonal/Tutorials/Encryption ResearchReview.pdf>.

5. <http://alumni.stanford.edu/get/page/magazine/article/?article_id=74801>.

6. *Ibid.*

7. <http://www.digitaltrends.com/computing/quantum-computing-is-a-major-threat-to-crypto-says-the-nsa/>.

25. LA CONTABILIDAD DE DOBLE PARTIDA

1. Robert Krulwich, «Leonardo's To Do List», NPR, 18 de noviembre de 2011, <http://www.npr.org/sections/krulwich/2011/11/18/142467882/leonardos-to-do-list>.

2. Gleeson-White, *op. cit.*, p. 49.

3. Raffaele Pisano, «Details on the Mathematical Interplay Between Leonardo da Vinci and Luca Pacioli», *BSHM Bulletin: Journal of the British Society for the History of Mathematics*, n.º 31, vol. 2, 2016, pp. 104-111.

4. Alfred W. Crosby, *The Measure of Reality: Quantification and Western Society, 1250-1600*, Cambridge University Press, 1996, en especial el capítulo 10.

5. Omar Abdullah Zaid, «Accounting Systems and Recording Procedures in the Early Islamic State», *Accounting Historians Journal*, n.º 31, vol. 2, diciembre de 2004, pp. 149-170; y Gleeson-White, *op. cit.*, p. 22.

6. Jolyon Jenkins, *A Brief History of Double Entry Bookkeeping*, BBC Radio 4 series, marzo de 2010, episodio 5.

7. Goetzmann, *op. cit.*, pp. 199-201.

8. Crosby, *op. cit.*, p. 201; Crosby se basa en Iris Origo, *The Merchant of Prato*, Londres, Penguin, 1992.

9. Crosby, *op. cit.*, y Origo, *op. cit.*

10. Michael J. Fisher, «Luca Pacioli on Business Profits», *Journal of Business Ethics*, n.º 25, 2000, pp. 299-312.

11. Gleeson-White, *op. cit.*, pp. 71-78.

12. *Ibid.*, pp. 115-120.

13. Anthony Hopwood, «The archaeology of accounting systems», *Accounting, organizations and society*, n.º 12, vol. 3, 1987, pp. 207-234; Gleeson-White, *op. cit.*, pp. 136-138; Jenkins, *op. cit.*, episodio 6.

14. Gleeson-White, *op. cit.* p. 215.

15. Jenkins, *op. cit.*, episodio 7.

16. Traducción de Larry D. Benson, <https://sites.fas.harvard.edu/~chaucer/teachslf/shippar2.htm>.

26. La sociedad limitada

1. David A. Moss, *When All Else Fails: Government as the Ultimate Risk Manager*, Cambridge, Harvard University Press, 2002.

2. Ulrike Malmendier, «Law and Finance at the Origin», *Journal of Economic Literature*, n.º 47, vol. 4, diciembre de 2009, pp. 1076-1108.

3. «The Key to Industrial Capitalism: Limited Liability», *The Economist*, <http://www.economist.com/node/347323>.

4. Randall Morck, «Corporations», *The New Palgrave Dictionary of Economics*, 2.ª edición, Nueva York, Palgrave Macmillan, 2008, vol. 2, pp. 265-268.

5. Adam Smith, *An Inquiry into the Nature and Causes of the Wealth of Nations*, 1776. [Hay trad. cast.: *Una investigación sobre la naturaleza y causas de la riqueza de las naciones*, Madrid, Tecnos, 2009.]

6. Véase, por ejemplo, Joel Bakan, *The Corporation: The Pathological Pursuit of Profit and Power*, Penguin Books Canada, 2004. Una visión alternativa es la del economista John Kay, que defiende que el análisis básico de Friedman está equivocado, y no hay ninguna razón legal o económica por la que una corporación no debiera perseguir objetivos sociales: John Kay, «The Role of Business in Society», febrero de 1998, <https://www.johnkay.com/1998/02/03/the-role-of-business-in-society/>.

7. <http://www.economist.com/node/21541753>.

8. Kelly Edmiston, «The Role of Small and Large Businesses in Economic Development», *Federal Reserve Bank of Kansas City Economic Review*, segundo cuatrimestre, 2007, p. 77, <https://www.kansascityfed.org/PUBLICAT/ECONREV/pdf/2q07edmi.pdf>.

9. <http://www.pewresearch.org/fact-tank/2016/02/10/most-americans-say-u-s-economic-system-is-unfair-but-high-income-republicans-disagree/>.

10. <http://www.economist.com/news/briefing/21695385-profits-are-too-high-america-needs-giant-dose-competition-too-much-good-thing>.

27. LA CONSULTORÍA

1. Diapositivas que acompañan el ensayo «Does Management Matter?», que se puede descargar en <https://people.stanford.edu/nbloom/sites/default/files/dmm.pptx>.

2. Nicholas Bloom, Benn Eifert, David McKenzie, Aprajit Mahajan y John Roberts, «Does Management Matter?: Evidence from India», *Quarterly Journal of Economics*, febrero de 2013, <https://people.stanford.edu/nbloom/sites/default/files/dmm.pdf>.

3. <http://www.atrixnet.com/bs-generator.html>.

4. <http://www.civilserviceworld.com/articles/news/public-sector-spend-management-consultants-rises-second-year-row>.

5. Consultancy UK News, «10 Largest Management Consulting Firms of the Globe», <http://www.consultancy.uk/news/2149/10-largest-management-consulting-firms-of-the-globe>, 15 de junio de 2015.

6. Duff McDonald, «The Making of McKinsey: A Brief History of Management Consulting in America», *Longreads*, 23 de octubre de 2013, <https://blog.longreads.com/2013/10/23/the-making-of-mckinsey-a-brief-history-of-management/>.

7. *Ibid.*

8. Hal Higdon, *The Business Healers*, Nueva York, Random House, 1969, pp. 136-137.

9. Duff McDonald, *The Firm*, Londres, Simon and Schuster, 2013.

10. Nicholas Lemann, «The Kids in the Conference Room», *The New Yorker*, 18 octubre de 1999.

11. Chris McKenna, *The World's Newest Profession*, Cambridge University Press, 2006; véanse, por ejemplo, las pp. 17, 21 y 80.

12. Patricia Hurtado, «Ex-Goldman Director Rajat Gupta Back Home

After Prison Stay», *Bloomberg*, 19 de enero de 2016, <https://www.bloomberg.com/news/articles/2016-01-19/ex-goldman-director-rajat-gupta-back-home-after-prison-stay>.

13. Jamie Doward, «The Firm That Built the House of Enron», *The Observer*, 24 de marzo de 2002, <https://www.theguardian.com/business/2002/mar/24/enron.theobserver>.

14. <https://www.theguardian.com/business/2016/oct/17/management-consultants-cashing-in-austerity-public-sector-cuts>.

15. <http://www.telegraph.co.uk/news/politics/12095961/Whitehall-spending-on-consultants-nearly-doubles-to-1.3billion-in-threeyears...-with-47-paid-over-1000-a-day.html>.

16. Diapositivas que acompañan el estudio «Does Management Matter?», que se puede descargar en <https://people.stanford.edu/nbloom/sites/default/files/dmm.pptx>; Bloom, Eifert, McKenzie, Mahajan y Roberts, *op. cit.*

28. La propiedad intelectual

1. Carta a Henry Austin, 1 de mayo de 1942, citada en «How the Dickens Controversy Changed American Publishing», *Tavistock Books blog*, <http://blog.tavbooks.com/?p=714>.

2. Zorina Khan, «Intellectual Property, History of», in *The New Palgrave Dictionary of Economics*, 2.ª edición, vol. 4, Nueva York, Palgrave Macmillan, 2008.

3. Ronald V. Bettig, *Copyrighting Culture: The Political Economy of Intellectual Property*, Boulder, Westview Press, 1996, p. 13.

4. Christopher May, «The Venetian Moment: New Technologies, Legal Innovation and the Institutional Origins of Intellectual Property», *Prometheus*, n.º 20, vol. 2, 2000, pp. 159-179.

5. Michele Boldrin y David Levine, *Against Intellectual Monopoly*, Cambridge University Press, 2008, en especial el capítulo 1, <http://www.dklevine.com/general/intellectual/againstfinal.htm>.

6. William W. Fisher III, *The Growth of Intellectual Property: A History of the Ownership of Ideas in the United States*, 1999, <https://cyber.harvard.edu/people/tfisher/iphistory.pdf>.

7. <http://www.bloomberg.com/news/articles/2014-06-12/why-elon-musk-just-opened-teslas-patents-to-his-biggest-rivals>.

8. Por ejemplo, véase Alex Tabarrok, «Patent Theory vs. Patent Law»,

Contributions to Economic Analysis and Policy, n.º 1, vol. 1, 2002, <https://mason.gmu.edu/~atabarro/PatentPublished.pdf>.

9. Dickens ganaba unas 38.000 libras. Al cambio de hoy, ajustando la inflación, son unos tres millones de libras, y en relación con el coste del trabajo son casi veinticinco millones de libras.

29. EL COMPILADOR

1. Kurt W. Beyer, *Grace Hopper and the Invention of the Information Age*, Cambrige, MIT Press, 2009.

2. Lynn Gilbert y Gaylen Moore, *Particular Passions: Grace Murray Hopper, Women of Wisdom*, Nueva York, Lynn Gilbert Inc., 2012.

3. Beyer, *op. cit.*

4. Gilbert y Moore, *op. cit.*

5. *Ibid.*

6. Beyer, *op. cit.*

7. *Ibid.*

V. ¿DE DÓNDE VIENEN LOS INVENTOS?

30. EL IPHONE

1. «What's the World's Most Profitable Product?», BBC World Service, 20 de mayo de 2016, <http://www.bbc.co.uk/programmes/p03vqgwr>.

2. Mariana Mazzucato, *The Entrepreneurial State*, Londres, Anthem Press, 2015, p. 95, y el capítulo 5 en general.

3. *Ibid.*, pp. 103-105; y «The History of CERN», <http://timeline.web.cern.ch/timelines/The-history-of-CERN?page=1>.

4. Katie Hafner y Matthew Lyon, *Where Wizards Stay Up Late*, Londres, Simon and Schuster, 1998.

5. Greg Milner, *Pinpoint: How GPS Is Changing Technology, Culture and Our Minds*, Londres, W. W. Norton, 2016.

6. Daniel N. Rockmore, «The FFT: An Algorithm the Whole Family Can Use», *Computing Science Engineering*, n.º 2, vol. 1, 2000, p. 60, <http://www.cs.dartmouth.edu/~rockmore/cse-fft.pdf>.

7. Florence Ion, «From Touch Displays to the Surface: A Brief History of Touchscreen Technology», *Ars Technica*, 4 de abril de 2013, <http://

arstechnica.com/gadgets/2013/04/from-touch-displays-to-thesurface-a-brief-history-of-touchscreen-technology/>.

8. Mazzucato, *op. cit.*, pp. 100-103.

9. Danielle Newnham, «The Story Behind Siri», *Medium*, 21 de agosto de 2015, <https://medium.com/swlh/the-story-behind-siri-fbeb109938b0#.c3eng12zr>; y Mazzucato, *op. cit.*, capítulo 5.

10. *Ibid.*

11. William Lazonick, *Sustainable Prosperity in the New Economy? Business Organization and High-Tech Employment in the United States*, Kalamazoo, Upjohn Press, 2009.

31. EL MOTOR DIÉSEL

1. Véase Morton Grosser, *Diesel, the Man and the Engine*, Nueva York, Atheneum, 1978; <http://www.newhistorian.com/the-mysterious-death-of-rudolfdiesel/4932/>; y <http://www.nndb.com/people/906/000082660/>.

2. Robert J. Gordon, *The Rise and Fall of American Growth*, Oxford, Princeton University Press, 2016, p. 48.

3. *Ibid.*, pp. 51-52.

4. <http://auto.howstuffworks.com/diesel.htm>.

5. Václav Smil, «The Two Prime Movers of Globalization: History and Impact of Diesel Engines and Gas Turbines», *Journal of Global History*, n.° 2, 2007.

6. *Ibid.*

7. *Ibid.*

8. *Ibid.*

9. <http://www.history.com/this-day-in-history/inventor-rudolf-diesel-vanishes>.

10. Smil, *op. cit.*

11. <http://www.hellenicshippingnews.com/bunker-fuels-accountfor-70-of-a-vessels-voyage-operating-cost/>.

12. <http://www.vaclavsmil.com/wp-content/uploads/docs/smil-article-20070000-jgh-2007.pdf>.

13. <http://www.huppi.com/kangaroo/Pathdependency.htm>.

14. Greg Pahl, *Biodiesel: Growing a New Energy Economy*, White River Junction, Chelsea Green Publishing, 2008.

15. <http://www.history.com/this-day-in-history/inventor-rudolf-diesel-vanishes>.

32. El reloj

1. <http://www.exetermemories.co.uk/em/_churches/stjohns.php>.
2. Ralph Harrington, «Trains, Technology and Time-Travellers: How the Victorians Re-invented Time», citado en John Hassard, *The Sociology of Time*, Basingstoke, Palgrave Macmillan, 1990, p. 126.
3. Stuart Hylton, *What the Railways Did for Us*, Stroud, Amberley Publishing Limited, 2015.
4. <https://en.wikipedia.org/wiki/History_of_timekeeping_devices>.
5. <http://www.historyofinformation.com/expanded.php?id=3506>.
6. Para un debate sobre los premios de innovación en general, véase mi libro *Adáptate*, Madrid, Temas de Hoy, 2011; Robert Lee Hotz, «Need a Breakthrough? Offer Prize Money», *Wall Street Journal*, 13 de diciembre de 2016, <http://www.wsj.com/articles/need-a-breakthrough-offer-prize-money-1481043131>.
7. <http://www.timeanddate.com/time/how-do-atomicclocks-work.html>; y la entrevista de Hattie Garlick con Demetrios Matsakis, «I Keep the World Running On Time», *The Financial Times*, 16 de diciembre de 2016, <https://www.ft.com/content/3eca8ec4-c186-11e6-9bca-2b93a6856354>.
8. <https://muse.jhu.edu/article/375792>.
9. <http://www.theatlantic.com/business/archive/2014/04/everything-you-need-to-know-about-high-frequencytrading/360411/>.
10. <http://www.pcworld.com/article/2891892/whycomputers-still-struggle-to-tell-the-time.html>.
11. <https://theconversation.com/sharper-gps-needs-evenmore-accurate-atomic-clocks-38109>.
12. <http://www.wired.co.uk/article/most-accurate-atomic-clock-ever>.

33. El proceso Haber-Bosch

1. Daniel Charles, *Master Mind: The Rise and Fall of Fritz Haber*, Nueva York, HarperCollins, 2005.
2. <http://jwa.org/encyclopedia/article/immerwahr-clara>.
3. Václav Smil, *Enriching the Earth: Fritz Haber, Carl Bosch, and the Transformation of World Food Production*, Cambridge, MIT Press, 2004.
4. <http://www.wired.com/2008/05/nitrogen-it-doe>.
5. <http://www.rsc.org/chemistryworld/2012/10/haber-bosch-ruthenium-catalyst-reduce-power>.

6. <http://www.vaclavsmil.com/wp-content/uploads/docs/smil-article-worldagriculture.pdf>.

7. <http://www.nature.com/ngeo/journal/v1/n10/full/ngeo325.html>.

8. <http://www.nature.com/ngeo/journal/v1/n10/full/ngeo325.html>.

9. Thomas Hager, *The Alchemy of Air*, Nueva York, Broadway Books, 2009.

10. *Ibid.*

11. Charles, *op. cit.*

34. EL RADAR

1. <http://www.telegraph.co.uk/news/worldnews/africaandindiano cean/kenya/7612869/Iceland-volcano-As-the-dust-settles-Kenyas-blooms-wilt.html>.

2. <http://www.iata.org/pressroom/pr/pages/2012-12-06-01.aspx>.

3. <http://www.oxfordeconomics.com/my-oxford/projects/129051>.

4. Robert Buderi, *The Invention That Changed the World: The Story of Radar from War to Peace*, Londres, Little, Brown, 1997, pp. 54-56.

5. *Ibid.*, pp. 27-33.

6. *Ibid.*, pp. 41-46.

7. *Ibid.*, p. 48.

8. *Ibid.*, p. 246.

9. *Ibid.*, p. 458.

10. *Ibid.*, p. 459.

11. <http://www.cbsnews.com/news/1956-grand-canyon-airplane-crash-a-game-changer/>.

12. <http://lessonslearned.faa.gov/UAL718/CAB_accident_report.pdf>.

13. <https://www.washingtonpost.com/world/national-security/faa-drone-approvals-bedeviled-by-warnings-conflict-internal-e-mailss how/2014/12/21/69d8a07a-86c2-11e4-a702-fa31ff4ae98e_story.html>.

14. <http://www.cbsnews.com/news/1956-grand-canyon-airplane-crash-a-game-changer/>.

15. <https://www.faa.gov/about/history/brief_history/>.

16. <http://www.transtats.bts.gov/>.

17. <http://www.iata.org/publications/Documents/iatasafety-report-2014.pdf>.

35. La batería

1. *The Newgate Calendar*, <http://www.exclassics.com/newgate/ng464.htm>.

2. <http://www.economist.com/node/10789409>.

3. <http://content.time.com/time/specials/packages/article/0,28804, 2023689_2023708_2023656,00.html>.

4. <http://www.economist.com/news/technology-quarterly/21651928-lithium-ion-battery-steadily-improving-new-research-aims-turbocharge>.

5. <http://www.economist.com/news/technology-quarterly/21651928-lithium-ion-battery-steadily-improving-new-research-aims-turbocharge>.

6. <http://www.vox.com/2016/4/18/11415510/solar-power-costs-innovation>.

7. <http://www.u.arizona.edu/~gowrisan/pdf_papers/renewable_intermittency.pdf>.

8. <http://www.bbc.co.uk/news/business-27071303>.

9. <http://www.rmi.org/Content/Files/RMITheEconomicsOfBattery EnergyStorage-FullReport-FINAL.pdf>.

10. <http://www.fastcompany.com/3052889/elon-musk-powers-up-inside-teslas-5-billion-gigafactory>.

36. El plástico

1. Jeffrey L. Meikle, *American Plastic: A Cultural History*, New Brunswick, Rutgers University Press, 1995.

2. Leo Baekeland, *Diary*, vol. 1, 1907-1908, Smithsonian Institute Archive Centre, <https://transcription.si.edu/project/6607>.

3. Bill Laws, *Nails, Noggins and Newels*, Stroud, The History Press, 2006.

4. Susan Freinkel, *Plastic: A Toxic Love Story*, Boston, Houghton Mifflin Harcourt, 2011.

5. <http://www.scientificamerican.com/article/plastic-not-so-fantastic/>.

6. Freinkel, *op. cit.*

7. *Ibid.*

8. Meikle, *op. cit.*

9. «The New Plastics Economy: Rethinking the Future of Plastics», World Economic Forum, enero de 2016, <http://www3.weforum.org/docs/WEF_The_New_Plastics_Economy.pdf>.

10. <http://www.scientificamerican.com/article/plastic-not-so-fantastic/>.

11. «The New Plastics Economy: Rethinking the Future of Plastics», *op. cit.*

12. Leo Hornak, «Will There Be More Fish or Plastic in the Sea by 2050?», BBC News, 15 de febrero de 2016, <http://www.bbc.co.uk/news/magazine-35562253>.

13. Richard S. Stein, «Plastics Can Be Good for the Environment», <http://www.polymerambassadors.org/Steinplasticspaper.pdf>.

14. «The New Plastics Economy: Rethinking the future of plastics», *op. cit.*

15. <https://en.wikipedia.org/wiki/Resin_identification_code>.

16. <http://resource-recycling.com/node/7093>.

17. «Environment at a Glance 2015», indicadores de la OECD, p. 51, <http://www.keepeek.com/Digital-Asset-Management/oecd/environment/environment-at-a-glance-2015_9789264235199-en#page51>.

18. <http://www.wsj.com/articles/taiwan-the-worlds-geniuses-of-garbage-disposal-1463519134>.

19. <http://www.sciencealert.com/this-new-device-recycles-plastic-bottles-into-3d-printing-material>.

20. <https://www.weforum.org/agenda/2015/08/turning-trash-into-high-end-goods/>.

VI. La mano visible

1. Adam Smith, *An Inquiry Into the Nature and Causes of the Wealth of Nations*, 1776, pp. 455-456 de la edición de 1976, Oxford, Clarendon Press. [Hay trad. cast.: *Una investigación sobre la naturaleza y causas de la riqueza de las naciones*, Madrid, Tecnos, 2009.]

2. Marc Blaug, «Invisible Hand», en *The New Palgrave Dictionary of Economics*, 2.ª edición, vol. 4, Nueva York, Palgrave Macmillan, 2008.

37. El banco

1. William N. Goetzmann, *Money Changes Everything: How Finance Made Civilization Possible*, Oxford, Princeton University Press, 2016, en especial el capítulo 11.

2. *Ibid.*, p. 180.

3. Fernand Braudel, *Civilization and Capitalism, 15th-18th Century: The Structure of Everyday Life*, Berkeley, University of California Press, 1992, p. 471; *The Story Is Also Told in S. Herbert Frankel's Money: Two Philosophies*, Oxford, Blackwell, 1977; y Felix Martin, *Money: The Unauthorised Biography*, Londres, Bodley Head, 2013, en especial el capítulo 6. [Hay trad. cast.: *Dinero: qué es, de dónde viene, cómo funciona*, Barcelona, RBA, 2016.]

4. *Ibid.*, pp. 105-107; Marie-Thérèse Boyer-Xambeu, Ghislain Deleplace, Lucien Gillard y M. E. Sharpe, *Private Money & Public Currencies: The 16th Century Challenge*, Londres, Routledge, 1994.

38. El sistema de la maquinilla y las hojas de afeitar

1. King Camp Gillette, *The Human Drift*, Boston, New Era Publishing, 1894. Texto consultado en <https://archive.org/stream/TheHumanDrift/The_Human_Drift_djvu.txt>.

2. Randal C. Picker, «The Razors-and-Blades Myth(s)», *University of Chicago Law School*, 2011.

3. *Ibid.*

4. *Ibid.*

5. *Ibid.*

6. <http://www.geek.com/games/sony-will-sell-everyps4-at-a-loss-but-easily-recoup-it-in-games-ps-plus-sales-1571335/>.

7. <http://www.emeraldinsight.com/doi/full/10.1108/02756661311310431>.

8. <http://www.macleans.ca/society/life/single-serve-coffeewars-heat-up/>.

9. Chris Anderson, *Free*, Nueva York, Random House, 2010. [Hay trad. cast.: *Gratis: el futuro de un precio radical*, Barcelona, Tendencias, 2009.]

10. Paul Klemperer, «Competition When Consumers Have Switching Costs: An Overview With Applications to Industrial Organization, Macroeconomics and International Trade», *Review of Economic Studies*, n.º 62, 1995.

11. <http://www.law.uchicago.edu/files/file/532-rcp-razors.pdf>.

12. Para un análisis sobre la confusión de los precios, véase Tim Harford, «The Switch Doctor», *The Financial Times*, 27 de abril de 2007, <https://www.ft.com/content/921b0182-f14b-11db-838b-000b5df10621>;

y «Cheap Tricks», *The Financial Times*, 16 de febrero de 2007, <https://www.ft.com/content/5c15b0f4-bbf5-11db-9cbc-0000779e2340>.

39. LOS PARAÍSOS FISCALES

1. <http://www.finfacts.ie/irishfinancenews/article_1026675.shtml>.
2. <https://www.theguardian.com/business/2012/oct/21/multinational-firms-tax-ebay-ikea>; <http://fortune.com/2016/03/11/apple-google-taxes-eu/>.
3. <http://www.pbs.org/wgbh/pages/frontline/shows/nazis/readings/sinister.html>.
4. *Measuring Tax Gaps 2016*, <https://www.gov.uk/government/uploads/system/uploads/attachment_data/file/561312/HMRC-measu ring-tax-gaps-2016.pdf>.
5. Miroslav N. Jovanovic, *The Economics of International Integration*, 2.ª edición, Cheltenham, Edward Elgar Publishing, 2015, p. 480.
6. Gabriel Zucman, *The Hidden Wealth of Nations: The Scourge of Tax Havens*, University of Chicago Press, 2015.
7. Daniel Davies, «Gaps and Holes: How the Swiss Cheese Was Made», *Crooked Timber Blog*, 8 de abril de 2016, <http://crookedtimber. org/2016/04/08/gaps-and-holes-how-the-swiss-cheese-was-made/>.
8. Gabriel Zucman, «Taxing across Borders: Tracking Personal Wealth and Corporate Profits», *Journal of Economic Perspectives*, n.º 28, vol. 4, otoño de 2014, pp. 121-148.
9. Nicholas Shaxson, *Treasure Islands: Tax Havens and the Men who Stole the World*, Londres, Vintage Books, 2011.
10. Estimaciones del programa Global Financial Integrity en el Centro para las Políticas Internacionales de Washington, citado por Shaxson, *op. cit.*
11. Zucman, *op. cit.*
12. *Ibid.*

40. LA GASOLINA CON PLOMO

1. Gerald Markowitz y David Rosner, *Deceit and Denial: The Deadly Politics of Industrial Pollution*, Berkeley, University of California Press, 2013.

2. <http://www.wired.com/2013/01/looney-gas-and-lead-poisoning-a-short-sad-history/>.

3. William J. (Bill) Kovarik, «The Ethyl Controversy: How the News Media Set the Agenda for a Public Health Controversy over Leaded Gasoline, 1924-1926», presentación de tesis, Universidad de Maryland, DAI 1994; 55(4): 781-782-A. DA9425070.

4. <http://pittmed.health.pitt.edu/jan_2001/butterflies.pdf>.

5. Markowitz y Rosner, *op. cit.*

6. *Ibid.*

7. Kassia St. Clair, *The Secret Lives of Colour*, Londres, John Murray, 2016.

8. <http://penelope.uchicago.edu/~grout/encyclopaedia_romana/wine/leadpoisoning.html>.

9. Jessica Wolpaw Reyes, «Environmental Policy as Social Policy? The Impact of Childhood Lead Exposure on Crime», NBER, documento de trabajo n.° 13097, 2007, <http://www.nber.org/papers/w13097>.

10. Escribí sobre la curva medioambiental de Kuznet en China: Tim Harford, «Hidden Truths Behind China's Smokescreen», *Financial Times*, 29 de enero de 2016, <https://www.ft.com/content/4814ae2c-c481-11e5-b3b1-7b2481276e45>.

11. <http://www.thenation.com/article/secret-history-lead/>.

12. *Ibid.*

13. Wolpaw Reyes, *op. cit.*

14. <http://www.cdc.gov/nceh/lead/publications/books/plpyc/chapter2.htm>.

15. <http://www.nature.com/nature/journal/v468/n7326/full/468868a.html>.

16. <http://www.ucdmc.ucdavis.edu/welcome/features/20071114_cardiotobacco/>.

17. Markowitz y Rosner, *op. cit.*

18. <https://www.ncbi.nlm.nih.gov/books/NBK22932/#_a2001902bddd00028>.

41. LOS ANTIBIÓTICOS EN LA GANADERÍA

1. Philip Lymbery y Isabel Oakeshott, *Farmageddon: The True Cost of Cheap Meat*, Londres, Bloomsbury, 2014, pp. 306-307. [Hay trad. cast: *La carne que comemos: el verdadero coste de la ganadería industrial*, Madrid, Alianza, 2017.]

2. <http://www.bbc.co.uk/news/health-35030262>.

3. <http://www.scientificamerican.com/article/antibiotics-linked-weight-gain-mice/>.

4. «Antimicrobials in Agriculture and the Environment: Reducing Unnecessary Use and Waste», *The Review on Antimicrobial Resistance*, presidida por Jim O'Neill, diciembre de 2015.

5. *Ibid.*

6. <http://ideas.time.com/2012/04/16/why-doctors-uselessly-prescribe-antibiotics-for-a-common-cold/>.

7. <http://cid.oxfordjournals.org/content/48/10/1345.full>.

8. «Antimicrobials in Agriculture and the Environment: Reducing Unnecessary Use and Waste», *op. cit.*

9. <http://www.pbs.org/wgbh/aso/databank/entries/bmflem.html>.

10. <http://time.com/4049403/alexander-fleming-history/>.

11. <http://www.nobelprize.org/nobel_prizes/medicine/laureates/1945/fleming-lecture.pdf>.

12. <http://www.abc.net.au/science/slab/florey/story.htm>.

13. <http://news.bbc.co.uk/local/oxford/hi/people_and_places/history/newsid_8828000/8828836.stm>; <https://www.biochemistry.org/Portals/0/Education/Docs/Paul%20brack.pdf>; y <http://www.ox.ac.uk/news/science-blog/penicillin-oxford-story>.

14. <http://www.nobelprize.org/nobel_prizes/medicine/laureates/1945/fleming-lecture.pdf>.

15. <http://www3.weforum.org/docs/WEF_GlobalRisks_Report_2013.pdf>.

16. <http://phenomena.nationalgeographic.com/2015/01/07/antibiotic-resistance-teixobactin/>.

17. «Antimicrobials in Agriculture and the Environment: Reducing Unnecessary Use and Waste»,*op. cit.*

42. EL M-PESA

1. <http://www.technologyreview.es/printer_friendly_article.aspx?id=39828>.

2. Nick Hughes y Susie Lonie, «M-Pesa: Mobile Money for the "Unbanked" Turning Cellphones into 24-Hour Tellers in Kenya», *Innovations*, invierno y primavera de 2007, <http://www.gsma.com/mobilefordevelopment/wp-content/uploads/2012/06/innovationsarticleonmpesa_0_d_14.pdf>.

3. Isaac Mbiti y David N. Weil, «Mobile Banking: The Impact of M-Pesa in Kenya», NBER, documento de trabajo n.º 17129, junio de 2011 <http://www.nber.org/papers/w17129>.

4. <http://www.worldbank.org/en/programs/globalfindex/over view>.

5. <http://www.slate.com/blogs/future_tense/2012/02/27/m_pesa_ict4d_and_mobile_banking_for_the_poor_.html>.

6. <http://www.forbes.com/sites/danielrunde/2015/08/12/m-pesa-and-the-rise-of-the-global-mobile-money-market/#193f89d23f5d>.

7. <http://www.economist.com/blogs/economist-explains/2013/05/economist-explains-18>.

8. <http://www.forbes.com/sites/danielrunde/2015/08/12/m-pesa-and-the-rise-of-the-global-mobile-money-market/#193f89d23f5d>.

9. <http://www.cgap.org/sites/default/files/CGAP-Brief-Poor-People-Using-Mobile-Financial-Services-Observations-on-Customer-Usage-and-Impact-from-M-PESA-Aug-2009.pdf>.

10. <http://www.bloomberg.com/news/articles/2014-06-05/safaricoms-m-pesa-turns-kenya-into-a-mobile-payment-paradise>.

11. <http://www.spiegel.de/international/world/corruption-inafgha nistan-un-report-claims-bribes-equal-to-quarter-of-gdp-a-672828.html>.

12. <http://www.coastweek.com/3745-Transport-reolution-Kenya-minibus-operators-launch-cashless-fares.htm>.

13. <http://www.iafrikan.com/2016/09/21/kenyas-cashless-payment-system-was-doomed-by-a-series-of-experience-design-failures/>.

43. El registro de la propiedad

1. Hernando de Soto, The Mystery of Capital, Nueva York, Basic Books, 2000, p. 163. [Hay trad. cast.: El misterio del capital, Barcelona, Península, 2001.]

2. «The Economist versus the Terrorist», The Economist, 30 de enero de 2003, <http://www.economist.com/node/1559905>.

3. David Kestenbaum y Jacob Goldstein, «The Secret Document that Transformed China», NPR, Planet Money (podcast), 20 de enero de 2012, <http://www.npr.org/sections/money/2012/01/20/145360447/the-secret-document-that-transformed-china>.

4. Christopher Woodruff, «Review of de Soto's The Mystery of Capital», Journal of Economic Literature, n.º 39, diciembre de 2001, pp. 1215-1223.

5. Banco Mundial, *Doing Business in 2005*, Washington, The World Bank Group, 2004, p. 33.

6. Robert Home y Hilary Lim, *Demystifying the Mystery of Capital: Land Tenure and Poverty in Africa and the Caribbean*, Londres, Glasshouse Press, 2004, p. 17.

7. *Ibid.*, pp. 12-13; Soto, *op. cit.*, pp. 105-152.

8. *Ibid.*, pp. 20-21; Banco Mundial, *op. cit.*

9. Tim Besley, «Property Rights and Investment Incentives: Theory and Evidence From Ghana», *Journal of Political Economy*, n.º 103, vol. 5, octubre de 1995, pp. 903-937.

10. Banco Mundial, *op. cit.*

VII. INVENTAR LA RUEDA

44. EL PAPEL

1. Mark Kurlansky, *Paper: Paging Through History*, Nueva York, W. W. Norton, 2016, pp. 104-105.

2. Jonathan Bloom, *Paper Before Print*, New Haven, Yale University Press, 2001.

3. James Moseley, «The Technologies of Print», en M. F. Suarez, S. J. y H. R. Woudhuysen, *The Book: A Global History*, Oxford University Press, 2013.

4. Kurlansky, *op. cit.*, p. 82.

5. Mark Miodownik, *Stuff Matters*, Londres, Penguin, 2014, en especial el capítulo 2.

6. Kurlansky, *op. cit.*, p. 46.

7. *Ibid.*, pp. 78-82.

8. Miodownik, *op. cit.*

9. Kurlansky, *op. cit.*, p. 204.

10. *Ibid.*, p. 244.

11. Bloom, *op. cit.*, capítulo 1.

12. Kurlansky, *op. cit.*, p. 295.

13. «Cardboard», *Surprisingly Awesome* (podcast), n.º 19, Gimlet Media, agosto de 2016, <https://gimletmedia.com/episode/19-cardboard/>.

14. Abigail Sellen y Richard Harper, *The Myth of the Paperless Office*, Cambridge, MIT, 2001.

15. Estas estimaciones, que provienen de Hewlett-Packard en 1996, afirman que las impresoras y fotocopiadoras utilizaron tanto papel en aquel

año como para cubrir el 18 por ciento de la superficie de Estados Unidos (Bloom, *op. cit.*, capítulo 1). El consumo de papel en las oficinas siguió creciendo en los años siguientes.

16. «World Wood Production Up for Fourth Year; Paper Stagnant as Electronic Publishing Grows», nota de prensa de la ONY del 18 de diciembre de 2014, <http://www.un.org/apps/news/story.asp?NewsID=49643#.V-T2S_ArKUn>.

17. David Edgerton, *Shock of the Old: Technology and Global History since 1900*, Londres, Profile, 2008.

45. Los FONDOS COTIZADOS

1. «Brilliant vs. Boring», NPR, *Planet Money* (podcast), 4 de mayo de 2016, <http://www.npr.org/sections/money/2016/03/04/469247400/episode-688-brilliant-vs-boring>.

2. Pierre-Cyrille Hautcoeur, «The Early History of Stock Market Indices, with Special Reference to the French Case», Paris School of Economics, documento de trabajo, <http://www.parisschoolofeconomics.com/hautcoeur-pierre-cyrille/Indices_anciens.pdf>.

3. Michael Weinstein, «Paul Samuelson, Economist, Dies at 94», *New York Times*, 13 de diciembre de 2009, <http://www.nytimes.com/2009/12/14/business/economy/14samuelson.html?pagewanted=all&_r=0>.

4. John C. Bogle, «How the Index Fund Was Born», *The Wall Street Journal*, 3 de septiembre de 2011, <http://www.wsj.com/articles/SB10001424053111904583204576544681577401622>.

5. Robin Wigglesworth y Stephen Foley, «Active Asset Managers Knocked by Shift to Passive Strategies», *Financial Times*, 11 de abril de 2016, <https://www.ft.com/content/2e975946-fdbf-11e5-b5f5-070dca6d0a0d>.

6. Donald MacKenzie, «Is Economics Performative? Option Theory and the Construction of Derivatives Markets», <http://www.lse.ac.uk/accounting/CARR/pdf/MacKenzie.pdf>.

7. Brian Wesbury y Robert Stein, «Why Mark-to-Market Accounting Rules Must Die», *Forbes*, 23 de febrero de 2009, <http://www.forbes.com/2009/02/23/mark-to-market-opinions-columnists_recovery_stimulus.html>.

8. Eric Balchunas, «How the Vanguard Effect Adds Up to $1 Trillion», *Bloomberg*, 30 de agosto de 2016, <https://www.bloomberg.com/view/articles/2016-08-30/how-much-has-vanguard-saved-investors-try-1-trillion>.

9. Conferencia de Paul Samuelson en la Boston Security Analysts Society el 15 de noviembre de 2015, citado por Bogle, *op. cit.*

46. EL SIFÓN EN «S»

1. <http://www.thetimes.co.uk/tto/law/columnists/article2047259.ece>.

2. G. C. Cook, «Construction of London's Victorian Sewers: The Vital Role of Joseph Bazalgette», *Postgraduate Medical Journal*, 2001.

3. Stephen Halliday, *The Great Stink of London: Sir Joseph Bazalgette and the Cleansing of the Victorian Metropolis*, Strout, The History Press, 2013.

4. Laura Perdew, *How the Toilet Changed History*, Minneapolis, Abdo Publishing, 2015.

5. Johan Norberg, *Progress: Ten Reasons to Look Forward to the Future*, Londres, OneWorld, 2016, p. 33.

6. <http://pubs.acs.org/doi/abs/10.1021/es304284f>.

7. <http://www.wsp.org/sites/wsp.org/files/publications/WSP-ESI-Flier.pdf>; <http://www.wsp.org/content/africa-economic-impacts-sanitation>; y <http://www.wsp.org/content/south-asia-economic-impacts-sanitation>.

8. «Tackling the Flying Toilets of Kibera», Al Jazeera, 22 de enero de 2013, <http://www.aljazeera.com/indepth/features/2013/01/201311810421796400.html>; y Cyrus Kinyungu, «Kibera's Flying Toilets Flushed Out by PeePoo Bags», <http://bhekisisa.org/article/2016-05-03-kiberas-flying-toilets-flushed-out-by-peepoo-bags>.

9. <http://www.un.org/apps/news/story.asp?NewsID=44452#.VzCnKPmDFBc>.

10. «World Toilet Day: Kibera Slum Hopes to Ground "Flying Toilets"», <http://www.dw.com/en/world-toilet-day-kibera-slum-seeks-to-ground-flying-toilets/a-18072068>.

11. <http://www.bbc.co.uk/england/sevenwonders/london/sewers_mm/index.shtml>.

12. G. R. K. Reddy, *Smart and Human: Building Cities of Wisdom*, HarperCollins Publishers India, 2015.

13. Halliday, *op. cit.*

47. El papel moneda

1. William N. Goetzmann, *Money Changes Everything: How Finance Made Civilization Possible*, Woodstock, Princeton University Press, 2016, en especial el capítulo 9.

2. William N. Goetzmann y K. Geert Rouwenhorst, *The Origins of Value*, Oxford University Press, 2005, p. 67; y Glyn Davies, *History of Money: From Ancient Times to the Present Day*, Cardiff, University of Wales Press, 2010, pp. 180-183.

3. Hay un análisis más detallado sobre la hiperinflación en mi libro *El economista camuflado ataca de nuevo: cómo levantar (o hundir) una economía*, Barcelona, Conecta, 2014.

48. El hormigón

1. M. D. Cattaneo, S. Galiani, P.J. Gertler, S. Martinez y R. Titiunik, «Housing, Health, and Happiness», *American Economic Journal: Economic Policy*, 2009, pp. 75-105; y Charles Kenny, «Paving Paradise», *Foreign Policy*, 3 de enero de 2012, <http://foreignpolicy.com/2012/01/03/paving-paradise/>.

2. Václav Smil, *Making the Modern World: Materials and Dematerialization*, Chichester, Wiley, 2013, pp. 54-57.

3. Adrian Forty, *Concrete and Culture*, Londres, Reaktion Books, 2012, p. 10.

4. Nick Gromicko y Kenton Shepard, «The History of Concrete», <https://www.nachi.org/history-of-concrete.htm#ixzz31V47Zuuj>; Adam Davidson y Adam McKay, «Concrete», *Surprisingly Awesome* (podcast), n.º 3, 17 de noviembre de 2015, <https://gimletmedia.com/episode/3-concrete/>; Amelia Sparavigna, «Ancient Concrete Works», departamento de Física, Universidad Politécnica de Turín, documento de trabajo, <https://arxiv.org/pdf/1110.5230>.

5. <https://en.wikipedia.org/wiki/List_of_largest_domes>. La gran cúpula de Brunelleschi en Florencia es octogonal, de modo que la distancia varía.

6. Stewart Brand, *How Buildings Learn: What Happens After They're Built*, Londres, Weidenfeld & Nicolson, 997.

7. Forty, *op. cit.*, pp. 150-155.

8. Doris Simonis, ed., *Inventors and Inventions*, Nueva York, Marshall Cavendish, 2008.

9. Mark Miodownik, *Stuff Matters*, Londres, Penguin, 2014, en especial el capítulo 3.

10. *Ibid.*; Smil, *op. cit.*, pp. 54-57.

11. «Concrete Possibilities», *The Economist*, 21 de septiembre de 2006, <http://www.economist.com/node/7904224>; Miodownik, *op. cit.*, p. 83; y Jon Cartwright, «The Concrete Answer to Pollution», *Horizon Magazine*, 18 de diciembre de 2014, <http://horizon-magazine.eu/article/concrete-answer-pollution_en.html>.

12. James Mitchell Crow, «The Concrete Conundrum», *Chemistry World*, marzo de 2008, p. 62, <http://www.rsc.org/images/Construction_tcm18-114530.pdf>. Václav Smil (*op. cit.*, p. 98) afirma que la energía que se usa para producir una tonelada de acero es alrededor de cuatro veces mayor que la necesaria para fabricar una tonelada de cemento; y una tonelada de cemento sirve para hacer varias toneladas de hormigón. La producción de cemento también emite dióxido de carbono, más allá de la energía que necesite.

13. Shahidur Khandker, Zaid Bakht y Gayatri Koolwal, «The Poverty Impact of Rural Roads: Evidence from Bangladesh», Banco Mundial, documento de trabajo para la investigación política n.º 3875, abril de 2006, <http://www-wds.worldbank.org/external/default/WDSContentServer/IW3P/IB/2006/03/29/000012009_20060329093100/Rendered/PDF/wps38750rev0pdf.pdf>.

49. Los seguros

1. «Brahmajala Sutta: The All-embracing Net of Views», traducido por Bhikkhu Bodhi, sección 2-14, <http://www.accesstoinsight.org/tipitaka/dn/dn.01.0.bodh.html>.

2. Peter Bernstein, *Against the Gods: The Remarkable Story of Risk*, Chichester, John Wiley & Sons, 1998, p. 92.

3. Swiss Re, *A History of Insurance in China*, <http://media.150.swissre.com/documents/150Y_Markt_Broschuere_China_Inhalt.pdf>.

4. Raymond Flower y Michael Wynn Jones, *Lloyd's of London*, Londres, David & Charles, 1974; véase también Bernstein, *op. cit.*, pp. 88-91.

5. Michel Albert, *Capitalism against Capitalism*, Londres, Whurr, 1993, en especial el capítulo 5; véase también John Kay, *Other People's Money*, Londres, Profile, 2015, pp. 61-63.

6. James Poterba, «Annuities in Early Modern Europe», en William

N. Goetzmann y K. Geert Rouwenhorst, *The Origins of Value*, Oxford University Press, 2005.

7. El estudio está muy bien resumido por Robert Smith, de NPR, en: <http://www.npr.org/2016/09/09/493228710/what-keeps-poorfarmers-poor>. El ensayo original es de Dean Karlan, Robert Osei, Isaac Osei-Akoto y Christopher Udry, «Agricultural Decisions After Relaxing Credit and Risk Constraints», *Quarterly Journal of Economics*, 2014, pp. 597-652.

8. Kay, *op. cit.*, p. 120.

CONCLUSIÓN: MIRAR HACIA DELANTE

1. <https://ourworldindata.org/grapher/life-expectancy-globally-since-1770>.

2. <http://charleskenny.blogs.com/weblog/2009/06/the-success-of-development.html>.

3. <https://ourworldindata.org/grapher/world-population-inextreme-poverty-absolute?%2Flatest=undefined&stackMode=relative>.

4. Herman Kahn y Anthony J. Wiener, *The Year 2000. A Framework for Speculation on the Next Thirty-Three Years*, Nueva York, Macmillan, 1967; y Douglas Martin, «Anthony J. Wiener, Forecaster of the Future, Is Dead at 81», *New York Times*, 26 de junio de 2012, <http://www.nytimes.com/2012/06/27/us/anthony-j-wiener-forecaster-of-the-future-is-dead-at-81.html>.

5. Véase también <http://news.mit.edu/2015/mit-report-benefits-investment-basic-research-0427>; <https://www.chemistryworld.com/news/randd-share-for-basic-research-in-china-dwindles/7726.article>; y <http://www.sciencemag.org/news/2014/10/european-scientists-ask-governments-boost-basic-research>.

6. <https://www.weforum.org/agenda/2016/12/how-do-we-stop-tech-being-turned-into-weapons>.

7. Olivia Solon, «Self-driving trucks: what's the future for America's 3.5 million truckers?», *The Guardian*, 17 de junio de 2016, <https://www.theguardian.com/technology/2016/jun/17/self-driving-trucks-impact-on-drivers-jobs-us>.

8. <http://mashable.com/2006/07/11/myspace-americas-number-one/#nseApOVC85q9>.

9. <http://www.alexa.com/siteinfo/myspace.com>, consultado el 20 de enero de 2017.

10. Para quienes defienden que QWERTY es un buen diseño de teclado y no un ejemplo de monopolio tecnológico, véase Stan Liebowitz y Stephen Margolis, «The Fable of the Keys», *The Journal of Law and Economics*, abril de 1990.

50. Epílogo: la bombilla

1. William D. Nordhaus, «Do Real-Output and Realwage Measures Capture Reality? The History of Lighting Suggests Not», en Timothy F. Bresnahan y Robert J. Gordon, eds., *The Economics of New Goods*, University of Chicago Press, 1996, pp. 27-70; para otros relatos sobre los cálculos de Nordhaus, véase Tim Harford, *La lógica oculta de la vida*, Madrid, Temas de Hoy, 2008; Steven Johnson, *How We Got To Now*, Londres, Particular Books, 2014; y David Kestenbaum, «The History of Light, in 6 Minutes and 47 Seconds», NPR, *All Things Considered*, 2 de mayo de 2014, <http://www.npr.org/2014/05/02/309040279/in-4-000-years-one-thing-hasnt-changed-it-takes-time-to-buy-light>.

2. Un punto de partida excelente para estos cálculos es la página web de Measuring Worth, www.measuringworth.com. Para la perspectiva de Timothy Taylor, véase *Planet Money* (podcast), 12 de octubre de 2010, <http://www.npr.org/sections/money/2010/10/12/130512149/the-tuesday-podcastwould-you-rather-be-middle-class-now-or-rich-in-1900>.

3. Marshall B. Davidson, «Early American Lighting», *The Metropolitan Museum of Art Bulletin, New Series*, n.º 3, vol. 1, verano de 1944, pp. 30-40.

4. Steven Johnson, *op. cit.*, p. 165; y Davidson, *op. cit.*

5. Jane Brox, *Brilliant: The Evolution of Artificial Light*, Londres, Souvenir Press, 2011.

6. La ley de Haitz: <https://en.wikipedia.org/wiki/Haitz%27s_law>.

7. Brox, *Brillant, op. cit.*, p. 117; Robert J. Gordon, The Rise and Fall of American Growth, Oxford: Princeton University Press, 2016, cap. 4.

Agradecimientos

¿Cuáles son los cincuenta inventos más interesantes, atractivos o sorprendentes que se te ocurran? Hubo un tiempo, hace más o menos un año, en que hacía esta pregunta a todas las personas con las que me topaba... Confieso estar un poco paranoico por que alguien me haya sugerido algo espléndido y que se me olvide darle las gracias aquí. Pido que me perdonen por anticipado.

Pero es imposible olvidar las contribuciones de Philip Ball, David Bodanis, Dominic Camus, Patricia Fabra, Claudia Goldin, Charles Jenny, Armand Leroi, Mark Lynas, Arthur I. Miller, Katharina Rietzler, Martin Sandbu y Simon Singh: gracias por vuestra sabiduría y generosidad.

También estoy en deuda con los historiadores económicos, los expertos en tecnología y los escritores brillantes que, de varias formas, me han inspirado o han nutrido la investigación de este libro. Las referencias y las notas cuentan toda esta historia, pero se me aparecen en la mente algunos nombres: William N. Goetzmann, Robert Gordon, Steven Johnson, Marc Levinson, Felix Martin, Mariana Mazzucato, William Nordhaus y los creadores de algunos de mis podcasts favoritos: *99% Invisible, Planet Money, Radiolab* y *Surprisingly Awesome.*

En la editorial Little, Brown, Tim Withing y, sobre todo, Nithya Rae gestionaron de forma soberbia las fechas límite y las últimas revisiones, de la misma forma que el incansable Jake Morrissey de Riverhead. Sé que muchas otras personas en Little, Brown, Riverhead y en las editoriales del resto del mundo han trabajado para que este libro esté en tus manos, pero quiero darle las gracias en particular a Katie Freeman por ser una experta tan increíble sobre el hormigón. Mis agentes Sue Ayton, Helen Purvis, Zoe Pagnamenta y, sobre todo, Sally Holloway hicieron malabarismos con las complejidades del proyecto con su habitual tacto y habilidad.

En la BBC, Rich Knight tuvo fe en esta idea desde el principio, y Mary Hockaday me la encargó sin dudarlo. Ben Crighton ha sido un productor inspirador y sutil, apoyado hábilmente por el genio del estudio James Beard, por la escritora Jennifer Clarke, la coordinadora de producción Janet Staples, el editor Richard Vadon y muchos otros.

También estoy en deuda con mis editores del *Financial Times* por su apoyo e indulgencia: Esther Bintliff, Caroline Daniel, Alice Fishburn, Alec Russell, Fred Studemann y muchos otros. Sois unos colegas maravillosos.

Pero el colaborador más importante de este proyecto ha sido Andrew Wright, quien ha realizado la investigación de amplias partes de este libro. También ha escrito muchos borradores valiosos e inteligentes de algunos capítulos, y ha mejorado el resto con sus comentarios incisivos habituales. Le agradezco su velocidad, su habilidad y su modesta insistencia en que escribir la mitad del libro no es para tanto. Estoy todavía más agradecido por la amistad que me ha brindado durante este último cuarto de siglo.

Por último, gracias a mi familia: Fran, Stella, Africa y Herbie. Sois increíbles.

Índice alfabético